TURING 图灵程序设计丛书

Python Data Analytics

With Pandas, NumPy, and Matplotlib, Second Edition

Python
数据分析实战
（第2版）

[意] 法比奥·内利 著

杜春晓 译

人民邮电出版社

北　京

图书在版编目（CIP）数据

Python数据分析实战 ：第2版 ／（意）法比奥·内利
(Fabio Nelli) 著 ；杜春晓译. -- 北京 ：人民邮电出
版社，2019.11（2024.1重印）
　（图灵程序设计丛书）
　ISBN 978-7-115-52202-3

　Ⅰ. ①P… Ⅱ. ①法… ②杜… Ⅲ. ①软件工具—程序
设计 Ⅳ. ①TP311.56

　中国版本图书馆CIP数据核字(2019)第219026号

内 容 提 要

　　Python 简单易学，拥有丰富的库，并且具有极强的包容性。本书展示了如何利用 Python 语言的强大功能，以最小的编程代价对数据进行提取、处理和分析。这一版除了介绍数据分析和 Python 基础知识、NumPy 库和 pandas 库，使用 pandas 读写和处理数据，用 matplotlib 库实现数据可视化，用 scikit-learn 库进行机器学习，D3 库嵌入和识别手写体数字，还新增了用 TensorFlow 进行深度学习、用 NLTK 分析文本数据、用 OpenCV 分析图像及实现计算机视觉等内容。

　　本书适合数据分析师、数据科学家等所有需要进行数据采集和分析的工作人员。

◆ 著　　　　[意] 法比奥·内利
　　译　　　　杜春晓
　　责任编辑　岳新欣
　　责任印制　周昇亮

◆ 人民邮电出版社出版发行　　北京市丰台区成寿寺路11号
　　邮编　100164　　电子邮件　315@ptpress.com.cn
　　网址　https://www.ptpress.com.cn
　　北京天宇星印刷厂印刷

◆ 开本：800×1000　1/16
　　印张：22.75　　　　　　　　2019年11月第1版
　　字数：538千字　　　　　　　2024年1月北京第8次印刷
　　著作权合同登记号　图字：01-2019-6587号

定价：79.00元
读者服务热线：(010)84084456-6009　印装质量热线：(010)81055316
反盗版热线：(010)81055315
广告经营许可证：京东市监广登字 20170147 号

版 权 声 明

献　词

科学增长见识，而分析可以明智。

本书献予上下求索之士。

第 1 版译者序

不知不觉，结识 Python 已有七个年头，掰着指头数完，不禁惊恐于光阴之易逝，叹人生之不能加长，更兼想起宇宙之无穷，免不了慨叹生命之短暂而微茫，此时更觉 Python 之哲学观"人生短暂，我用 Python"虽朴实无华，却楚楚动人。七年前，国内 Python 图书寥寥无几，七年后已能排满一个小书架。见 Python 这样的好东西为世人所接受，颇感欣慰。Python 在 Web 开发、网络编程、自然语言处理、图像处理以及本书所讲的数据分析等诸多领域都有着广泛的应用。Python 简单易学，新手见它大可不必发怵；Python 拥有丰富的库，开发者不必重新造轮子；Python 有极强的包容性，可整合 C、C++等语言的代码，弥补其性能上的不足；再加上近年来计算机效率的提高，Python 的优势越发凸显出来。即使是其他领域的从业者，为满足业务的需要，若在性能上没有追求极致的嗜好，Python 很可能是最适合的编程语言，对于数据分析亦是如此。

互联网的迅猛发展带来了数据量的指数级增长，而数据增长速度仍在加快。无论从规模上还是结构上讲，数据分析工作面对的对象较以往发生了质的改变。各行各业所产生的数据，在过去也许只是被视为副产品，如今也有可能显露它们的价值。但数据规模之大，结构之复杂，纯人工难以胜任，求诸工具是必然。为了满足这一需求，Python 数据分析的羽翼随之不停地生长，如今已丰满有力。NumPy、pandas 和 matplotlib 等库提供了矩阵运算、数据读写和处理及绘图等一揽子解决方案。就拿数据可视化来讲，3D、等值线图、地区分布图和玫瑰图等统统不在话下，用 IPython Notebook 分析完数据，可直接生成各种图表，你甚至还可以拿它来做汇报，连 PPT 都省了。

诚如作者在书中所言，用 Python 做数据分析根本不用羡慕其他语言的数据分析工具集。然而，好工具摆在那里，但没有明白人教也是白搭，不过，你手中所托之书刚好能充当这方面的良师益友。它不仅能带你一览数据分析全貌，更力求一招一式地教会你数据分析的十八般武艺。本书示例颇丰，在学习过程中，若能打开 IPython Notebook，一点点跟着作者比划，想必新人也能出师，而有一定水平的开发者则可将其作为案头常备的参考书，以便节省不少查阅文档的时间。本书最后，作者举了三个实例，以加深读者对数据分析全过程的理解。第一个例子，用数据分析方法探索海洋对气候的影响，你也许能从中得出足以令当年地理老师心服口服的结论。第二个例子讲解了地区分布图的制作，你会发现原来我们还可以在 Python 环境中使用 JavaScript！第三个例子则是用机器学习方法解决经典的图像识别问题。说了这么多，你是不是像我一样觉得这本书很有趣？在翻译本书的过程中，我安装了 Anaconda，从此迷上了 IPython Notebook 的交互性和直观生动，想必你也会为之所动。

经冬历春，译文乃成，其中半数章节的第一稿是在寒假期间完成的。在家那段时间，有时只有我跟宝宝在屋里，我很想哄她开心，可为了保证进度，实在脱不开身。她要是哭，我就敲敲桌子，抑或是招招手，她见还有人在就不哭了，可怜的娃。岳父岳母一家人帮着妻子照看孩子不辞辛苦。我在翻译时，他们还会悄悄端过一杯茶来。地脏了，他们就轻轻把地拖了，生怕打扰我。到了饭点，岳母又会张罗出一桌可口的饭菜，如此种种，甚是难忘。没有他们，我哪有闲心码字。

感谢作者 Fabio Nelli 给我们带来了一顿数据分析的饕餮大餐。感谢图灵公司的朱巍编辑等诸位朋友，本书中文版的顺利出版离不开你们幕后的辛勤付出。此外，邵有生阅读了第 1 章和第 2 章译稿，范明武阅读了第 3 章，研究生同学黄毅阅读了第 7 章。他们发现了几处错误，并提出了很多非常有价值的修改意见，在此对他们表示诚挚的谢意。感谢在翻译过程中给予我鼓励、支持和帮助的诸位老师、同事和朋友，他们是路本福、都帮森、蔡波、蔡颖、陈健锁、韩旭、李玲玲、秦敏、王海霞、辛欣和王晶，我曾向他们中的几位请教过某些专业问题。感谢我初中时代的地理老师朱怡峰老先生，他激发了我对地理学科的兴趣，以至于多少年后，我在翻译本书第 9 章气象数据分析时会感到趣味盎然。最后感谢我的父亲和姐姐，他们以我翻译本书为荣。

由于本人学识有限，且时间仓促，书中翻译错误、不当和疏漏之处在所难免，还望读者批评指正。

杜春晓

2016 年 4 月 26 日

目　　录

第 1 章　数据分析简介 ·················· 1

1.1　数据分析 ······················· 1

1.2　数据分析师的知识范畴 ······· 2

　　1.2.1　计算机科学 ············· 2

　　1.2.2　数学和统计学 ·········· 3

　　1.2.3　机器学习和人工智能 ··· 3

　　1.2.4　数据来源领域 ·········· 3

1.3　理解数据的性质 ·············· 4

　　1.3.1　数据到信息的转变 ····· 4

　　1.3.2　信息到知识的转变 ····· 4

　　1.3.3　数据的类型 ············· 4

1.4　数据分析过程 ················ 4

　　1.4.1　问题定义 ··············· 5

　　1.4.2　数据抽取 ··············· 6

　　1.4.3　数据准备 ··············· 6

　　1.4.4　数据探索和可视化 ····· 7

　　1.4.5　预测建模 ··············· 7

　　1.4.6　模型验证 ··············· 8

　　1.4.7　部署 ···················· 8

1.5　定量和定性数据分析 ········· 9

1.6　开放数据 ····················· 9

1.7　Python 和数据分析 ········· 10

1.8　小结 ························· 11

第 2 章　Python 世界简介 ········· 12

2.1　Python——编程语言 ······· 12

2.2　Python 2 和 Python 3 ······ 14

　　2.2.1　安装 Python ··········· 15

　　2.2.2　Python 发行版 ········ 15

　　2.2.3　使用 Python ·········· 17

　　2.2.4　编写 Python 代码 ····· 18

　　2.2.5　IPython ··············· 22

2.3　PyPI 仓库——Python 包索引 ··· 25

2.4　SciPy ························· 29

　　2.4.1　NumPy ················ 29

　　2.4.2　pandas ················ 29

　　2.4.3　matplotlib ············· 30

2.5　小结 ························· 30

第 3 章　NumPy 库 ·············· 31

3.1　NumPy 简史 ················ 31

3.2　NumPy 安装 ················ 31

3.3　ndarray：NumPy 库的心脏 ··· 32

　　3.3.1　创建数组 ············· 33

　　3.3.2　数据类型 ············· 34

　　3.3.3　dtype 选项 ············ 34

　　3.3.4　自带的数组创建方法 ··· 35

3.4　基本操作 ··················· 36

　　3.4.1　算术运算符 ·········· 36

　　3.4.2　矩阵积 ··············· 37

　　3.4.3　自增和自减运算符 ···· 38

　　3.4.4　通用函数 ············· 39

　　3.4.5　聚合函数 ············· 39

3.5　索引机制、切片和迭代方法 ··· 40

　　3.5.1　索引机制 ············· 40

　　3.5.2　切片操作 ············· 41

　　3.5.3　数组迭代 ············· 42

3.6　条件和布尔数组 ············ 44

3.7　形状变换 ··················· 44

3.8　数组操作 ··················· 45

　　3.8.1　连接数组 ············· 45

　　3.8.2　数组切分 ············· 46

3.9 常用概念 ················· 48
　　3.9.1 对象的副本或视图 ······ 48
　　3.9.2 向量化 ··············· 48
　　3.9.3 广播机制 ············· 49
3.10 结构化数组 ·············· 51
3.11 数组数据文件的读写 ······ 52
　　3.11.1 二进制文件的读写 ··· 53
　　3.11.2 读取文件中列表形式的数据 ··· 53
3.12 小结 ···················· 54

第4章　pandas 库简介 ········· 55
4.1 pandas：Python 数据分析库 ··· 55
4.2 安装 pandas ·············· 56
　　4.2.1 用 Anaconda 安装 ······ 56
　　4.2.2 用 PyPI 安装 ·········· 56
　　4.2.3 Linux 系统上的安装方法 ··· 57
　　4.2.4 用源代码安装 ········· 57
　　4.2.5 Windows 模块仓库 ······ 57
4.3 测试 pandas 是否安装成功 ··· 57
4.4 开始 pandas 之旅 ········· 58
4.5 pandas 数据结构简介 ······· 58
　　4.5.1 Series 对象 ··········· 59
　　4.5.2 DataFrame 对象 ······· 65
　　4.5.3 Index 对象 ··········· 71
4.6 索引对象的其他功能 ······· 72
　　4.6.1 更换索引 ············· 72
　　4.6.2 删除 ················· 74
　　4.6.3 算术和数据对齐 ······· 75
4.7 数据结构之间的运算 ······· 76
　　4.7.1 灵活的算术运算方法 ··· 76
　　4.7.2 DataFrame 和 Series 对象之间
　　　　　的运算 ·············· 77
4.8 函数应用和映射 ··········· 78
　　4.8.1 操作元素的函数 ······· 78
　　4.8.2 按行或列执行操作的函数 ··· 78
　　4.8.3 统计函数 ············· 79
4.9 排序和排位次 ············· 80
4.10 相关性和协方差 ·········· 82
4.11 NaN 数据 ··············· 84
　　4.11.1 为元素赋 NaN 值 ······ 84

　　4.11.2 过滤 NaN ············· 84
　　4.11.3 为 NaN 元素填充其他值 ··· 85
4.12 等级索引和分级 ·········· 85
　　4.12.1 重新调整顺序和为层级排序 ··· 87
　　4.12.2 按层级统计数据 ······ 88
4.13 小结 ···················· 88

第5章　pandas：数据读写 ····· 89
5.1 I/O API 工具 ············· 89
5.2 CSV 和文本文件 ·········· 90
5.3 读取 CSV 或文本文件中的数据 ··· 90
　　5.3.1 用 RegExp 解析 TXT 文件 ··· 92
　　5.3.2 从 TXT 文件读取部分数据 ··· 94
　　5.3.3 将数据写入 CSV 文件 ··· 94
5.4 读写 HTML 文件 ·········· 96
　　5.4.1 写入数据到 HTML 文件 ··· 96
　　5.4.2 从 HTML 文件读取数据 ··· 98
5.5 从 XML 读取数据 ········· 99
5.6 读写 Microsoft Excel 文件 ··· 101
5.7 JSON 数据 ··············· 102
5.8 HDF5 格式 ··············· 105
5.9 pickle——Python 对象序列化 ··· 106
　　5.9.1 用 cPickle 实现 Python 对象
　　　　　序列化 ·············· 106
　　5.9.2 用 pandas 实现对象序列化 ··· 107
5.10 对接数据库 ·············· 108
　　5.10.1 SQLite3 数据读写 ····· 108
　　5.10.2 PostgreSQL 数据读写 ··· 110
5.11 NoSQL 数据库 MongoDB 数据读写··· 112
5.12 小结 ···················· 113

第6章　深入 pandas：数据处理 ··· 114
6.1 数据准备 ················· 114
6.2 拼接 ····················· 118
　　6.2.1 组合 ················· 121
　　6.2.2 轴向旋转 ············· 122
　　6.2.3 删除 ················· 124
6.3 数据转换 ················· 124
　　6.3.1 删除重复元素 ········· 125

6.3.2　映射 ·················125

6.4　离散化和面元划分 ········129

6.5　排序 ·····················133

6.6　字符串处理 ··············134

6.6.1　内置的字符串处理方法 ···134

6.6.2　正则表达式 ·········135

6.7　数据聚合 ················137

6.7.1　GroupBy ···········137

6.7.2　实例 ···············138

6.7.3　等级分组 ·········139

6.8　组迭代 ··················140

6.8.1　链式转换 ·········140

6.8.2　分组函数 ·········141

6.9　高级数据聚合 ···········142

6.10　小结 ···················145

第 7 章　用 matplotlib 实现数据可视化 ·····146

7.1　matplotlib 库 ············146

7.2　安装 ····················147

7.3　IPython 和 Jupyter QtConsole ·····147

7.4　matplotlib 架构 ··········148

7.4.1　Backend 层 ········149

7.4.2　Artist 层 ··········149

7.4.3　Scripting 层（pyplot）···150

7.4.4　pylab 和 pyplot ·····150

7.5　pyplot ···················151

7.6　绘图窗口 ················152

7.6.1　设置图形的属性 ····153

7.6.2　matplotlib 和 NumPy ·····155

7.7　使用 kwargs ·············157

7.8　为图表添加更多元素 ······159

7.8.1　添加文本 ·········159

7.8.2　添加网格 ·········162

7.8.3　添加图例 ·········163

7.9　保存图表 ················165

7.9.1　保存代码 ·········165

7.9.2　将会话转换为 HTML 文件 ···167

7.9.3　将图表直接保存为图片 ···168

7.10　处理日期值 ··············168

7.11　图表类型 ···············170

7.12　线性图 ··················170

7.13　直方图 ··················177

7.14　条状图 ··················178

7.14.1　水平条状图 ········180

7.14.2　多序列条状图 ······181

7.14.3　为 pandas DataFrame 生成多序列条状图 ···182

7.14.4　多序列堆积条状图 ···183

7.14.5　为 pandas DataFrame 绘制堆积条状图 ···186

7.14.6　其他条状图 ········187

7.15　饼图 ····················187

7.16　高级图表 ················190

7.16.1　等值线图 ·········190

7.16.2　极区图 ···········192

7.17　mplot3d 工具集 ·········194

7.17.1　3D 曲面 ··········194

7.17.2　3D 散点图 ········195

7.17.3　3D 条状图 ········196

7.18　多面板图形 ··············197

7.18.1　在其他子图中显示子图 ···197

7.18.2　子图网格 ·········199

7.19　小结 ····················200

第 8 章　用 scikit-learn 库实现机器学习 ·····201

8.1　scikit-learn 库 ··········201

8.2　机器学习 ················201

8.2.1　有监督学习和无监督学习 ···201

8.2.2　训练集和测试集 ·····202

8.3　用 scikit-learn 实现有监督学习 ···202

8.4　Iris 数据集 ··············202

8.5　K-近邻分类器 ···········207

8.6　Diabetes 数据集 ·········210

8.7　线性回归：最小平方回归 ···211

8.8　支持向量机 ··············214

8.8.1　支持向量分类 ·······215

8.8.2　非线性 SVC ········218

8.8.3　绘制 SVM 分类器对 Iris 数据集的分类效果图 ···220

8.8.4 支持向量回归 ·················222

8.9 小结 ·····················224

第9章 用TensorFlow库实现深度学习 ·············225

9.1 人工智能、机器学习和深度学习 ·······225
9.1.1 人工智能 ·············225
9.1.2 机器学习是人工智能的分支 ·····226
9.1.3 深度学习是机器学习的分支 ·····226
9.1.4 人工智能、机器学习和深度学习的关系 ·············226

9.2 深度学习 ·················227
9.2.1 神经网络和GPU ·········227
9.2.2 数据可用：开源数据资源、物联网和大数据 ·········228
9.2.3 Python ············228
9.2.4 Python深度学习框架 ······228

9.3 人工神经网络 ·············229
9.3.1 人工神经网络的结构 ······229
9.3.2 单层感知器 ···········230
9.3.3 多层感知器 ···········232
9.3.4 人工神经网络和生物神经网络的一致性 ·········232

9.4 TensorFlow ··············233
9.4.1 TensorFlow：Google开发的框架 ···············233
9.4.2 TensorFlow：数据流图 ·····233

9.5 开始TensorFlow编程 ·········234
9.5.1 安装TensorFlow ········234
9.5.2 Jupyter QtConsole编程 ····234
9.5.3 TensorFlow的模型和会话 ···234
9.5.4 张量 ···············236
9.5.5 张量运算 ············238

9.6 用TensorFlow实现SLP ·······239
9.6.1 开始之前 ············239
9.6.2 待分析的数据 ·········239
9.6.3 SLP模型定义 ·········241
9.6.4 学习阶段 ············243
9.6.5 测试阶段和正确率估计 ·····246

9.7 用TensorFlow实现MLP（含一个隐含层） ···············248
9.7.1 MLP模型的定义 ·······249
9.7.2 学习阶段 ············250
9.7.3 测试阶段和正确率计算 ·····253

9.8 用TensorFlow实现多层感知器（含两个隐含层） ··········255
9.8.1 测试阶段和正确率计算 ·····259
9.8.2 实验数据评估 ·········260

9.9 小结 ·····················262

第10章 数据分析实例——气象数据 ·····263

10.1 待检验的假设：靠海对气候的影响 ···263
10.2 数据源 ················265
10.3 用Jupyter Notebook分析数据 ····266
10.4 分析预处理过的气象数据 ·······269
10.5 风向频率玫瑰图 ···········279
10.6 小结 ·················283

第11章 Jupyter Notebook内嵌JavaScript库D3 ·······284

11.1 开放的人口数据源 ·········284
11.2 JavaScript库D3 ··········286
11.3 绘制簇状条状图 ···········290
11.4 地区分布图 ············293
11.5 2014年美国人口地区分布图 ····296
11.6 小结 ·················300

第12章 识别手写体数字 ··········301

12.1 手写体识别 ············301
12.2 用scikit-learn识别手写体数字 ···301
12.3 Digits数据集 ···········302
12.4 使用估计器学习并预测 ·······304
12.5 用TensorFlow识别手写体数字 ···306
12.6 使用神经网络学习并预测 ······307
12.7 小结 ·················310

第13章 用NLTK分析文本数据 ·······311

13.1 文本分析技术 ···········311
13.1.1 自然语言处理工具集 ·······311

　　　13.1.2　导入 NLTK 库和 NLTK
　　　　　　下载器 ·············312
　　　13.1.3　在 NLTK 语料库检索单词 ·····314
　　　13.1.4　分析词频 ·············315
　　　13.1.5　从文本选择单词 ·········317
　　　13.1.6　二元组和搭配 ·········318
　13.2　网络文本数据的应用 ·········319
　　　13.2.1　从 HTML 文档抽取文本 ······320
　　　13.2.2　情感分析 ·············320
　13.3　小结 ·····················322

第 14 章　用 OpenCV 库实现图像分析
　　　　　和视觉计算 ·············323
　14.1　图像分析和计算视觉 ········323
　14.2　OpenCV 和 Python ·········324
　14.3　OpenCV 和深度学习 ········324
　14.4　安装 OpenCV ·············324
　14.5　图像处理和分析的第 1 类方法 ·····324

　　　14.5.1　开始之前 ·············324
　　　14.5.2　加载和显示图像 ·········325
　　　14.5.3　图像处理 ·············326
　　　14.5.4　保存新图 ·············327
　　　14.5.5　图像的基本操作 ·········327
　　　14.5.6　图像混合 ·············330
　14.6　图像分析 ·················331
　14.7　边缘检测和图像梯度分析 ·····332
　　　14.7.1　边缘检测 ·············332
　　　14.7.2　图像梯度理论 ·········332
　　　14.7.3　用梯度分析检测图像边缘
　　　　　　示例 ·············333
　14.8　深度学习示例：面部识别 ·····337
　14.9　小结 ·····················339

附录 A　用 LaTeX 编写数学表达式 ·········340
附录 B　开放数据源 ················350

第 1 章

数据分析简介

1

欢迎来到数据分析世界。作为后续章节的铺垫，本章介绍数据分析的主要概念和流程。学完本章，你就能在数据分析的世界中迈出坚实的一步。其余章节会陆续介绍如何借助 Python 库，把在这里学到的概念和流程转化为 Python 代码。

1.1 数据分析

当今世界对信息技术的依赖程度日渐加深，每天都会产生和存储海量的数据。数据的来源多种多样——自动检测系统、传感器和科学仪器等。不知你有没有意识到，你每次从银行取钱、买东西、写博客、发微博也会产生新的数据。

什么是数据呢？数据实际上不同于信息，至少在形式上不同。对于没有任何形式可言的字节流，除了其数量、用词和发送的时间外，其他一无所知，一眼看上去，很难理解其本质。信息实际上是对数据集进行处理，从中提炼出可用于其他场合的结论，即它是处理数据后得到的结果。从原始数据中抽取信息的这个过程叫作**数据分析**。

数据分析的目的正是抽取不易推断的信息，而一旦理解了这些信息，就能对产生数据的系统的运行机制进行研究，从而对系统可能的响应和演变做出预测。

数据分析最初用作数据保护，现已发展成为**数据建模**的方法论，从而完成了到一门真正学科的蜕变。模型实际上是指将所研究的系统转化为数学形式。一旦建立数学或逻辑模型，对系统的响应能做出不同精度的预测，就可以预测在给定输入的情况下，系统会给出怎样的输出。这样看来，数据分析的目标不止于建模，更重要的是其**预测能力**。

模型的预测能力不仅取决于建模技术的质量，还取决于选择构建整个数据分析工作流所需的优质数据集的能力。因此**数据搜寻**、**数据提取**和**数据准备**等预处理工作也属于数据分析的范畴，它们对最终结果有重要影响。

前面一直在讲数据、数据的准备及数据处理。在数据分析的各个阶段，还有各种各样的**数据可视化方法**。无论是孤立地看数据，还是将其放到整个数据集来看，理解数据的最好方法莫过于将其绘制成可视化图形，从而传达出数字中蕴含（或隐藏）的信息。到目前为止，已经有很多可视化模式：类型多样的图表。

数据分析的产出为模型和图形化展示，据此可预测所研究系统的响应。随后进入测试阶段，用已知输出结果的一个数据集对模型进行测试。这些数据不是用来定义模型，而是用来检验系统能否重现实际观察到的输出，从而掌握模型的误差，了解其有效性和局限。

拿新模型的测试结果与既有模型进行对比便可知优劣。如果新模型胜出，即可进行数据分析的最后一步：**部署**。部署阶段需要根据模型给出的预测结果，实现相应的决策，同时还要防范模型预测到的潜在风险。

很多工作都离不开数据分析。了解数据分析及实际操作方法，对工作中做出可靠决策大有裨益。有了它，人们可以检验假说，加深对系统的理解。

1.2　数据分析师的知识范畴

数据分析学科研究的问题面很广。数据分析过程要用到多种工具和方法，它们对计算、数学和统计思维要求较高。

因此，一名优秀的数据分析师必须具备多个学科的知识和实际应用能力。这些学科中有的是数据分析方法的基础，熟练掌握它们很有必要。根据应用领域、研究项目的不同，数据分析师可能还需要掌握其他相关学科的知识。总的来说，这些知识可以帮助分析师更好地理解研究对象以及需要什么样的数据。

通常，对于大的数据分析项目，最好组建一个由各个相关领域的专家组成的团队，他们要能在各自擅长的领域发挥出最大作用。对于小点的项目，一名优秀的分析师就能胜任，但是他必须善于识别数据分析过程中遇到的问题，知道解决问题需要哪些学科的知识和技能，并能及时学习这些学科，有时甚至需要向相关领域的专家请教。简言之，分析师不仅要知道怎么搜寻数据，更应该懂得怎么寻找处理数据的方法。

1.2.1　计算机科学

不论从事什么领域的数据分析工作，掌握计算机科学知识对分析师来说都是最基本的要求。只有具备良好的计算机科学知识及实际应用经验，才能熟练掌握数据分析必备工具。实际上，数据分析的各个步骤都离不开计算机技术，比如用于计算的软件（IDL、MATLAB 等）和编程语言（C++、Java、Python 等）。

要高效地处理随信息技术迅猛发展而产生的海量数据，就必须使用特定技能。数据研究和抽取，要求分析师掌握各种常见格式的处理技巧。数据通常以某种结构组织在一起，存储于文件或数据库表中，格式多样。常见的数据存储格式有 XML、JSON、XLS、CSV 等。很多应用都能处理这些格式的数据文件。从数据库中获取数据要稍微麻烦些，需要掌握 SQL 数据库查询语言,或使用专门为从某种数据库抽取数据而开发的软件。

此外，一些特定类型的数据研究任务中，分析师所能拿到的不是立刻就能用的干净数据，而是文本文件（文档、日志）或网页。需要的数据则来自这些文件中的图表、测量值、访客量或者 HTML 表格，而解析文件、抽取数据（**数据抓取**）需要专业知识。

因此，学习信息技术知识很有必要，只有这样才能掌握在当代计算机科学基础上发展起来的各种工具，比如软件和编程语言。数据分析和可视化离不开它们。

本书尽可能全面地介绍用 Python 编程语言及专业的库进行数据分析所需的全部知识。针对数据分析的各个阶段，从数据研究、数据挖掘到预测模型研究结果的部署，Python 都有专门的库。

1.2.2 数学和统计学

数据分析涉及大量数学知识，本书全篇都少不了它们的身影。数据处理和分析过程涉及的数学知识可能会很复杂。因此具备扎实的数学功底显得尤为重要，至少要能理解正在做的事。熟悉常用的统计学概念也很有必要，因为所有对数据进行的分析和解释都以这些概念为基础。如果说计算机科学提供的是数据分析工具，那么统计学提供的就是基础概念。

统计学为分析师提供了很多工具和方法，全部掌握它们需要多年的磨练。数据分析领域最常用到的统计技术有：

- ❏ 贝叶斯方法
- ❏ 回归
- ❏ 聚类

用到这些方法时，会发现其中数学和统计学知识紧密结合，且对两者都有很高的要求。但是借助本书所讲述的 Python 库，读者将能驾驭它们。

1.2.3 机器学习和人工智能

数据分析领域最先进的工具之一就是机器学习方法。实际上，尽管数据可视化以及聚类和回归等技术对分析师发现有价值的信息有很大帮助，但在数据分析过程中，分析师经常需要查询数据集中的各种模式，这些步骤专业性很强。

机器学习这门学科所研究的正是如何把一系列步骤和算法结合起来，分析数据，识别数据中存在的模式，找出不同的簇，发现趋势，从数据中抽取有用信息用于数据分析，并实现整个过程的自动化。

机器学习日渐成为数据分析的基础工具，因此了解它（至少也要知道个大概）对数据分析工作的重要性不言而喻。

1.2.4 数据来源领域

数据来源领域（生物、物理、金融、材料试验和人口统计等）的知识也是非常重要的一块。实际上，分析师虽然受过统计学的专业训练，但也必须深入应用领域，记录原始数据，以便更好地理解数据生成过程。此外，数据不仅仅是干巴巴的字符串或数字，还是实际观测参数的表达式，更确切地说是其度量值。因此，对数据来源领域有深入的理解，能提升解释数据的能力。当然，即使是对乐意学习的分析师来说，学习特定领域的知识也是要下一番功夫的。因此最好能找到相关领域的专家，以便有问题时及时咨询。

1.3　理解数据的性质

数据分析所研究的对象自然是数据。在数据分析的各个阶段，数据都是主要关注对象。要分析、处理的原材料由数据构成。经过处理、分析数据后，最终可能会从中得到有用的信息。这些信息能增加对研究对象，也就是产生原始数据的系统理解。

1.3.1　数据到信息的转变

数据是对世界万物的记录。任何可以被测量或分类的事物都能用数据来表示。采集完数据后，可以对其进行研究和分析，以理解事物的性质。人们也常常借助它们进行预测，或者即使做不到预测，至少也能让推测更有根据。

1.3.2　信息到知识的转变

当信息转化为一组有助于更好地理解特定机制的规则时，信息便转化为了知识，因而可以用这些知识预测事件的演变。

1.3.3　数据的类型

数据可以分为两类：
- 类别型（定类和定序）
- 数值型（离散和连续）

类别型数据指可以被分成不同组或类别的值或观察结果。类别型数据有两种：**定类**（nominal）和**定序**（ordinal）。定类型变量的各类别没有内在的顺序，而定序型变量有预先指定的顺序。

数值型数据指通过测量得到的数值或观察结果。数值型数据有两种：**离散型和连续型**。离散值的个数是可数的，每个值都与其他值区别开来。相反，连续值产生于结果属于某一确定范围的测量或观察。

1.4　数据分析过程

数据分析过程可以用以下几步来描述：转换和处理原始数据，以可视化方式呈现数据，建模做预测。因此，数据分析无外乎由几步组成，其中每一步所起的作用对后面几步而言都至关重要。因此数据分析几乎可以概括为由以下几个阶段组成的过程链：
- 问题定义
- 数据抽取
- 数据准备——数据清洗
- 数据准备——数据转换

- ❏ 数据探索和可视化
- ❏ 预测建模
- ❏ 模型验证/测试
- ❏ 部署——结果可视化和阐释
- ❏ 部署——解决方案部署

图 1-1 为数据分析各步骤的示意图。

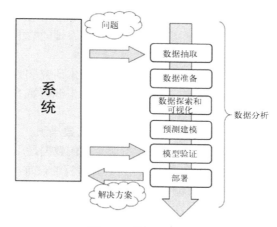

图 1-1　数据分析过程

1.4.1　问题定义

采集原始数据前，数据分析过程实际上早已开始。实际上，数据分析总是始于要解决的问题，而这个问题需要事先定义。

只有深入探究作为研究对象的系统之后，才有可能准确定义问题：这个系统可能是一种机制、应用或是一般意义上的过程。通常研究工作是为了更好地理解系统的运行方法，尤其是为了理解其运行规则，因为这些规则有助于预测或选择（在知情的基础上进行选择）。

问题定义这一步及产生的相关文档（**可交付成果**），无论是对于科研还是商业问题都很重要，因为这两项能严格保证分析过程是朝着目标结果前进的。实际上，对系统进行全面或详尽的研究有时会很复杂，一开始可能没有足够的信息。因此问题的定义，尤其是问题的规划，将唯一决定整个数据分析项目所遵循的指导方针。

定义好问题并形成文档后，接下来就可以进入数据分析的**项目规划**环节。该环节要弄清楚高效完成数据分析项目需要哪些专业人士和资源。因此就得考虑解决方案相关领域的一些事项。你需要寻找各个领域的专家，安装数据分析软件。

因此，在项目规划过程中，应组建起高效的数据分析团队。通常这个团队应该是跨学科的，因为从不同角度研究数据有助于解决问题。因此，一个优秀的团队必然是成功完成数据分析工作的关键因素之一。

1.4.2   数据抽取

问题定义步骤完成之后，在分析数据前，首先要做的就是获取数据。数据的选取一定要本着创建预测模型的目的，数据选取对数据分析的成功起着至关重要的作用。所采集的样本数据必须尽可能多地反映实际情况，也就是能描述系统对来自现实刺激的反应。实际上，如果原始数据采集不当，即使数据量很大，这些数据描述的情境往往也是与现实相左或存在偏差。

因此，如果对选取不当的数据，或是对不能很好地代表系统的数据集进行数据分析，得到的模型将会偏离作为研究对象的系统。

数据的查找和检索往往要凭借一种直觉，超乎单纯的技术研究和数据抽取。该过程还要求对数据的内在特点和形式有细致入微的理解，而只有对问题的来源领域有丰富的经验和知识，才能做到这一点。

除了所需数据的质量和数量，另一个问题是使用最佳的**数据源**。

如果工作室环境为（技术或科学）实验室，数据源生成的数据是用来做实验的。这种情况下就很容易鉴别数据源的优劣，这时唯一要注意的就是实验过程的设置。

无论是对于哪个领域的应用，都不可能采用严格的实验方法来重建数据源所属的系统。很多领域的应用需要从周边环境搜寻数据，往往依赖外部实验数据，甚至常通过采访或调查来收集数据。这种情况下，寻找包含数据分析所需全部信息的优质数据源难度很大。这时往往需要从多种数据源搜集信息，以弥补缺陷，识别矛盾之处，使数据集尽可能具有普遍性。

当你想找些数据来用时，Web 是个不错的起点。但 Web 中的大多数数据获取起来具有一定难度。实际上，不是所有的数据都是以文件或是数据库形式存在的，有些数据以这样或那样的格式存在于 HTML 页面中；有的内容很明确，有的则不然。为了获取网页中的内容，人们研究出了 Web 抓取（Web scraping）方法，通过识别网页中特定的 HTML 标签采集数据。有些软件就是专门用来抓取网页的。它们找到符合条件的标签，从中抽取目标数据。查找、抽取完成后，就得到了用于数据分析的数据。

1.4.3   数据准备

在数据分析的所有步骤中，数据准备虽然看上去不太可能出问题，但实际上，这一步需要投入更多的资源和时间才能完成。数据往往来自不同的数据源，有着不同的表现形式和格式。因此，在分析数据之前，所有这些数据都要处理成可用的形式。

数据准备阶段关注的是数据获取、清洗和规范化处理，以及把数据转换为优化过的，也就是准备好的形式，通常为表格形式，以便使用在规划阶段就定好的分析方法处理这些数据。

数据中存在的很多问题都必须解决，比如存在无效的、模棱两可的数据，值缺失，字段重复以及有些数据超出范围等。

1.4.4 数据探索和可视化

探索数据本质上是指从图形或统计数字中搜寻数据，以发现数据中的模式、联系和关系。数据可视化是突出显示可能的模式的最佳工具。

近年来，数据可视化发展迅猛，已成为一门真正的学科。实际上，专门用来呈现数据的技术有很多，从数据集中抽取最佳信息的可视化技术也不少。

数据探索包括初步检验数据，这对于理解采集到的数据的类型和含义很重要。再结合问题定义阶段所获得的信息，确定数据类型，这决定着选用哪种数据分析方法定义模型最合适。

通常，在这个阶段，除了细致研究用数据可视化方法得到的图表外，可能还包括以下一种或多种活动：

- ❑ 总结数据
- ❑ 为数据分组
- ❑ 探索不同属性之间的关系
- ❑ 识别模式和趋势
- ❑ 建立回归模型
- ❑ 建立分类模型

通常来讲，数据分析需要总结与研究数据相关的各种表述。**总结**（summarization）过程，在不损失重要信息的情况下，将数据浓缩为对系统的解释。

聚类这种数据分析方法用来找出由共同的属性所组成的组（grouping，**分组**）。

数据分析的另外一个重要步骤关注的是**识别**（identification）数据中的关系、趋势和异常现象。为了找到这些信息，需要使用合适的工具，同时还要分析可视化后得到的图像。

其他数据挖掘方法，比如决策树和关联规则挖掘，则是自动从数据中抽取重要的事实或规则。这些方法可以和数据可视化配合使用，以便发现数据之间存在的各种关系。

1.4.5 预测建模

数据分析的预测建模阶段，则要创建或选择合适的统计模型来预测某个结果的概率。

探索完数据后，就掌握了用来开发数学模型，为数据中所存在的关系编码的全部信息。这些模型有助于我们理解作为研究对象的系统。具体而言，模型主要有以下两个方面的用途：一是预测系统所产生的数据的值，使用**回归模型**；二是将新数据分类，使用**分类模型**或**聚类模型**。实际上，根据输出结果的类型，模型可分为以下 3 种。

- ❑ 分类模型：模型输出结果为类别型。
- ❑ 回归模型：模型输出结果为数值型。
- ❑ 聚类模型：模型输出结果为描述型。

生成这些模型的简单方法包括线性回归、逻辑回归、分类、回归树和 K-近邻算法。但是分析方法有多种，且每一种都有自己的特点，擅长处理和分析特定类型的数据。每一种方法都能生成一种特定的模型，选取哪种方法跟模型的自身特点有关。

有些模型输出的预测值与系统实际表现一致，这些模型的结构使得它们能以一种简洁清晰的方式解释我们所研究的系统的某些特点。另外一些模型也能给出正确的预测值，但是它们的结构为"黑箱"，对系统特点的解释能力有限。

1.4.6　模型验证

模型验证阶段也就是测试阶段，对数据分析很重要。在该阶段，会验证用先前采集的数据创建的模型是否有效。该阶段之所以重要，是因为直接与真实系统数据比较，可评估模型所生成的数据的有效性。但其实该阶段是从整个数据分析过程所使用的初始数据集中取一部分用于验证。

通常用于建模的数据称为**训练集**，用来验证模型的数据称为**验证集**。

通过比较模型和实际系统的输出结果，就能评估错误率。使用不同的测试集，就可以得出模型的有效性区间。实际上，预测结果只在一定范围内才有效，或因预测值取值范围而异，预测值和有效性之间存在不同层级的对应关系。

模型验证过程，不仅可以得到模型的确切有效程度（其形式为数值），还可以比较它跟其他模型有什么不同。模型验证技巧有不少，其中最著名的是**交叉验证**。它的基础操作是把训练集分成不同部分，每一部分轮流作为验证集，同时其余部分用作训练集。通过这种迭代的方式，可以得到最佳模型。

1.4.7　部署

数据分析的最后一步——部署，旨在展示结果，也就是给出数据分析的结论。若应用场景为商业领域，部署过程将分析结果转换为对购买数据分析服务的客户有益的方案。若应用场景为科技领域，则将成果转换为设计方案或科技出版物。也就是说，部署过程基本上就是把数据分析的结果应用于实践。

数据分析或挖掘的结果有多种部署方式。通常，数据分析师会在这个阶段为管理层或是客户撰写报告，从概念上描述数据分析结果。报告应上呈经理，以便他们读后做出相应决策，真正用分析结果指导实践。

数据分析师提交的报告通常应该详细论述以下 4 点：

❑ 分析结果

❑ 决策部署

❑ 风险分析

❑ 商业影响评估

如果项目的产出包括生成预测模型，那么这些模型就可以以单独应用的形式进行部署或集成到其他软件中。

1.5　定量和定性数据分析

数据分析过程都是以数据为中心，根据数据的特点，其实还可以进行细分。

如果所分析的数据有着严格的数值型或类别型结构，这种分析称为**定量分析**；如果数据要用自然语言来描述，则称为**定性分析**。

由于所处理的对象具有不同的特点，这两种数据分析方法也有所不同。

定量分析所处理的数据具有内在逻辑顺序或者能分成不同的类别。这样，数据就有了不同的结构。顺序、类别和结构可以提供更多信息，从而可以以更加严格的数学形式进一步处理数据。用这种数据产生的模型能做出**定量预测**，因此分析师也就可以得出**更加客观的结论**。

而定性分析处理的数据通常没有内在结构，至少结构没那么明显，这些数据既不是数值型也不是类别型。例如，适合定性分析研究的数据包括文本、视频和音频。分析这类数据时，往往需要根据实际情况，开发特殊方法来抽取信息。用这些信息创建的模型能做出**定性预测**，而数据分析师给出的结论可能还包括**主观解释**。从另一方面来讲，定性分析可用来探索更加复杂的系统，而且它所能得到的结论，严格的数学方法可能无法给出。定性分析通常用来研究社会现象或复杂结构等测量难度很大的系统。

图 1-2 展示了这两种分析方法的不同之处。

图 1-2　定量分析和定性分析

1.6　开放数据

为了满足日益增长的数据需求，人们把很多数据资源放到了网上。这些被称为**开放数据**（Open Data）的数据资源向任何有数据需求的人免费开放。

下面是网上的一些开放数据资源站点。更完整、详细的开放数据资源请见附录 B。

❑ DataHub 网站

❑ 世界卫生组织

❑ Data.gov 网站

- ❏ 欧盟开放数据门户
- ❏ 亚马逊 AWS 开放数据集
- ❏ Facebook Graph
- ❏ Healthdata.gov 网站
- ❏ 谷歌趋势
- ❏ 谷歌金融
- ❏ 谷歌图书 Ngrams 项目
- ❏ UCI 机器学习数据库

就开放数据而言，可以通过 **LOD 云图**了解网上都有哪些开放数据资源可用。从云图中能看到当前网上有哪些开放数据资源，以及这些资源之间的关系（见图 1-3）。

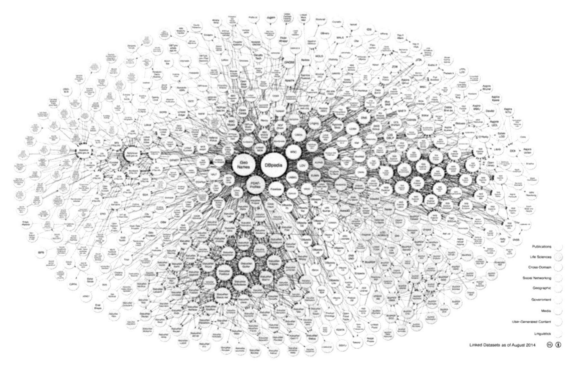

图 1-3　相互联系的开放数据云图 2014，设计者为 Max Schmachtenberg、Christian Bizer、
Anja Jentzsch 和 Richard Cyganiak

1.7　Python 和数据分析

本书的主要特点是用 Python 语言介绍数据分析的所有概念。Python 大量的库为数据分析和处理提供了完整的工具集，因此它广泛应用于科学计算领域。

比起 R 和 MATLAB 等主要用于数据分析的编程语言，Python 不仅提供数据处理平台，而且还有其他语言和专业应用所没有的特点。Python 库一直在增加，算法的实现采用更具创新性的方法，再加上它能跟很多语言（C 和 Fortran）相对接，这些特点都使得 Python 在所有可用于数据分析的语言中与众不同。

进一步来说，Python 其实不是专用于数据分析的，它还有很多其他方面的用途。比如它本身是一门通用型编程语言，也可以作脚本来用，还能操作数据库；而且由于 Django 等框架的问世，Python 近些年还用来开发 Web 应用。因此，使用 Python 开发的数据分析项目，完全可以跟 Web 服务器相兼容，也就可以整合到 Web 应用中。

因此，对于想从事数据分析的读者，Python 以及它众多的包，在可以预见的将来会是最佳选择。

1.8 小结

本章介绍了何为数据分析、它由哪些步骤组成、数据在创建预测模型过程中的作用，以及甄选数据是数据分析结果准确可靠的基础。

下一章将基于 Python 及其各种库，开始数据分析之旅。

第 2 章 ｜ Python 世界简介

Python 语言及其周边世界由解释器、工具、编辑器、库和笔记本[1]等组成。近些年来，Python 世界急速膨胀，日趋丰富，以至于第一次接触它的开发者可能会感觉它很复杂，有点不知所措。初次接触 Python 编程，面对众多选择，你可能会感到迷失了方向，不知从何处入手。

本章将概述 Python 世界。首先会介绍 Python 语言的基本情况及特点。然后介绍从何处入手、什么是解释器，以及如何开始编写第一行 Python 代码[2]。最后将介绍如何用 IPython 和 Jupyter Notebook[3]等工具以更加新颖、高级的交互式形式编写程序。

2.1 Python——编程语言

Python 编程语言于 1991 年由 Guido van Rossum[4]发明，它是从 ABC 语言发展而来的，其特点可以概括为以下几个词：

- ❑ 解释型
- ❑ 可移植
- ❑ 面向对象
- ❑ 交互式
- ❑ 胶水（interfaced）
- ❑ 开源
- ❑ 便于理解和使用

Python 是一种**解释型**语言，它采用的是伪编译方法。编写完程序后，要有**解释器**才能运行。要解释并运行源代码，机器上需要安装解释器程序。因而跟 C、C++和 Java 等语言不同，Python 程序不需要编译。

Python 具有很高的**可移植性**。用解释器作为接口读取和运行代码的最大优势就是可移植性。

---

① 这里指 Jupyter Notebook 生成的文件。——译者注（后文若无特殊说明，脚注均为"译者注"。）
② 可访问 http://www.ituring.com.cn/book/2688 下载源代码或提交中文版勘误。
③ 据 IPython 官网介绍，IPython Notebook 现称 Jupyter Notebook。这两种叫法，作者在原文中均有使用，本书统一为 Jupyter Notebook。作者引用他人以前文章标题，提到 IPython Notebook 的，保留其原有提法。
④ Guido 的名字经常被弄错，因此他特意在自我介绍中作了说明，详见 https://www.python.org/~guido/。

实际上，任何现有系统（Linux、Windows 和 Mac）安装相应版本的解释器后，Python 代码无须修改就能在其上运行。正是由于 Python 具有这个特点，包括树莓派和其他微处理器在内的小型设备才都把它选作编程语言。

Python 属于**面向对象**的语言。可以指定表示对象的类，实现继承关系。但是跟 C++和 Java 的区别是，Python 没有构造函数或析构函数。在 Python 中，可以实现特定的结构来管理异常。然而，由于 Python 的语言结构很灵活，可以用函数式编程、向量式编程等方法来实现面向对象方法所能达到的效果。

Python 是一种交互式编程语言。由于 Python 用解释器执行代码，使用环境不同时，Python 可呈现出极为不同的特点。实际上，可以像编写 C++或 Java 那样，编写大量代码后再运行；或者输入一行命令后就执行，这样马上就能得到执行结果，然后根据返回结果再决定下一行代码写什么。执行代码的模式具有高度交互性，使得 Python 成为像 MATLAB 那样非常适合计算的语言。Python 之所以在科学计算领域获得成功，跟这个特点密切相关。

Python 可以用作**胶水**，粘合 C/C++和 Fortran 等编程语言，这也是它的一大优点。实际上，Python 可以以此弥补执行速度慢这个缺点——这可能是它的唯一缺点。作为一种动态性极高的编程语言，有时执行 Python 程序所用的时间是用其他语言编写、编译后的静态程序的 100 倍。因此要解决这类性能问题，可以在 Python 语言中无缝使用编译好的其他语言的代码。

Python 是一门**开源**的编程语言。Python 语言的参考实现 CPython 完全免费、开源。此外，每一个模块和库都是开源的，它们的代码可以从网上找到。每个月，庞大的开发者社区都会为 Python 带来很多改进，使 Python 的库更加丰富，提升它们的性能。CPython 由成立于 2001 年的非营利机构 Python 软件基金会管理。该基金会的宗旨是宣传、保护和推动 Python 编程语言的发展。

Python 还是一门易于学习和使用的语言。这可能是 Python 最为重要的一个特点，因为这是开发者甚至是新手首先就能感受到的。Python 代码很直观，读起来很容易，往往会引发用户的无限感慨[1]。久而久之，它就成为了大多数编程新手的首选。然而，简单并不代表它的应用范围窄，相反，Python 广泛用于各个计算领域。此外，比起 C++、Java 和 Fortran 等编程语言，Python 处理起各种任务来更简单，远没有其他编程语言那么复杂。

Python——解释器

前面讲过，每次运行 python 命令，Python 解释器就会启动，可看到命令提示符>>>。

Python 解释器程序无非是读取和解释输入到提示符后面的代码。前面已经提过，解释器既可以一次只接收单条命令，也可以接收整个 Python 代码文件。不管哪种情况，解释器的处理机制都相同。

每次按下回车键之后，解释器开始以单词为单位逐一（tokenization，**单词化**）扫描代码（一行或整个文件的所有代码）。这些单词实则是一个个文本片段，解释器把它们组织成为表示程序逻辑结构的树状结构，随后这些代码片段将会被转化为**字节码**（.pyc 或.pyo）。生成的字节码随后

---

① 比如 "life is short, you need Python"。

将交由 Python 虚拟机（PVM）执行。解释过程到此结束，请见图 2-1。

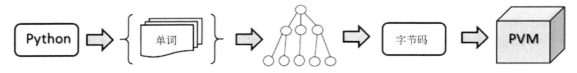

图 2-1　Python 解释器解释代码的过程

关于这个过程，有一份文档讲得非常好，详见https://www.ics.uci.edu/~pattis/ICS-31/lectures/tokens.pdf。

Python 的标准解释器称作 Cython，因为它是完全用 C 语言编写的。除此之外，还有一些用其他语言编写的解释器，比如用 Java 开发的 Jython、用 C#开发的（只适用于 Windows 系统）IronPython 以及全部用 Python 开发的 PyPy。

1. Cython

Cython 项目以开发能把 Python 代码转换为 C 代码的编译器为基础。C 代码随后在 Cython 环境中执行。这种编译机制使得在 Python 代码中嵌入能提升效率的 C 代码成为可能。Cython 可以被视为一门新的编程语言，它的发明实现了两种编程语言的融合。可以从网上找到大量相关文档。建议访问 http://docs.cython.org。

2. Jython

跟 Cython 相对应的，还有完全用 Java 语言开发和编译的 Jython。它是由 Jim Hugunin 在 1997 年开发的。Jython 是用 Java 语言实现的 Python 编程语言。具体而言，它具有以下特点：Python 的扩展和包是用 Java 类而不是 Python 模块实现的。

3. PyPy

PyPy 解释器是一种即时（just-in-time，JIT）编译器，它在运行时直接把 Python 代码转化为机器码。这样做是为了提升代码的执行速度，却因此只使用了所有 Python 命令中的很少一部分。这个只包含少数 Python 命令的子集被称作 RPython。关于 PyPy 的更多信息，请访问其官网。

2.2　Python 2 和 Python 3

目前，Python 社区仍处于从系列 2 解释器到系列 3 解释器的过渡阶段。当前这两个版本（2.7 版本和 3.6 版本）都有人在用。两种版本并存的局面，为用户平添几分疑惑，尤其是不知道应该选用哪个版本，或是弄不清楚两者之间到底有什么差异。也许你会问，既然 3.x 系列更为高级，那为什么 2.x 系列仍没有停止发版？

当 Guido van Rossum（Python 之父）决定对 Python 语言做出重大改进时，他很快就发现这些改动会使新的 Python 语言与很多现有代码不兼容。因此，他最终决定创建 Python 新版本——Python 3.0。为了解决兼容性问题，保证已有代码的顺利运行，他还决定维护跟历史代码相兼容的版本，确切地说，就是 2.7 版本。

Python 3.0 版本于 2008 年发布，而 2.7 版本则于 2010 年发布。Python 官方决定在 2.7 版本之后不再发布大的版本。写作本书时（2014 年），Python 3.x 系列最新的版本号为 3.6.5（2018）。

本书使用 Python 3.x 系列。但是，除去极少数情况，使用 2.7.x 系列（最后的版本是 2.7.14，于 2017 年 9 月发布）应该也不会有问题。

2.2.1　安装 Python

要使用 Python 开发程序，需要在操作系统中安装它。与 Windows 不同的是，Linux 和 Mac OS X 系统应该预装了某个版本的 Python。如果没有或是想安装新版本，方法也很简单。虽然 Python 安装方法因操作系统而异，但是操作起来都很容易。

Debian-Ubuntu Linux 系统使用以下命令：

```
apt-get install python
```

支持 rpm 包的 Red Hat 和 Fedora Linux 系统则使用以下命令：

```
yum install python
```

如果使用的是 Windows 或 Mac OS X 操作系统，可以从 Python 官网下载喜欢的版本，自动进行安装。

除了上述方法，如今有很多发行版不仅提供 Python 解释器，还提供很多工具，这些工具简化了 Python、所有的库以及相关应用的管理和安装工作。建议从网上找一个现成的发行版来用。

2.2.2　Python 发行版

由于 Python 语言获得了成功，应用面很广，开发者需要的功能也多种多样。为了满足这些需求，人们开发了大量的包。这么多年下来，包的数量已经多到几乎不可能靠人工来管理了。

鉴于此，很多 Python 发行版应运而生，它们能高效地管理成百上千的 Python 包。实际上，比起单独下载、安装只包含标准库的解释器，然后用到时再逐个安装所需要的库，直接安装 Python 发行版更加简单。

这些发行版的核心是**包管理器**，该应用也只不过是能自动管理、安装、更新、配置和删除作为发行版一部分的 Python 包。

包管理器非常有用。用户请求所需要的包时（比如要安装一个包），包管理器通常通过网络分析用户所要安装的包的版本号以及它所依赖的包，如果依赖包不存在的话，会顺便下载。

1. Anaconda

Anaconda 是 Continuum Analytics 公司开发的免费的 Python 包发行版，支持 Linux、Windows 和 Mac OS X 操作系统。它不仅提供 Python 的最新包，还提供搭建 Python 开发环境所需的大多数工具。

在系统中安装 Anaconda 后，就可以使用本章所提到的大多数工具和应用，而无须分别安装和管理它们。它所包含的工具有 Spyder IDE、Jupyter QtConsole 和 Jupyter Notebook。

整个 Anaconda 发行版用 conda 管理所有的包，维护其版本信息，它是 Anaconda 的包管理器和环境管理器。

```
conda install <package name>
```

该发行版最为有趣的一个特点是，它能管理 Python 版本的多种开发环境。安装 Anaconda 后，默认安装的是 Python 2.7 版本以及为该版本开发的包。但这没关系，因为通过创建独立于 2.7 版本的新环境，Anaconda 允许开发者同时使用 Python 的其他版本。例如创建基于 Python 3.6 的新环境。

```
conda create -n py36 python=3.6 anaconda
```

以上命令将会创建一个新的 Anaconda 环境，里面安装的包都指向 Python 3.6。在新环境安装所需的包，不会对 Python 2.7 环境造成任何影响。创建新环境后，输入下面命令即可激活：

```
source activate py36
```

Windows 用户需要输入以下命令：

```
activate py36
```

```
C:\Users\Fabio>activate py36
 (py36) C:\Users\Fabio>
```

可以创建使用不同 Python 版本的环境，只需要修改 conda create 命令中 python 选项的值即可。如要使用默认的 Python 版本，输入以下命令即可：

```
source deactivate
```

Windows 用户需要输入以下命令：

```
(py36) C:\Users\Fabio>deactivate
Deactivating environment "py36"...
C:\Users\Fabio>
```

2. Enthought Canopy

Enthought 公司提供的 Canopy 发行版跟 Anaconda 很相似。Enthought 公司创立于 2001 年，其最为知名的是 SciPy 项目（https://www.enthought.com/products/canopy/）。Canopy 发行版支持 Linux、Windows 和 Mac OS X 系统，包含大量包、工具和应用，用包管理器进行管理。与 conda 不同的是，包管理器 Canopy 完全是图形化的。

然而这个发行版只有基础版 Canopy Express 免费。它除了提供各发行版通常都会提供的包之外，还内置了 IPython 和 Canopy IDE，后者具有其他 IDE 所没有的特殊功能。嵌入 IPython 是为了把它的环境用作测试和调试代码的窗口。

3. Python(x,y)

Python(x,y)是只支持 Windows 系统的一种免费发行版，下载地址为http://code.google.com/p/pythonxy/。它使用 Spyder 作为 IDE。

2.2.3　使用 Python

Python 语言包容万象，却又不失简洁，用起来还很灵活。不论用它从事哪个领域的开发（数据分析、科学计算和图形界面等），扩展起来都很容易。也正是出于这个原因，Python 的用法多种多样，具体怎么用取决于开发者的喜好和能力。下面介绍本书用到的 Python 的各种用法。各章讨论的主题有所不同，因此所用到的 Python 方法也会存在差异，而原则是为不同的任务选用最合适的方法。

1. Python shell

走进 Python 世界最简单的方式莫过于通过 Python shell（运行命令行的终端界面）创建一段会话（session）。一次输入一条命令，即可测试它能否正常运行。这种模式阐明了解释器的特性，Python 代码所要执行的操作由解释器来决定。解释器能一次读取一条命令，同时保持先前命令所指定的变量的状态，这一点跟 MATLAB 和其他计算软件相似。

这种模式非常适合第一次接触 Python 语言的新手。可以逐条测试命令，无须事先编写、编辑好再来运行可能包含多行代码的完整程序。

这种模式也表明可以逐行对代码进行测试、调试或用来处理计算任务。在终端开启会话模式很简单，只需输入以下命令即可：

```
>>> python

Python 3.6.3 (default, Oct  15 2017, 03:27:45) [MSC v.1900 64 bit (AMD64)]
on win32
Type "help", "copyright", "credits" or "license" for more information.
>>>
```

现在，Python shell 已经激活，解释器严阵以待，等待接收 Python 命令。下面编写最简单也是编程初学者都要编写的经典例子：

```
>>> print("Hello World!")
Hello World!
```

2. 运行完整的 Python 程序

学习 Python 的最好方法是编写一个完整的程序，并在终端运行。首先使用简单的文本编辑器编写程序。以代码清单 2-1 为例，将它保存为 MyFirstProgram.py。

代码清单 2-1　MyFirstProgram.py

```
myname = input("What is your name? ")
print("Hi " + myname + ", I'm glad to say: Hello world!")
```

这样就编写好第一个 Python 程序了，可以直接在命令行使用 python 命令运行它。注意，将包含程序代码的文件名放到 python 命令的后面。

```
python myFirstProgram.py
What is your name? Fabio Nelli
Hi Fabio Nelli, I'm glad to say: Hello world!
```

3. 使用 IDE 编写代码

比前面更为复杂的方法是使用 IDE（Integrated Development Environment，集成开发环境）编写并运行代码。这些编辑器相当复杂，提供了 Python 开发所需的工作环境。它们提供的多种工具为开发者带来很多便利，尤其非常有助于调试程序。接下来几节将详细介绍几款当前主流的 IDE。

4. 跟 Python 交互

即将介绍的最后一种方法——交互式编程，在我看来可能是最有创新性的。前三种方法不论好坏，使用其他语言的开发者都在使用。最后一种方法提供了直接与 Python 代码交互的机会。

从这个方面讲，IPython 的发明极大地丰富了 Python 世界。功能强大的 IPython 旨在满足分析师、工程师或研究员等类型的开发者和 Python 解释器进行交互的需求。稍后会详细介绍 IPython 以及它的主要特点。

2.2.4　编写 Python 代码

上节讲了如何编写简单的小程序输出字符串 "Hello World"。下面概述 Python 语言基础，介绍最重要的基础知识。

本节不讨论如何用 Python 编写程序，或是讲解 Python 语法，而是简单介绍 Python 的基本规则，以便继续后面的各个主题。

如果你已熟悉 Python 语言，可跳过介绍部分。如果你不熟悉编程，觉得相关主题难以理解，建议从网上查找相关文档、教程或课程进行学习。

1. 数学运算

前面讲过 print() 函数几乎可以输出任何内容。其实，Python 不仅是输出工具，也是强大的计算器。在命令行开启一段会话，进行下面的数学运算：

```
>>> 1 + 2
3
>>> (1.045 * 3)/4
0.78375
>>> 4 ** 2
16
>>> ((4 + 5j) * (2 + 3j))
(-7+22j)
>>> 4 < (2*3)
True
```

Python 能对多种数据进行计算，包括复数和含有布尔值的条件表达式。从上面的计算可以看出，Python 解释器直接返回计算结果而不需要使用 print() 函数输出结果，对于存放在变量中的值也是如此。调用变量，就能看到它里面的内容。

```
>>> a = 12 * 3.4
>>> a
40.8
```

2. 导入新的库和函数

前面讲过，Python 的一大特点是通过导入各种包和模块来扩展其功能。导入整个包，需要使用 import 命令：

```
>>> import math
```

这样，math 模块中的所有函数都可以在当前会话中使用，因此可以直接调用它们。新会话所能使用的函数的标准集也得到了扩展。这些函数的调用方式如下：

```
library_name.function_name()
```

例如计算变量 a 所存放的数值的正弦值：

```
>>> math.sin(a)
```

如上所示，调用函数时需带着库的名字。有时会遇到下面这种形式的导入语句：

```
>>> from math import *
```

即使这样做没有问题，也应该避免。实际上，这种导入语句把库中的所有函数都导入进来，在使用时，不用指定库的名称。

```
>>> sin(a)
0.040693257349864856
```

但这种导入方法实际上会导致非常严重的问题，尤其是在导入的库越来越多时。因为分属于不同库的函数可能存在重名的情况，所以如果把它们都导入进来，后导入的函数将覆盖掉先前导入的同名函数。因此程序可能会产生各种错误，甚至出现反常行为。

实际上，这种导入方法通常只用于以下情况：函数数量非常有限，且程序的正常运行又离不开这些函数，同时又完全没有必要导入整个库。

```
>>> from math import sin
```

3. 数据结构

前面的例子曾用变量存储一个元素。实际上，Python 提供了多种极其有用的数据结构，它们能同时存储多个元素，有时甚至是不同类型的元素。这些数据结构的定义方法因它们内部所存储的数据的结构而异。

- ❑ 列表
- ❑ 集合
- ❑ 字符串
- ❑ 元组
- ❑ 字典
- ❑ 双队列（deque）
- ❑ 堆

这只是可以用 Python 创建的数据结构中的一小部分。这些数据结构里最常用的是**字典**和**列表**。

字典（dictionary）这种数据结构，有时也称作 dict，其中每个元素（值）都有一个与之相关联的被称作**键**（key）的标签。字典中的数据没有内在顺序，而只是一个个键值对。

```
>>> dict = {'name':'William', 'age':25, 'city':'London'}
```

如果想获取字典里的某个值，需要指定它所对应的键的名称。

```
>>> dict["name"]
'William'
```

如果想迭代输出字典里的所有键值对，需要使用 for-in 结构，还要用到 items()函数。

```
>>> for key, value in dict.items():
...     print(key,value)
...
name William
age 25
city London
```

列表（list）这种数据结构包含一系列具有明确顺序的元素，这些元素组成一个序列。它支持新增或删除元素操作。每个元素都有一个叫作**索引**（index）的数字标识，这个数字也就是该元素在序列中的位次。

```
>>> list = [1,2,3,4]
>>> list
[1, 2, 3, 4]
```

如果想获取单个元素，用方括号指定元素的索引即可（列表第 1 个元素的索引值为 0）；如果想获取列表（或序列）的一部分，用索引 i 和 j[1]指定所需范围的上下界即可。

```
>>> list[2]
3
>>> list[1:3]
[2, 3]
```

用负数作为索引，表示从列表的最后一个元素开始，朝第一个元素的方向获取元素。

```
>>> list[-1]
4
```

如要扫描列表的每个元素，可使用 for-in 结构。

```
>>> items = [1,2,3,4,5]
>>> for item in items:
...         print(item + 1)
...
2
3
4
5
6
```

4. 函数式编程

前面例子的 for-in 结构跟其他编程语言中的循环非常相似。但实际上，如果你想成为一名真正的 Python 程序员，就应该避免使用显式循环。Python 提供了几种替代方法，指定了诸如函

---

[1] 简单一提，以上界 j 为索引的元素，在进行 list[i:j]这种切片操作时是取不到的。

数式编程（functional programming，亦即 expression-oriented programming，面向表达式的编程）等编程技巧。

　　Python 提供的用于函数式编程开发的函数有：

- ❑ map(function, list)，映射函数
- ❑ filter(function, list)，过滤函数
- ❑ reduce(function, list)，规约函数
- ❑ lambda 函数
- ❑ 列表生成式

　　前面刚刚讲过的 for 循环对每个元素执行某一操作，然后把结果汇集起来。其实同样功能可以用 map() 函数来实现。

```
>>> items = [1,2,3,4,5]
>>> def inc(x): return x+1
...
>>> list(map(inc,items))
[2, 3, 4, 5, 6]
```

　　上述例子首先定义了对每一个元素进行操作的函数，随后把这个函数作为 map() 函数的第一个参数传递进来。Python 允许使用 lambda 函数直接在第一个参数中定义函数。这样能大幅精简代码，前面的代码结构就可以被浓缩为一行代码。

```
>>> list(map((lambda x: x+1),items))
[2, 3, 4, 5, 6]
```

　　其他两个函数 filter() 和 reduce() 的工作原理与之类似。filter() 函数只抽取函数返回结果为 True 的列表元素。reduce() 函数对列表所有元素依次计算后返回唯一结果。使用 reduce() 前，需要导入 functools 模块。

```
>>> list(filter((lambda x: x < 4), items))
[1, 2, 3]
>>> from functools import reduce
>>> reduce((lambda x,y: x/y), items)
0.008333333333333333
```

　　这两个函数实现了用 for 循环所能实现的功能。它们取代了这些循环结构及其功能，因为这两者可以表述为简单的函数调用，而**函数式编程**正是由这样的函数组成的。

　　函数式编程的最后一个概念叫作**列表生成式**（list comprehension），可用来以非常自然和简单的方式创建列表，而这种列表创建方式跟数学家描述数据集所使用的类似。列表这个序列所包含的元素由特定的函数或运算来指定。

```
>>> S = [x**2 for x in range(5)]
>>> S
[0, 1, 4, 9, 16]
```

5. 缩进

　　对掌握其他编程语言的人来说，Python 中**缩进**（indentation）所起的作用很奇特。你可能习惯了为了美观和增强代码的可读性而调整缩进，但是对 Python 而言，缩进是代码实现的一部分，

它把代码分为一个个逻辑块。实际上，在 Java、C 和 C++中，每行代码用英文的分号 ";" 跟下一行代码区分开；而在 Python 中，不能使用包括标识逻辑块的大括号在内的任何分隔符[①]。

其他语言中的分隔符所扮演的角色，在 Python 中由缩进来扮演。也就是说，解释器根据每行代码的起始位置来决定它是否属于某个逻辑块。

```
>>> a = 4
>>> if a > 3:
...    if a < 5:
...        print("I'm four")
... else:
...    print("I'm a little number")
...
I'm four

>>> if a > 3:
...    if a < 5:
...        print("I'm four")
...    else:
...        print("I'm a big number")
...
I'm four
```

从这个例子可以看到，由于两段代码中 else 命令使用的缩进不同，其所表示的条件的含义（请见输出的两个字符串[②]）也不同。

2.2.5　IPython

IPython 是基于 Python 开发的，增加了多种工具。

❑ IPython shell，性能有了极大提升的 Python 终端，功能强大的交互式 shell。

❑ QtConsole，shell 和 GUI 的混合体，实现在控制台而不是单独的窗口中显示图像。

❑ Jupyter Notebook，集文本、可执行代码、图像和公式的展现于一体的 Web 界面。

1. IPython shell

IPython shell 看上去像是从命令行运行的 Python 会话，但实际上它提供了很多其他功能。它比 Python 自带的 shell 更加强大，功能更多。在命令行输入 ipython 命令，即可启动 IPython shell。

```
> ipython
Python 3.6.3 (default, Oct  15 2017, 3:27:45) [MSC v.1900 64bit (AMD64)]
Type "copyright", "credits", or "license" for more information.

IPython 6.1.0 -- An enhanced Interactive Python. Type '?' for help

In [1]:
```

如上所示，命令提示符为 In [1]这种特殊形式，表示这是第一行输入。IPython 命令提示符，无论是输入还是输出缓存都带有编号（索引）。

---

① Python 命令结尾可以用英文分号，但是没有必要。

② 指的是"I'm a little number"和"I'm a big number"。

```
In [1]: print("Hello World!")
Hello World!

In [2]: 3/2
Out[2]: 1.5

In [3]: 5.0/2
Out[3]: 2.5

In [4]:
```

如上所述，表示输出的提示符也有编号，用 Out[1]、Out[2]这类值来表示。IPython 把所有输入都存储到变量中。实际上，所有输入都存储在叫作 In 的列表中。

```
In [4]: In
Out[4]: ['', 'print "Hello World!"', '3/2', '5.0/2', 'In']
```

In 列表中每个元素的索引恰好是（其所对应的命令的）命令提示符中的数字。因此，指定一个数值，即可得到先前输入的那一行代码。

```
In [5]: In[3]
Out[5]: '5.0/2'
```

对于输出，也是如此。

```
In [6]: Out
Out[6]:
{2: 1,
 3: 2.5,
 4: ['',
  u'print "Hello World!"',
  u'3/2',
  u'5.0/2',
  u'_i2',
  u'In',
  u'In[3]',
  u'Out'],
 5: u'5.0/2'}
```

2. Jupyter 项目

近来，IPython 项目有了长足发展。自 IPython 3.0 发布以来，该项目便开始迁往新项目 Jupyter。

IPython 仍将作为 Python shell 而存在，但 IPython 项目的 Notebook 及与语言无关的其他组件将会迁移，以组建新项目 Jupyter，见图 2-2。

图 2-2　Jupyter 项目的图标

3. Jupyter QtConsole

要从命令行启动这个应用，必须使用以下命令：

```
ipython qtconsole
```

或

```
jupyter qtconsole
```

该应用包含一个 GUI 界面，它囊括了 IPython shell 的所有功能，请见图 2-3。

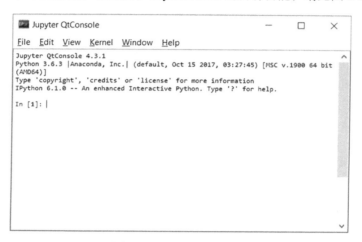

图 2-3　Jupyter QtConsole

4. Jupyter Notebook

Jupyter Notebook 是交互式环境 IPython 的新生代力量（见图 2-4）。有了 Jupyter Notebook，可执行代码、文本、公式、图像和动画等内容都能整合到 Web 文档中，其用途很多，比如可用于演示、制作教程或辅助调试程序等。

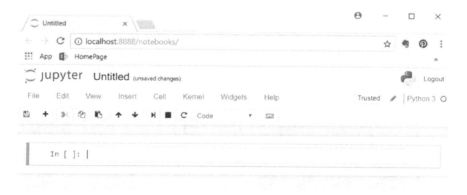

图 2-4　Jupyter Notebook 的 Web 界面

2.3　PyPI 仓库——Python 包索引

　　Python 包索引（Python Package Index，PyPI）软件仓库包含 Python 编程可能会用到的所有软件，例如属于其他 Python 库的软件。软件仓库直接由各个包的开发者管理，一旦他们的库发布新版本，他们负责将其更新到仓库中。如果想了解 PyPI 仓库都有哪些包，请访问 PyPI 官网。

　　至于如何管理这些包，可以使用 PyPI 的包管理器 pip 应用。

　　从命令行启动 pip 应用，就可以对单个包进行安装、更新或删除操作。pip 会检查这个包是否已安装。若已安装，则检查是否需要更新。同时，它还会检查是否需要安装其他依赖包；若未安装，pip 就会下载和安装这个包以及它的依赖包。

```
$ pip install <<package_name>>
$ pip search <<package_name>>
$ pip show <<package_name>>
$ pip unistall <<package_name>>
```

　　至于如何安装 pip，如果系统已安装了 Python 3.4+（2014 年 3 月发布）或 Python 2.7.9（2014年 12 月发布），pip 也随之安装了。但是，如果使用的是 Python 的旧版本，则需自行安装，具体方法因操作系统而异。

　　Linux 系统 Debian 和 Ubuntu，使用以下命令：

```
$ sudo apt-get install python-pip
```

　　Linux 系统 Fedora，使用以下命令：

```
$ sudo yum install python-pip
```

　　Windows 系统，请访问 https://pip.pypa.io/en/latest/installing/，下载 get-pip.py 到计算机上。下载完成后，运行如下命令。

```
python get-pip.py
```

　　这样，就能安装好包管理器。记得把 C:\Python3.X\Scripts 添加到环境变量 PATH 中去。

多种 Python IDE

　　虽然大多数 Python 开发者习惯了直接在 shell（Python 或 IPython）中编写代码，但除此之外，还可以使用 IDE（Interactive Development Environment，交互式开发环境）。IDE 除了具有基本的文本编辑功能之外，还提供一系列辅助代码编写和调试的工具。例如代码自动补全功能、查看命令的相关文档、调试和插入断点等。当然，IDE 提供的工具比这要丰富得多。

1. Spyder

　　Spyder（Scientific Python Development Environment，Python 科学计算开发环境）IDE 跟 MATLAB IDE 有很多相似之处（见图 2-5）。它在文本编辑器的基础上，添加了句法高亮和代码分析工具。此外，该 IDE 可在图像应用中添加立刻可用的控件。

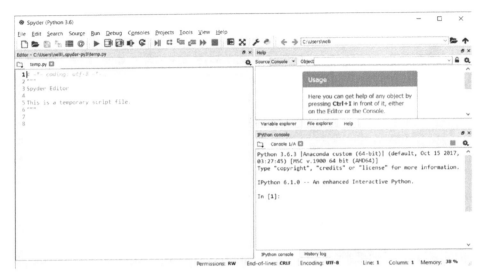

图 2-5 Spyder IDE

2. Eclipse（pyDev）

使用其他编程语言的开发者一定知道 Eclipse，它是完全用 Java（若要使用，计算机需要安装 Java）开发的通用 IDE，提供了适用于多种语言的开发环境（见图 2-6）。Eclipse 有一个版本是专门用于 Python 开发的，但是要安装 **pyDev** 插件。

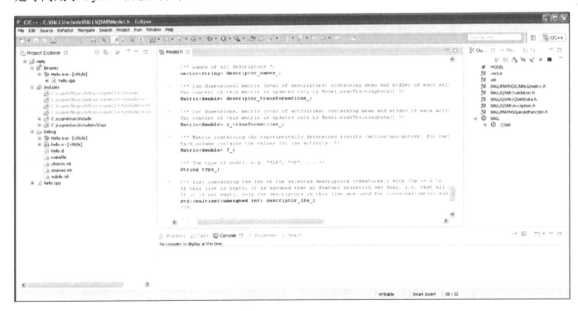

图 2-6 Eclipse IDE

3. Sublime

该文本编辑器是 Python 程序员最喜欢的开发环境之一（见图 2-7）。Sublime 有多种插件，借助这些插件，用 Sublime 编写 Python 程序变得更简单，过程也很享受。

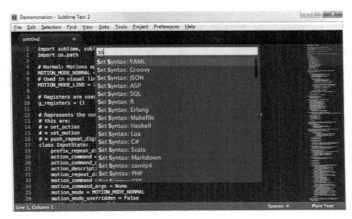

图 2-7   Sublime IDE

4. Liclipse

与 Spyder 类似，该环境也是专门用于 Python 开发的（见图 2-8）。它与 Eclipse IDE 十分相似，但是它完美适配 Python 语言，因此无须安装 pyDev 等插件就能使用 Python。它的安装和配置比起 Eclipse 更加简单。

图 2-8   Liclipse IDE

5. NinjaIDE

NinjaIDE[①]（NinjaIDE is "Not Just Another IDE"，NinjaIDE 不只是另一个 IDE）为首字母缩略词，该词运用了递归方法。这是一款专门用于 Python 开发的 IDE（见图 2-9），最近才开发出来。它凝集了很多开发人员的心血，现在看来已是前途无量，很可能会在接下来几年给开发者带来更多惊喜。

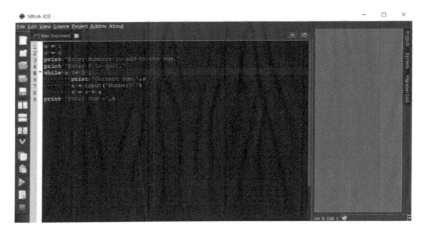

图 2-9   Ninja IDE

6. Komodo IDE

Komodo IDE 功能强大，提供了多种工具，是完备、专业的开发环境（见图 2-10）。它是用 C++开发的付费软件，提供适用于包括 Python 在内的多种编程语言的开发环境。

图 2-10   Komodo IDE

---

① 造词方法跟 GNU 类似，GNU 指的是 "GNU is not Unix"。

2.4 SciPy

SciPy（音同"Sigh Pie"）是一组专门用于科学计算的开源 Python 库。本书很多章节会用到其中许多库，因为掌握这些库对数据分析很重要。由这些库组成的工具集擅长处理数据计算和可视化，因此用 Python 分析数据，丝毫不用羡慕其他数据计算和分析环境（比如 R 或 MATLAB）。后续章节会着重讲解下面 3 个库：

- ❑ NumPy
- ❑ matplotlib
- ❑ pandas

2.4.1 NumPy

NumPy 库其名称的含义是"数值 Python"（Numerical Python），很多由它发展而来的 Python 库都以其为核心。NumPy 是用 Python 进行科学计算的一个基础库，因为它提供了 Python 基础包所没有提供的数据结构和高性能函数。实际上，正如本书后面将要讲到的，NumPy 定义了一种专门用于科学计算的数据结构 ndarray——它是一种 N 维数组。

正确使用这个库，能极大提升计算效率，因此在数值运算过程中掌握如何使用该库很重要。由于它具有独一无二的特性，在本书中几乎随处可见，因此很有必要用一章的篇幅（第 3 章）来介绍它。

NumPy 的如下功能将会被添加到 Python 标准发行版中。

- ❑ ndarray：多维数组，比 Python 基础包提供的速度更快、效率更高。
- ❑ 元素级计算（element-wise computation）：一组用于数组或数组之间按照元素级运算的函数。
- ❑ 读–写数据集：一组从硬盘中读取数据或往硬盘写入数据的函数。
- ❑ 整合 C、C++和 Fortran 等编程语言：整合其他语言编写的代码的工具集。

2.4.2 pandas

该包提供了复杂的数据结构和函数，其目的是降低处理难度，提升速度和效率。它是 Python 数据分析的核心包。因此，对该包的研究和应用将作为主题贯穿全书（第 4、5 和 6 章着重讲解）。详细讲解 pandas 的各方面知识，尤其是它在数据分析场景中的应用，是本书的主要目标。

该包最为基础的概念为**数据框**（DataFrame）。它是一个两维表格状数据结构，行和列均有标签。

pandas 整合了 NumPy 库的高性能特性，可处理电子表格或关系型数据库（SQL 数据库）中的数据。借助 pandas 强大的索引方法，对该类数据结构进行变形、切片、聚合和选取子集等操作比较容易。

2.4.3　matplotlib

这个包是目前绘制 2D 图像最常用的 Python 包。数据分析少不了可视化工具，而这个包最适合。第 7 章将详细讲解它的用法，之后便能以最佳方式展现数据分析结果了。

2.5　小结

本章讲述了 Python 的主要基础内容，通过简洁的例子介绍了 Python 的基础概念，解释了它所引入的新特点，尤其是那些比其他语言更为出色的特点，还展示了它的不同使用方法。首先讲解了简单的命令行解释器的使用方法，然后介绍了一系列简单的图形用户界面，最后引入了 IDE 这类复杂的开发环境，比如 Spyder、Liclipse 和 NinjaIDE。

本章还介绍了极具创新意义的 Jupyter(IPython)项目，展示了以交互式方式(尤其是用 Jupyter Notebook) 编写代码的可能性。

Python 通过第三方库来扩展标准函数集的功能体现了它的模块化特性，就这一点介绍了 PyPI 在线仓库以及 Python 的其他发行版，比如 Anaconda 和 Enthought Canopy。

下一章将介绍作为 Python 数值计算基础的第一个库 NumPy，还会讲解 ndarray 这种数据结构。后续章节中数据分析所使用的更为复杂的数据结构都以它为基础。

第 3 章

NumPy 库

NumPy 是用 Python 进行科学计算，尤其是数据分析时，所用到的一个基础库。它是大量 Python 数学和科学计算包的基础，比如后面要讲到的 pandas 库就用到了 NumPy。pandas 库专门用于数据分析，充分借鉴了 Python 标准库 NumPy 的相关概念。而 Python 标准库所提供的内置工具对数据分析方面的大多数计算来说都过于简单或不够用。

为了更好地理解和使用 Python 所有的科学计算包，尤其是 pandas，需要先行掌握 NumPy 库的用法，这样才能把 pandas 的用处发挥到极致。pandas 是后续章节的主题。

如果你熟悉 NumPy 库，可跳过本章直接学习下一章；否则，可以借此机会复习一下 NumPy 的基础概念，或者运行本章的示例代码，争取尽快步入正轨。

3.1 NumPy 简史

Python 语言诞生不久，开发人员就产生了数值计算的需求，更为重要的是，科学社区开始考虑用它进行科学计算。

1995 年，Jim Hugunin 开发了 Numeric，这是第一次尝试用 Python 进行科学计算。随后又诞生了 Numarray 包。这两个包都是专门用于数组计算的，但各有各的优势，开发人员只好根据不同的使用场景，从中选择效率更高的包。由于两者之间的区别并不那么明确，开发人员产生了把它们整合为一个包的想法。Travis Oliphant 遂着手开发 NumPy 库，并于 2006 年发布了它的第一个版本（v 1.0）。

从此之后，NumPy 成为 Python 科学计算的扩展包。如今，在计算多维数组和大型数组方面，它是使用最广的。此外，它还提供多个函数，操作起数组来效率很高，还可用来实现高级数学运算。

当前，NumPy 是开源项目，使用 BSD 许可证。在众多开发者的支持下，这个库的潜力得到了进一步挖掘。

3.2 NumPy 安装

通常，大多数 Python 发行版都把 NumPy 作为一个基础包。然而，如果 NumPy 不是基础包的话，可以自行安装。

Linux 系统（Ubuntu 和 Debian），使用如下命令：

```
sudo apt-get install python-numpy
```

Linux 系统（Fedora），使用如下命令：

```
sudo yum install numpy scipy
```

使用 Anaconda 发行版的 Windows 系统，使用如下命令：

```
conda install numpy
```

NumPy 安装到系统之后，在 Python 会话中输入以下代码导入它 NumPy 模块：

```
>>> import numpy as np
```

3.3   ndarray：NumPy 库的心脏

NumPy 库的基础是 ndarray（*N*-dimensional array，*N* 维数组）对象。它是一种由同质元素组成的多维数组，元素数量是事先指定好的。同质指的是几乎所有元素的类型和大小都相同。实际上，数据类型由另外一个叫作 dtype（data-type，数据类型）的 NumPy 对象来指定，每个 ndarray 只有一种 dtype 类型。

数组的维数和元素数量由数组的**型**（shape）来确定，数组的型由 *N* 个正整数组成的元组来指定，元组的每个元素对应每一维的大小。数组的维统称为**轴**（axes），轴的数量被称作**秩**（rank）。

NumPy 数组的另一个特点是大小固定，即创建数组时一旦指定好大小，就不会再发生改变。这与 Python 的列表有所不同，列表的大小是可以改变的。

定义 ndarray 最简单的方式是使用 array() 函数，以 Python 列表作为参数，列表的元素即是 ndarray 的元素。

```
>>> a = np.array([1, 2, 3])
>>> a
array([1, 2, 3])
```

检测新创建的对象是否是 ndarray 很简单，只需要把新声明的变量传递给 type() 函数即可。

```
>>> type(a)
<type 'numpy.ndarray'>
```

调用变量的 dtype 属性，即可获知新建的 ndarray 属于哪种数据类型。

说明   dtype、shape 和其他属性的值可能因操作系统和 Python 发行版而异。

```
>>> a.dtype
dtype('int64')
```

刚建的这个数组只有一个轴，因而秩的数量为 1，它的型为 (3,1)。这些值的获取方法如下：轴数量需要使用 ndim 属性，数组长度使用 size 属性，而数组的型要用 shape 属性。

```
>>> a.ndim
1
>>> a.size
3
>>> a.shape
(3,)
```

上面这个数组非常简单，只有一维。但是数组很容易就能扩展成多维。例如可以定义一个 2×2 的二维数组：

```
>>> b = np.array([[1.3, 2.4],[0.3, 4.1]])
>>> b.dtype
dtype('float64')
>>> b.ndim
2
>>> b.size
4
>>> b.shape
(2, 2)
```

这个数组有两条轴，所以秩为 2，每条轴的长度为 2。

ndarray 对象拥有另外一个叫作 itemsize 的重要属性。它定义了数组中每个元素的长度为几个字节。data 属性表示的是包含数组实际元素的缓冲区。该属性至今用得并不多，因为要获取数组中的元素，使用接下来几节即将学到的索引方法即可。

```
>>> b.itemsize
8
>>> b.data
<read-write buffer for 0x0000000002D34DF0, size 32, offset 0 at 0x0000000002D5FEA0>
```

3.3.1　创建数组

数组的创建方法有几种，最常用的就是前面讲过的，使用 array() 函数，参数为单层或嵌套列表。

```
>>> c = np.array([[1, 2, 3],[4, 5, 6]])
>>> c
array([[1, 2, 3],
       [4, 5, 6]])
```

除了列表，array() 函数还可以接收嵌套元组或元组列表作为参数。

```
>>> d = np.array(((1, 2, 3),(4, 5, 6)))
>>> d
array([[1, 2, 3],
       [4, 5, 6]])
```

此外，参数可以是由元组或列表组成的列表，其效果相同。

```
>>> e = np.array([(1, 2, 3), [4, 5, 6], (7, 8, 9)])
>>> e
array([[1, 2, 3],
       [4, 5, 6],
       [7, 8, 9]])
```

3.3.2　数据类型

前面只使用过简单的整型和浮点型数据类型，其实 NumPy 数组能够包含多种数据类型（见表 3-1）。例如可以使用字符串类型：

```
>>> g = np.array([['a', 'b'],['c', 'd']])
>>> g
array([['a', 'b'],
       ['c', 'd']],
      dtype='|<U1')
>>> g.dtype
dtype('<U1')
>>> g.dtype.name
'str32'
```

表 3-1　NumPy 所支持的数据类型

数据类型	说　　明
bool_	以一个字节形式存储的布尔值（True 或 False）
int_	默认整型（与 C 中的 long 相同，通常为 int64 或 int32）
intc	完全等同于 C 中的 int（通常为 int32 或 int64）
intp	表示索引的整型（与 C 中的 size_t 相同，通常为 int32 或 int64）
int8	字节（−128~127）
int16	整型（−32768~32767）
int32	整型（−2147483648~2147483647）
int64	整型（−9223372036854775808~9223372036854775807）
uint8	无符号整型（0~255）
uint16	无符号整型（0~65535）
uint32	无符号整型（0~4294967295）
uint64	无符号整型（0~18446744073709551615）
float_	float64 的简写形式
float16	半精度浮点型：符号位、5 位指数、10 位小数部分
float32	单精度浮点型：符号位、8 位指数、23 位小数部分
float64	双精度浮点型：符号位、11 位指数、52 位小数部分
complex_	complex128 的简写形式
complex64	复数，由两个 32 位的浮点数来表示（实数部分和虚数部分）
complex128	复数，由两个 64 位的浮点数来表示（实数部分和虚数部分）

3.3.3　dtype 选项

array() 函数可以接收多个参数。每个 ndarray() 对象都有一个与之相关联的 dtype 对象，该对象唯一定义了数组中每个元素的数据类型。array() 函数默认根据列表或元素序列中各元素的数据类型，为 ndarray() 对象指定最适合的数据类型。但是，可以用 dtype 选项作为函数 array() 的参数，明确指定 dtype 的类型。

例如要定义一个复数数组，可以像下面这样使用 dtype 选项：

```
>>> f = np.array([[1, 2, 3],[4, 5, 6]], dtype=complex)
>>> f
array([[ 1.+0.j,  2.+0.j,  3.+0.j],
       [ 4.+0.j,  5.+0.j,  6.+0.j]])
```

3.3.4　自带的数组创建方法

NumPy 库有几个函数能够生成包含初始值的 *N* 维数组，数组元素因函数而异。对于本章乃至全书内容，这些函数非常有用。实际上，有了这些函数，仅用一行代码就能生成大量数据。

例如 zeros() 函数能够生成由 shape 参数指定维度信息、元素均为零的数组。举个例子，下述代码会生成一个 3×3 型的二维数组：

```
>>> np.zeros((3, 3))
array([[ 0.,  0.,  0.],
       [ 0.,  0.,  0.],
       [ 0.,  0.,  0.]])
```

ones() 函数与上述函数相似，生成一个各元素均为 1 的数组。

```
>>> np.ones((3, 3))
array([[ 1.,  1.,  1.],
       [ 1.,  1.,  1.],
       [ 1.,  1.,  1.]])
```

这两个函数默认使用 float64 数据类型创建数组。NumPy arange() 函数特别有用。它根据传入的参数，按照特定规则，生成包含一个数值序列的数组。例如要生成一个包含数字 0 到 9 的数组，只需传入标识序列结束的数字[1]作为参数即可。

```
>>> np.arange(0, 10)
array([0, 1, 2, 3, 4, 5, 6, 7, 8, 9])
```

如果不想以 0 作为起始值，可自行指定，这时需要使用两个参数：第 1 个为起始值，第 2 个为结束值。

```
>>> np.arange(4, 10)
array([4, 5, 6, 7, 8, 9])
```

还可以生成等间隔的序列。如果为 arange() 函数指定了第 3 个参数，它表示序列中相邻两个值之间的差距[2]有多大。

```
>>> np.arange(0, 12, 3)
array([0, 3, 6, 9])
```

此外，第 3 个参数还可以是浮点型[3]。

---

[1] 用你想得到的序列的最后一个数字再加 1 作为参数。下面的例子使用了两个参数，其实如上所述，只传入一个参数即可，序列默认从 0 开始。

[2] 也称"步长"。

[3] 这点就与 Python 的 range() 函数有所不同了，range() 函数只可以使用整数作为步长。

```
>>> np.arange(0, 6, 0.6)
array([ 0. ,  0.6,  1.2,  1.8,  2.4,  3. ,  3.6,  4.2,  4.8,  5.4])
```

截至目前，所创建的都是一维数组。如果要生成二维数组，仍然可以使用 arange()函数，但是要结合 reshape()函数。后者按照指定的形状，把一维数组拆分为不同的部分。

```
>>> np.arange(0, 12).reshape(3, 4)
array([[ 0,  1,  2,  3],
       [ 4,  5,  6,  7],
       [ 8,  9,  10, 11]])
```

另外一个跟 arange()函数非常相似的函数是 linspace()。它的前两个参数同样是用来指定序列的起始和结尾，但第 3 个参数不再表示相邻两个数字之间的距离，而是用来指定我们想把由开头和结尾两个数字所指定的范围分成几个部分。

```
>>> np.linspace(0,10,5)
array([ 0. ,  2.5,  5. ,  7.5,  10. ])
```

最后介绍另外一个创建包含初始值的数组的方法：使用随机数填充数组。可以使用 numpy.random 模块的 random()函数，数组所包含的元素数量由参数指定。

```
>>> np.random.random(3)
array([ 0.78610272, 0.90630642, 0.80007102])
```

每次用 random()函数生成的数组，其元素均会有所不同。若要生成多维数组，只需把数组的大小作为参数传递给它。

```
>>> np.random.random((3,3))
array([[ 0.07878569, 0.7176506 , 0.05662501],
       [ 0.82919021, 0.80349121, 0.30254079],
       [ 0.93347404, 0.65868278, 0.37379618]])
```

3.4   基本操作

前面介绍了新建 NumPy 数组和定义数组元素的方法。下面介绍数组的各种运算方法。

3.4.1   算术运算符

数组的第一类运算是使用算术运算符进行的运算。最显而易见的是为数组加上或乘以一个标量。

```
>>> a = np.arange(4)
>>> a
array([0, 1, 2, 3])

>>> a+4
array([4, 5, 6, 7])
>>> a*2
array([0, 2, 4, 6])
```

这些运算符还可以用于两个数组的运算。在 NumPy 中，这些运算符为**元素级**。也就是说，

它们只用于位置相同的元素之间，所得到的运算结果组成一个新的数组。运算结果在新数组中的
位置跟操作数位置相同（见图 3-1）。

```
>>> b = np.arange(4,8)
>>> b
array([4, 5, 6, 7])

>>> a + b
array([ 4, 6, 8, 10])
>>> a - b
array([-4, -4, -4, -4])
>>> a * b
array([ 0, 5, 12, 21])
```

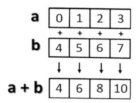

图 3-1　元素级加法

此外，这些运算符还适用于返回值为 NumPy 数组的函数。例如可以用数组 a 乘上数组 b 的
正弦值或平方根。

```
>>> a * np.sin(b)
array([-0.        , -0.95892427,  -0.558831 ,   1.9709598 ])
>>> a * np.sqrt(b)
array([ 0.        , 2.23606798,  4.89897949,  7.93725393])
```

对于多维数组，这些运算符仍然是元素级。

```
>>> A = np.arange(0, 9).reshape(3, 3)
>>> A
array([[0, 1, 2],
       [3, 4, 5],
       [6, 7, 8]])
>>> B = np.ones((3, 3))
>>> B
array([[ 1.,  1.,  1.],
       [ 1.,  1.,  1.],
       [ 1.,  1.,  1.]])
>>> A * B
array([[ 0.,  1.,  2.],
       [ 3.,  4.,  5.],
       [ 6.,  7.,  8.]])
```

3.4.2　矩阵积

选择使用*号作为元素级运算符是 NumPy 库比较奇怪的一点。实际上，在很多其他数据分析

工具中，*在用于两个矩阵之间的运算时指的是**矩阵积**（mastrix produet）。而 NumPy 用 dot()
函数表示这类乘法，注意，它不是元素级的。

```
>>> np.dot(A,B)
array([[  3.,   3.,   3.],
       [ 12.,  12.,  12.],
       [ 21.,  21.,  21.]])
```

所得到的数组中每个元素为，第 1 个矩阵中与该元素行号相同的元素与第 2 个矩阵中与该元
素列号相同的元素，两两相乘后再求和。图 3-2 描述的正是矩阵积的计算过程（只给出了矩阵积
中两个元素的计算过程）。

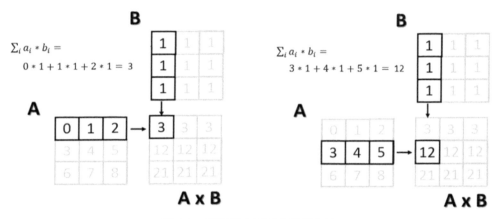

图 3-2   矩阵积中元素的计算方法

矩阵积的另外一种写法是把 dot()函数当作其中一个矩阵对象的方法。

```
>>> A.dot(B)
array([[  3.,   3.,   3.],
       [ 12.,  12.,  12.],
       [ 21.,  21.,  21.]])
```

请注意，由于矩阵积计算不遵循交换律，因此在这里要多说一句，运算对象的顺序很重要。
A*B 确实不等于 B*A。

```
>>> np.dot(B,A)
array([[  9.,  12.,  15.],
       [  9.,  12.,  15.],
       [  9.,  12.,  15.]])
```

3.4.3   自增和自减运算符

Python 没有++或--运算符。对变量的值进行自增与自减，需要使用+=或-=运算符。这两个运
算符跟前面见过的只有一点不同，运算得到的结果不是赋给一个新数组而是赋给参与运算的数组
自身。

```
>>> a = np.arange(4)
>>> a
array([0, 1, 2, 3])
>>> a += 1
>>> a
array([1, 2, 3, 4])
>>> a -= 1
>>> a
array([0, 1, 2, 3])
```

因此，这类运算符比每次只能加 1 的自增运算符用途更广。例如修改数组元素的值而不想生成新数组时，就可以使用它们。

```
array([0, 1, 2, 3])
>>> a += 4
>>> a
array([4, 5, 6, 7])
>>> a *= 2
>>> a
array([ 8, 10, 12, 14])
```

3.4.4 通用函数

通用函数（universal function）通常叫作 ufunc，它对数组中的各个元素逐一进行操作。这表明，通用函数分别处理输入数组的每个元素，生成的结果组成一个新的输出数组。输出数组的大小跟输入数组相同。

三角函数等很多数学运算符合通用函数的定义，例如计算平方根的 sqrt() 函数、用来取对数的 log() 函数和求正弦值的 sin() 函数。

```
>>> a = np.arange(1, 5)
>>> a
array([1, 2, 3, 4])
>>> np.sqrt(a)
array([ 1.        , 1.41421356, 1.73205081, 2.        ])
>>> np.log(a)
array([ 0.        , 0.69314718, 1.09861229, 1.38629436])
>>> np.sin(a)
array([ 0.84147098, 0.90929743, 0.14112001, -0.7568025 ])
```

NumPy 实现了很多通用函数。

3.4.5 聚合函数

聚合函数是指对一组值（比如一个数组）进行操作，返回一个单一值作为结果的函数。因而，求数组所有元素之和的函数就是聚合函数。ndarray 类实现了多个这样的函数。

```
>>> a = np.array([3.3, 4.5, 1.2, 5.7, 0.3])
>>> a.sum()
15.0
>>> a.min()
```

```
0.29999999999999999
>>> a.max()
5.7000000000000002
>>> a.mean()
3.0
>>> a.std()
2.0079840636817816
```

3.5　索引机制、切片和迭代方法

前面讲解了数组创建和数组运算。下面将介绍数组对象的操作方法，以及如何通过索引和切片方法选择元素，以获取数组中某几个元素的视图或者用赋值操作改变元素。最后会讲解数组的迭代方法。

3.5.1　索引机制

数组索引机制指的是用方括号（[]）加序号的形式引用单个数组元素，它的用处很多，比如抽取元素，选取数组的几个元素，甚至为其赋一个新值。

新建数组的同时，会生成跟数组大小一致的索引（见图 3-3）。

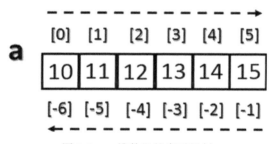

图 3-3　一维数组的索引机制

要获取数组的单个元素，指定元素的索引即可。

```
>>> a = np.arange(10, 16)
>>> a
array([10, 11, 12, 13, 14, 15])
>>> a[4]
14
```

NumPy 数组还可以使用负数作为索引。这些索引同样为递增序列，只不过从 0 开始，依次增加−1，但实际表示的是从数组的最后一个元素向数组第 1 个元素移动。在负数索引机制中，数组第 1 个元素的索引最小。

```
>>> a[-1]
15
>>> a[-6]
10
```

方括号内传入多个索引值，可以同时选择多个元素。

```
>>> a[[1, 3, 4]]
array([11, 13, 14])
```

下面介绍二维数组，也称矩阵。矩阵是由行和列组成的矩形数组，行和列用两条轴来定义，其中轴 0 用行表示，轴 1 用列表示。因此，二维数组的索引用一对值来表示：第 1 个值为行索引，第 2 个值为列索引。所以，如果要获取或选取矩阵中的元素，仍使用方括号，但索引值为两个[行索引，列索引]（见图 3-4）。

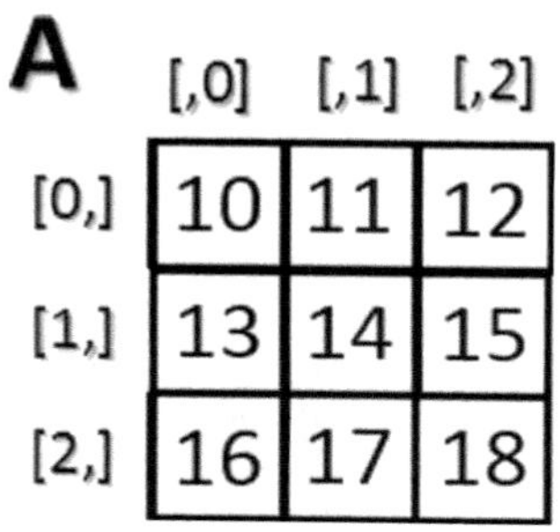

图 3-4 二维数组的索引机制

```
>>> A = np.arange(10, 19).reshape((3, 3))
>>> A
array([[10, 11, 12],
       [13, 14, 15],
       [16, 17, 18]])
```

如果想获取第 2 行第 3 列的元素，需要使用索引值[1, 2]。

```
>>> A[1, 2]
15
```

3.5.2 切片操作

切片操作是指抽取数组的一部分元素生成新数组。对 Python 列表进行切片操作得到的数组是原数组的副本，而对 NumPy 数组进行切片操作得到的数组则是指向相同缓冲区的视图。

若想抽取（或查看）数组的一部分，必须使用切片句法，即把几个用冒号（：）隔开的数字置于方括号里。

若想抽取数组的一部分，例如从第 2 个到第 6 个元素这一部分，就需要在方括号里指定起始元素的索引 1 和结束元素的索引 5。

```
>>> a = np.arange(10, 16)
>>> a
array([10, 11, 12, 13, 14, 15])
>>> a[1:5]
array([11, 12, 13, 14])
```

若想从上面那一部分元素中，每隔一定数量的元素抽取一个，可以再用一个数字指定所抽取的两个元素之间的间隔大小。例如间隔为 2 表示每隔一个元素抽取一个。

```
>>> a[1:5:2]
array([11, 13])
```

为了更好地理解切片句法，还应考虑不明确指明起始和结束位置的情况。如果省去第 1 个数字，NumPy 会认为第 1 个数字是 0（对应数组的第 1 个元素）；如果省去第 2 个数字，NumPy 则会认为第 2 个数字是数组的最大索引值；如果省去最后一个数字，它将会被理解为 1，也就是抽取所有元素而不再考虑间隔。

```
>>> a[::2]
array([10, 12, 14])
>>> a[:5:2]
array([10, 12, 14])
>>> a[:5:]
array([10, 11, 12, 13, 14])
```

对于二维数组，切分句法依然适用，只不过需要分别指定行和列的索引值。例如只抽取第 1 行：

```
>>> A = np.arange(10, 19).reshape((3, 3))
>>> A
array([[10, 11, 12],
       [13, 14, 15],
       [16, 17, 18]])
>>> A[0,:]
array([10, 11, 12])
```

上面代码中，第 2 个索引处只使用冒号，而没有指定任意数字，这样选择的是所有列。相反，如果想抽取第 1 列的所有元素，方括号中的两项应该交换位置。

```
>>> A[:,0]
array([10, 13, 16])
```

如要抽取一个小点儿的矩阵，需要明确指定所有的抽取范围。

```
>>> A[0:2, 0:2]
array([[10, 11],
       [13, 14]])
```

如要抽取的行或列的索引不连续，可以把这几个索引放到数组中。

```
>>> A[[0,2], 0:2]
array([[10, 11],
       [16, 17]])
```

3.5.3 数组迭代

Python 数组元素的迭代很简单，只需要使用 for 结构即可。

```
>>> for i in a:
...     print i
...
```

```
10
11
12
13
14
15
```

二维数组当然也可以使用 for 结构，把两个嵌套在一起即可。第 1 层循环扫描数组的所有行，第 2 层循环扫描所有的列。实际上，如果遍历矩阵，就会发现它总是按照第 1 条轴对矩阵进行扫描。

```
>>> for row in A:
...     print row
...
[10 11 12]
[13 14 15]
[16 17 18]
```

如果想遍历矩阵的每个元素，可以使用下面结构，用 for 循环遍历 A.flat。

```
>>> for item in A.flat:
...     print(item)
...
10
11
12
13
14
15
16
17
18
```

除了 for 循环，NumPy 还提供另外一种更为优雅的遍历方法。通常用函数处理行、列或单个元素时，需要用到遍历。如果想用聚合函数处理每一列或行，返回一个数值作为结果，最好用纯 NumPy 方法处理循环：apply_along_axis() 函数。

这个函数接收 3 个参数：聚合函数、对哪条轴应用迭代操作和数组。如果 axis 选项的值为 0，按列进行迭代操作，处理元素；若值为 1，则按行操作。例如可以先求每一列的平均数，再求每一行的平均数。

```
>>> np.apply_along_axis(np.mean, axis=0, arr=A)
array([ 13.,  14.,  15.])
>>> np.apply_along_axis(np.mean, axis=1, arr=A)
array([ 11.,  14.,  17.])
```

上述例子使用了 NumPy 库定义的函数，但是也可以自己定义这样的函数。上面还使用了聚合函数，然而，用通用函数也未尝不可。下面的例子，先后按行、列进行迭代操作，但两者的最终结果一致。通用函数 apply_along_axis() 实际上是按照指定的轴逐元素遍历数组。

```
>>> def foo(x):
...     return x/2
...
>>> np.apply_along_axis(foo, axis=1, arr=A)
```

```
array([[5.,  5.5, 6. ],
       [6.5, 7.,  7.5],
       [8.,  8.5, 9. ]])
>>> np.apply_along_axis(foo, axis=0, arr=A)
array([[5.,  5.5, 6.],
       [6.5, 7.,  7.5],
       [8.,  8.5, 9.]])
```

如上所示，不论是遍历行还是遍历列，通用函数都将输入数组的每个元素折半处理。

3.6　条件和布尔数组

前面介绍了用索引和切片方法从数组中选择或抽取一部分元素。这些方法使用数值形式的索引。另外一种从数组中有选择性地抽取元素的方法是使用条件表达式和布尔运算符。

下面详细介绍这种方法。例如从由 0 到 1 之间的随机数组成的 4×4 型矩阵中选取所有小于 0.5 的元素。

```
>>> A = np.random.random((4, 4))
>>> A
array([[ 0.03536295,  0.0035115 ,  0.54742404, 0.68960999],
       [ 0.21264709,  0.17121982,  0.81090212, 0.43408927],
       [ 0.77116263,  0.04523647,  0.84632378, 0.54450749],
       [ 0.86964585,  0.6470581 ,  0.42582897, 0.22286282]])
```

创建随机数矩阵后，如果使用表示条件的运算符，比如这里的小于号，将会得到由布尔值组成的数组。对于原数组中条件满足的元素，布尔数组中处于同等位置（该例中为小于 0.5 的元素所处的位置）的元素为 True。

```
>>> A < 0.5
array([[ True,  True, False, False],
       [ True,  True, False,  True],
       [False,  True, False, False],
       [False, False,  True,  True]],  dtype=bool)
```

实际上，从数组中选取一部分元素时，隐式地用到了布尔数组。其实，直接把条件表达式置于方括号中，也能抽取所有小于 0.5 的元素，组成一个新数组。

```
>>> A[A < 0.5]
array([ 0.03536295,  0.0035115 ,  0.21264709,  0.17121982, 0.43408927,
        0.04523647,  0.42582897,  0.22286282])
```

3.7　形状变换

创建二维数组时，前面讲过用 reshape() 函数把一维数组转换为矩阵。

```
>>> a = np.random.random(12)
>>> a
array([ 0.77841574,  0.39654203,  0.38188665,  0.26704305, 0.27519705,
        0.78115866,  0.96019214,  0.59328414,  0.52008642, 0.10862692,
        0.41894881,  0.73581471])
```

```
>>> A = a.reshape(3, 4)
>>> A
array([[ 0.77841574,  0.39654203,  0.38188665,  0.26704305],
       [ 0.27519705,  0.78115866,  0.96019214,  0.59328414],
       [ 0.52008642,  0.10862692,  0.41894881,  0.73581471]])
```

reshape()函数返回一个新数组，因而可用来创建新对象。然而，如果想通过改变数组的形状来改变数组对象，需把表示新形状的元组直接赋给数组的 shape 属性。

```
>>> a.shape = (3, 4)
>>> a
array([[ 0.77841574,  0.39654203,  0.38188665,  0.26704305],
       [ 0.27519705,  0.78115866,  0.96019214,  0.59328414],
       [ 0.52008642,  0.10862692,  0.41894881,  0.73581471]])
```

由输出结果来看，上述操作改变了原始数组的形状，而没有返回新对象。改变数组形状的操作是可逆的，ravel()函数可以把二维数组再变回一维数组。

```
>>> a = a.ravel()
array([ 0.77841574,  0.39654203,  0.38188665,  0.26704305,  0.27519705,
        0.78115866,  0.96019214,  0.59328414,  0.52008642,  0.10862692,
        0.41894881,  0.73581471])
```

甚至直接改变数组 shape 属性的值也可以。

```
>>> a.shape = (12)
>>> a
array([ 0.77841574,  0.39654203,  0.38188665,  0.26704305,  0.27519705,
        0.78115866,  0.96019214,  0.59328414,  0.52008642,  0.10862692,
        0.41894881,  0.73581471])
```

另外一种重要的运算是交换行列位置的矩阵转置。NumPy 的 transpose()函数实现了该功能。

```
>>> A.transpose()
array([[ 0.77841574, 0.27519705,  0.52008642],
       [ 0.39654203, 0.78115866,  0.10862692],
       [ 0.38188665, 0.96019214,  0.41894881],
       [ 0.26704305, 0.59328414,  0.73581471]])
```

3.8 数组操作

往往需要用已有数组创建新数组。本节介绍如何通过连接或切分已有数组创建新数组。

3.8.1 连接数组

可以把多个数组整合在一起形成一个包含这些数组的新数组。NumPy 使用了栈这个概念，提供了几个运用栈概念的函数。例如 vstack()函数执行垂直入栈操作，把第 2 个数组作为行添加到第 1 个数组，数组朝垂直方向生长。相反，hstack()函数执行水平入栈操作，即把第 2 个数组作为列添加到第 1 个数组。

```
>>> A = np.ones((3, 3))
>>> B = np.zeros((3, 3))
>>> np.vstack((A, B))
array([[ 1., 1., 1.,
        [ 1., 1., 1.,
        [ 1., 1., 1.,
        [ 0., 0., 0.,
        [ 0., 0., 0.,
        [ 0., 0., 0.]])
>>> np.hstack((A,B))
array([[ 1., 1., 1., 0., 0., 0.],
        [ 1., 1., 1., 0., 0., 0.],
        [ 1., 1., 1., 0., 0., 0.]])
```

另外两个用于多个数组之间栈操作的函数是 column_stack() 和 row_stack()。这两个函数不同于上面两个。通常两个函数把一维数组作为列或行压入栈结构，以形成一个新的二维数组。

```
>>> a = np.array([0, 1, 2])
>>> b = np.array([3, 4, 5])
>>> c = np.array([6, 7, 8])
>>> np.column_stack((a, b, c))
array([[0, 3, 6],
        [1, 4, 7],
        [2, 5, 8]])
>>> np.row_stack((a, b, c))
array([[0, 1, 2],
        [3, 4, 5],
        [6, 7, 8]])
```

3.8.2 数组切分

前面讲了使用压栈操作把多个数组组装到一起的方法。下面介绍它的逆操作：把一个数组分为几部分。在 NumPy 中，该操作要用到切分方法。同理，有这样一组函数，水平切分用 hsplit() 函数，垂直切分用 vsplit() 函数。

```
>>> A = np.arange(16).reshape((4, 4))
>>> A
array([[ 0, 1, 2, 3],
        [ 4, 5, 6, 7],
        [ 8, 9, 10, 11],
        [12, 13, 14, 15]])
```

水平切分数组的意思是把数组按照宽度切分为两部分，例如 4×4 矩阵将被切分为两个 4×2 矩阵。

```
>>> [B,C] = np.hsplit(A, 2)
>>> B
array([[ 0, 1],
        [ 4, 5],
        [ 8, 9],
        [12, 13]])
>>> C
```

```
array([[ 2,  3],
       [ 6,  7],
       [10, 11],
       [14, 15]])
```

反之，垂直切分指的是把数组按照高度分为两部分，例如 4×4 矩阵将被切为两个 2×4 矩阵。

```
>>> [B,C] = np.vsplit(A, 2)
>>> B
array([[0, 1, 2, 3],
       [4, 5, 6, 7]])
>>> C
array([[ 8,  9, 10, 11],
       [12, 13, 14, 15]])
```

split() 函数更为复杂，可以把数组分为几个不对称的部分。此外，除了传入数组作为参数外，还得指定被切分部分的索引。如果指定 axis=1 项，索引为列索引；如果 axis=0，索引为行索引。

例如，要把矩阵切分为 3 部分，第 1 部分为第 1 列，第 2 部分为第 2 列、第 3 列，而第 3 部分为最后一列。需要像下面这样指定索引值。

```
>>> [A1,A2,A3] = np.split(A,[1,3],axis=1)
>>> A1
array([[ 0],
       [ 4],
       [ 8],
       [12]])
>>> A2
array([[ 1,  2],
       [ 5,  6],
       [ 9, 10],
       [13, 14]])
>>> A3
array([[ 3],
       [ 7],
       [11],
       [15]])
```

也可以按行切分，方法相同。

```
>>> [A1,A2,A3] = np.split(A,[1,3],axis=0)
>>> A1
array([[0, 1, 2, 3]])
>>> A2
array([[ 4,  5,  6,  7],
       [ 8,  9, 10, 11]])
>>> A3
array([[12, 13, 14, 15]])
```

split() 函数还具有 vsplit() 和 hsplit() 函数的功能。

3.9　常用概念

下面介绍 NumPy 库的几个常用概念，会讲解副本和视图的区别，其中着重讲解两者返回值的不同点，还会介绍 NumPy 函数的很多事务（transaction）隐式使用的广播机制（broadcasting）。

3.9.1　对象的副本或视图

你可能已经注意到，NumPy 中，尤其在进行数组运算或数组操作时，返回结果不是数组的副本就是视图。NumPy 中，所有赋值运算不会为数组和数组中的任何元素创建副本。

```
>>> a = np.array([1, 2, 3, 4])
>>> b = a
>>> b
array([1, 2, 3, 4])
>>> a[2] = 0
>>> b
array([1, 2, 0, 4])
```

把数组 a 赋给数组 b，实际上不是为 a 创建副本，b 只不过是调用数组 a 的另外一种方式。实际上，修改 a 的第 3 个元素，同样会修改 b 的第 3 个元素。数组切片操作返回的对象只是原数组的视图。[①]

```
>>> c = a[0:2]
>>> c
array([1, 2])
>>> a[0] = 0
>>> c
array([0, 2])
```

如上所示，即使是切片操作得到的结果，实际上仍指向相同的对象。如果想为原数组生成一份完整的副本，从而得到一个不同的数组，使用 copy() 函数即可。

```
>>> a = np.array([1, 2, 3, 4])
>>> c = a.copy()
>>> c
array([1, 2, 3, 4])
>>> a[0] = 0
>>> c
array([1, 2, 3, 4])
```

上面的例子中，即使改动数组 a 的元素，数组 c 仍保持不变。

3.9.2　向量化

向量化和广播这两个概念是 NumPy 内部实现的基础。有了向量化，编写代码时无须使用显式循环。这些循环实际上不能省略，只不过是在内部实现，被代码中的其他结构代替。向量化的

[①] 注意与 Python 列表切片操作区别开来。列表操作得到的是副本。

应用使得代码更简洁、更易读，即使用了向量化方法的代码看上去更"Pythonic"。向量化使得很多运算看上去更像是数学表达式，例如 NumPy 中两个数组相乘可以表示为：

```
a * b
```

甚至两个矩阵相乘也可以这么表示：

```
A * B
```

其他语言的上述运算要用到多重嵌套循环和 for 结构体。例如计算数组相乘：

```
for (i = 0; i < rows; i++){
  c[i] = a[i]*b[i];
}
```

计算矩阵相乘：

```
for( i=0; i < rows; i++){
   for(j=0; j < columns; j++){
      c[i][j] = a[i][j]*b[i][j];
   }
}
```

由上可见，使用 NumPy 时，代码的可读性更强，其表达式更像是数学表达式。

3.9.3　广播机制

广播机制这一操作实现了对两个或以上数组进行运算或用函数处理，即使这些数组形状并不完全相同。也就是说，并不是所有的维度都要彼此兼容才符合广播机制的要求，但它们必须要满足一定的条件。

前面讲过，在 NumPy 中，如何通过用表示数组各维度长度的元组（也就是数组的型）把数组转换成多维数组。

因此，若两个数组的各维度兼容，也就是两个数组的每一维等长，或其中一个数组为一维，那么广播机制就适用。如果这两个条件都不能满足，NumPy 就会抛出异常，说两个数组不兼容。

```
>>> A = np.arange(16).reshape(4, 4)
>>> b = np.arange(4)
>>> A
array([[ 0,  1,  2,  3],
       [ 4,  5,  6,  7],
       [ 8,  9, 10, 11],
       [12, 13, 14, 15]])
>>> b
array([0, 1, 2, 3])
```

执行上述代码，可得到两个数组：

```
4 x 4
4
```

广播机制有两条规则。第 1 条是为缺失的维度补上个 1。如果这时满足兼容性条件，就可以应用广播机制，再来看第 2 条规则。例如：

```
4 x 4
4 x 1
```

兼容性规则满足之后，再来看一下广播机制的第 2 条规则。这一规则解释的是如何扩展最小的数组，使得它跟最大的数组大小相同，以便使用元素级的函数或运算符。

第 2 条规则假定缺失元素（一维）都用已有值进行了填充（见图 3-5）。

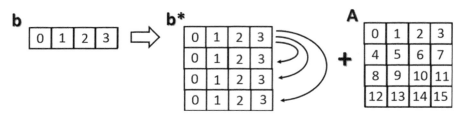

图 3-5　应用广播机制的第 2 条规则

既然两个数组维度相同，它们里面的值就可以相加。

```
>>> A + b
array([[ 0,  2,  4,  6],
       [ 4,  6,  8, 10],
       [ 8, 10, 12, 14],
       [12, 14, 16, 18]])
```

上例这种情况比较简单，一个数组较另一个小。还有更复杂的情况，即两个数组形状不同、维度不同、各有长短。

```
>>> m = np.arange(6).reshape(3, 1, 2)
>>> n = np.arange(6).reshape(3, 2, 1)
>>> m
array([[[0, 1]],

       [[2, 3]],

       [[4, 5]]])
>>> n
array([[[0],
        [1]],

       [[2],
        [3]],

       [[4],
        [5]]])
```

即使是这种复杂情况，分析两个数组的形状，会发现它们仍相互兼容，因此广播规则仍然适用。

```
3 x 1 x 2
3 x 2 x 1
```

这种情况下，两个数组都要扩展维度（进行广播）。

```
m* = [[[0,1],             n* = [[[0,0],
       [0,1]],                   [1,1]],
      [[2,3],                   [[2,2],
       [2,3]],                   [3,3]],
      [[4,5],                   [[4,4],
       [4,5]]]                   [5,5]]]
```

然后，就可以对两个数组进行诸如加法这样的元素级运算。

```
>>> m + n
array([[[ 0,  1],
        [ 1,  2]],

       [[ 4,  5],
        [ 5,  6]],

       [[ 8,  9],
        [ 9, 10]]])
```

3.10　结构化数组

前面的多个例子讲了一维数组和二维数组。在 NumPy 中，不仅可以创建规模更为复杂的数组，还可以创建结构更为复杂的数组，后者叫作**结构化数组**（structured array），它包含的是结构或记录而不是独立的元素。

例如可以创建一个简单的结构化数组，其中元素为结构体。可以用 dtype 选项，指定一系列用逗号隔开的说明符，指明组成结构体的元素及它们的数据类型和顺序。

```
bytes                  b1
int                    i1, i2, i4, i8
unsigned ints          u1, u2, u4, u8
floats                 f2, f4, f8
complex                c8, c16
fixed length strings   a<n>
```

例如指定由一个整数、一个长度为 6 的字符串、一个长度为 4 的 float 类型和一个长度为 8 位的复数类型组成的结构体，就要在 dtype 选项中按顺序指定各自的说明符。

说明　dtype 和其他属性的值可能因操作系统和 Python 发行版而异。

```
>>> structured = np.array([(1, 'First', 0.5, 1+2j),(2, 'Second', 1.3, 2-2j),
(3, 'Third', 0.8, 1+3j)],dtype=('i2, a6, f4, c8'))
>>> structured
array([(1, b'First', 0.5, 1+2.j),
       (2, b'Second', 1.3, 2.-2.j),
       (3, b'Third', 0.8, 1.+3.j)],
      dtype=[('f0', '<i2'), ('f1', 'S6'), ('f2', '<f4'), ('f3', '<c8')])
```

还可以在数据类型（dtype）选项中明确指定每个元素的类型，例如 int8、uint8、float16、complex64 等。

```
>>> structured = np.array([(1, 'First', 0.5, 1+2j),(2, 'Second', 1.3,2-2j),
(3, 'Third', 0.8, 1+3j)],dtype=('
int16, a6, float32, complex64'))
>>> structured
array([(1, b'First', 0.5, 1.+2.j),
       (2, b'Second', 1.3, 2.-2.j),
       (3, b'Third', 0.8, 1.+3.j)],
      dtype=[('f0', '<i2'), ('f1', 'S6'), ('f2', '<f4'), ('f3', '<c8')])
```

上述两种做法结果相同。生成的数组中，dtype 序列包含结构体各项的名称及相应的数据类型。

使用索引值，就能获取包含相应结构体的行。

```
>>> structured[1]
(2, 'bSecond', 1.3, 2.-2.j)
```

自动赋给结构体每个元素的名称可以看成数组列的名称。用它们作为结构化索引，就能引用类型相同或是位于同列的元素。

```
>>> structured['f1']
array([b'First', b'Second', b'Third'],
      dtype='|S6')
```

如上所示，自动分配的名称的第 1 个字符为 f（field，字段），后面紧跟的是表示它在序列中位置的整数。其实，用更有意义的内容作为名字，用处更大。在声明数组时，可以指定各字段的名称。

```
>>> structured = np.array([(1,'First',0.5,1+2j),(2,'Second',1.3,2-2j),(3,'Third',0.8,1+3j)],
dtype=[('id','i2'),('position','a6'),('value','f4'),('complex','c8')])
>>> structured
array([(1, b'First', 0.5, 1.+2.j),
       (2, b'Second', 1.3, 2.-2.j),
       (3, b'Third', 0.8, 1.+3.j)],
      dtype=[('id', '<i2'), ('position', 'S6'), ('value', '<f4'), ('complex', '<c8')])
```

或在创建完成后，重新定义结构化数组的 dtype 属性，在元组中指定各字段的名称。

```
>>> structured.dtype.names = ('id','order','value','complex')
```

现在可以使用更有意义的字段名来获取数组的某一列。

```
>>> structured['order']
array([b'First', b'Second', b'Third'],
      dtype='|S6')
```

3.11 数组数据文件的读写

至此，本书还没有讲如何读取文件中的数据。NumPy 这方面的内容很重要，用处很大，尤其是在处理数组中包含大量数据的情况时。这在数据分析中很常见，因为要分析的数据集通常都很大，所以由人工来管理这类事务的执行，以及接下来的从一台计算机或计算过程的一段会话读取数据到另一台计算机或另一段会话，是不可取甚至是不可能的。

NumPy 提供了几个函数，数据分析师可用其把结果保存到文本或二进制文件中。类似地，NumPy 还提供了从文件中读取数据并将其转换为数组的方法。

3.11.1　二进制文件的读写

NumPy 的 save()方法以二进制格式保存数据，load()方法则从二进制文件中读取数据。

假如要保存一个数组，例如数据分析过程产生的结果，调用 save()函数即可，参数有两个：要保存到的文件名和要保存的数组，其中文件名中的.npy 扩展名系统会自动添加。

```
>>> data=([[ 0.86466285,  0.76943895,  0.22678279],
      [ 0.12452825,  0.54751384,  0.06499123],
      [ 0.06216566,  0.85045125,  0.92093862],
      [ 0.58401239,  0.93455057,  0.28972379]])
>>> np.save('saved_data',data)
```

若要恢复存储在.npy 文件中的数据，可以使用 load()函数，用文件名作为参数，这次记得添加.npy 扩展名。

```
>>> loaded_data = np.load('saved_data.npy')
>>> loaded_data
array([[ 0.86466285,  0.76943895,  0.22678279],
      [ 0.12452825,  0.54751384,  0.06499123],
      [ 0.06216566,  0.85045125,  0.92093862],
      [ 0.58401239,  0.93455057,  0.28972379]])
```

3.11.2　读取文件中列表形式的数据

很多时候要读写文本格式的数据（比如 TXT 或 CSV）。当使用 NumPy 或其他应用时，考虑到文本格式的文件不必使用这些应用也能处理，因此通常都会将数据存储为文本格式而不是二进制格式。拿几行 CSV（Comma-Separated Values，用逗号分割的值）格式的数据为例。这种格式为列表形式，每两个值之间用逗号隔开（见代码清单 3-1）。

代码清单 3-1　ch3_data.csv

```
id,value1,value2,value3
1,123,1.4,23
2,110,0.5,18
3,164,2.1,19
```

NumPy 的 genfromtxt()函数可以从文本文件中读取数据并将其插入数组中。通常而言，这个函数接收 3 个参数：存放数据的文件名、用于分割值的字符（该例中为逗号）和数据是否含有列标题。在接下来这个例子中，分隔符为逗号。

```
>>> data = np.genfromtxt('ch3_data.csv', delimiter=',', names=True)
>>> data
array([(1.0,  123.0, 1.4, 23.0), (2.0, 110.0, 0.5, 18.0),
      (3.0,  164.0, 2.1, 19.0)],
      dtype=[('id', '<f8'), ('value1', '<f8'), ('value2', '<f8'), ('value3', '<f8')])
```

输出结果是一个结构化数组，各列的标题变为各字段的名称。

这个函数其实包含两层隐式循环：第 1 层循环每次读取一行，第 2 层循环将每一行的多个值分开后，再对这些值进行转化，依次插入所创建的元素。这个函数的优点是它能处理文件中的缺失数据。

以上面的文件为例（见代码清单 3-2），从中删除几个元素后，将其另存为 data2.csv。

代码清单 3-2 ch3_data2.csv

```
id,value1,value2,value3
1,123,1.4,23
2,110,,18
3,,2.1,19
```

运行下述命令，观察 genfromtxt()是怎样把内容为空的项填充为 nan 值的。

```
>>> data2 = np.genfromtxt('ch3_data2.csv', delimiter=',', names=True)
>>> data2
array([(1.0, 123.0, 1.4, 23.0), (2.0, 110.0, nan, 18.0),
       (3.0, nan, 2.1, 19.0)],
      dtype=[('id', '<f8'), ('value1', '<f8'), ('value2', '<f8'), ('value3', '<f8')])
```

输出结果中，数组的下面为文件的列标题。可以将这些标题看成能够充当索引的标签，用它们就能按列抽取元素。

```
>>> data2['id']
array([ 1.,  2.,  3.])
```

而按照传统方法，使用数值索引则是按行抽取数据。

```
>>> data2[0]
(1.0, 123.0, 1.4, 23.0)
```

3.12 小结

本章介绍了 NumPy 库所有的主要内容。通过一系列例子讲解了 NumPy 的多种功能，它们是书中其他内容的基础。实际上，后续多个概念来自其他更为专业的科学计算库，但是这些库的结构参考了 NumPy，并且是以 NumPy 库为基础进行开发的。

本章还介绍了 ndarray 扩展了 Python 的功能，因而适用于科学计算，尤其是数据分析。

对想从事数据分析的人来说，掌握 NumPy 至关重要。

下一章将介绍一个新库 pandas。它以 NumPy 为基础，吸收了本章讲到的所有基础概念，并进行了扩展，更适合数据分析。

第 4 章

pandas 库简介

下面开始介绍本书的重心：pandas 库。这个库是用 Python 语言分析数据的得力工具。

本章将介绍这个库的基础知识、安装方法，以及 Series（序列）和 DataFrame（数据框）这两种数据结构，还会使用 pandas 库的几个基础函数处理最常见的数据分析任务。熟悉这些操作对本书后续内容的学习起着至关重要的作用。因此，建议重复练习本章教授的所有技能，直到熟练掌握。

本章还将通过多个例子讲解 pandas 库采用的新概念：它的数据结构所使用的索引机制。至于如何充分利用索引机制处理数据，这一章和接下来几章会作讲解。

本章最后将介绍如何通过层级索引将索引机制这个概念同时扩展到多层。

4.1 pandas：Python 数据分析库

pandas 是一个专门用于数据分析的开源 Python 库。目前，所有使用 Python 语言研究和分析数据集的专业人士，在做相关统计分析和决策时，pandas 都是他们的基础工具。

2008 年，Wes McKinney 一人挑起了 pandas 库的设计和开发工作。2012 年，他的同事 Sien Chang 加入开发。他俩一起开发出了 Python 社区最为有用的库之一——pandas。

数据分析工作需要一个专门的库，它能以最简单的方式提供数据处理、数据抽取和数据操作所需的全部工具，开发 pandas 正是为了满足这个需求。

Wes McKinney 选择以 NumPy 库作为 Python 库 pandas 的基础进行设计。可以说，该选择对于 pandas 的成功和它的迅速扩展起着至关重要的作用。实际上，选择以 NumPy 为基础，不仅使 pandas 能和其他大多数模块相兼容，而且还能借力 NumPy 模块在计算方面性能高的优势。

另外一个意义深远的决定是为数据分析专门设计了两种数据结构。实际情况是，pandas 没有使用 Python 已有的内置数据结构，也没有使用其他库的数据结构，而是开发了两种新型的数据结构。

这两种数据结构的设计初衷是用于关系型或带标签的数据。用它们管理与 SQL 关系数据库和 Excel 工作表具有类似特征的数据很方便。

本书会讲到一系列数据分析的基础操作，操作对象通常为数据库表或工作表。pandas 提供多个函数和方法用于数据分析，在很多情况下，它们是执行这些操作的最佳方法。

因此，pandas 的主要目的是为每一位数据分析人士提供所有的基础工具。

4.2   安装 pandas

安装 pandas 库最简单和最常用的方法是先安装一个发行版，例如先安装 Anaconda 或 Enthought，再用发行版安装 pandas。

4.2.1   用 Anaconda 安装

对于选用 Anaconda 发行版的读者，安装 pandas 很简单。首先查看 pandas 是否已经安装，安装的版本号是多少。在终端输入以下命令：

```
conda list pandas
```

因为我事先在计算机（Windows 系统）上安装了 pandas 库，所以得到如下输出结果：

```
# packages in environment at C:\Users\Fabio\Anaconda:
#
pandas                    0.20.3              py36hce827b7_2
```

如果之前未安装，就需要安装 pandas 库。请输入以下命令：

```
conda install pandas
```

Anaconda 立即检查所有的依赖库，管理其他模块的安装，你不必费心。

```
Solving environment: done
## Package Plan ##

Environment location: C:\Users\Fabio\Anaconda3
added / updated specs:
    - pandas
```

将会安装如下新包。

```
    Pandas: 0.22.0-py36h6538335_0
Proceed ([y]/n)?
Press the y key on your keyboard to continue the installation.
Preparing transaction: done
Verifying transaction: done
Executing transaction: done
```

如果想更新 pandas 库，命令也很简单直接：

```
conda update pandas
```

Anaconda 会检查 pandas 以及所有依赖模块的版本，如果有更新，会予以提示，并询问你是否想更新。

4.2.2   用 PyPI 安装

还可以从 PyPI 安装 pandas，命令如下：

```
pip install pandas
```

4.2.3 Linux 系统上的安装方法

如果使用的是某一 Linux 发行版，且不打算使用打包好的 Python 发行版，可以像安装其他包那样安装 pandas。

Debian 和 Ubuntu Linux 系统，使用如下命令：

```
sudo apt-get install python-pandas
```

OpenSuse 和 Fedora 系统，则需要使用以下命令：

```
zypper in python-pandas
```

4.2.4 用源代码安装

如果想通过编译源代码来安装 pandas 模块，请参考 https://github.com/pandas-dev/pandas。

```
git clone git://github.com/pydata/pandas.git
cd pandas
python setup.py install
```

编译前，确保已经安装 Cython。更多信息请参考包括官方文档（http://pandas.pydata.org/pandas-docs/stable/install.html）在内的在线文档。

4.2.5 Windows 模块仓库

Windows 系统用户如果喜欢自己管理模块，以便总是使用最新模块，可以从网上模块仓库下载很多第 3 方模块——Christoph Gohlke 的 Windows 系统 Python 扩展包仓库（www.lfd.uci.edu/~gohlke/pythonlibs/）。每个模块都提供 32 位和 64 位 WHL（wheel）格式的安装包。如果要安装模块，需要使用 pip 命令（参见第 2 章的 PyPI）。

```
pip install SomePackege-1.0.whl
```

如要安装 pandas，可查找并下载下面这个包：

```
pip install pandas-0.22.0-cp36-cp36m-win_amd64.whl
```

选择模块时，注意选择与 Python 版本和计算机系统相兼容的版本。此外，虽然 NumPy 不依赖其他包，但是 pandas 依赖多个包。要确保安装所有的依赖包，不过安装顺序并不重要。

这种方法的缺点是，每个包要单独安装，没有包管理器来协助管理版本和依赖；而优点是，对这些模块及其版本有更大的控制权，不必用发行版提供的包，可使用最新的包。

4.3 测试 pandas 是否安装成功

pandas 库还提供一项功能，安装完成后，可运行测试，检查内部命令能否执行（官方文档表示，所有内部代码的测试覆盖率高达 97%）。

首先确保 Python 发行版安装了 nose 模块（请见下面"nose 模块"的介绍）。若已安装，输入以下命令开始测试：

```
nosetests pandas
```

测试任务需要花费几分钟时间，测试完成后，将显示问题列表。

nose 模块

nose 模块是用来在项目开发阶段，特别是 Python 模块的开发阶段，测试 Python 代码的。这个模块扩展了 unittest 模块的功能，Python 的 unittest 模块是用来测试代码的。与其相比，nose 模块简化了测试代码，降低了它的编写难度。

欲了解更多信息，可访问http://pythontesting.net/framework/nose/nose-introduction/。

4.4 开始 pandas 之旅

对于本章内容，建议打开 Python shell，逐条输入命令。这样有助于你熟悉本章讲解的各个函数和数据结构。

此外，本章前面例子中定义的数据和函数在后面仍然有效，无须每次重复定义。每个例子结束后，建议重复练习各条命令，可适当修改，在操作过程中留意如何操纵数据结构中的数据。这种方法非常适合用来熟悉本章讲解的几项主要内容，你可以以交互式方式探索命令的作用，从而避免机械地编写和执行代码。

说明 本章假定你大致了解 Python 和 NumPy。如果遇到任何问题，请阅读第 2 章和第 3 章。

首先，在 Python shell 打开一段会话，导入 pandas 库。pandas 的常用导入方法如下：

```
>>> import pandas as pd
>>> import numpy as np
```

因此，本书之后再出现 pd 和 np 时，它们分别指的是与 pandas 和 NumPy 这两个库相关的对象或方法，即使你可能想使用下面这种方法导入 pandas 模块：

```
>>> from pandas import *
```

这样就无须用 pd 指定函数、对象或方法了。然而，Python 社区不提倡这种方法。

4.5 pandas 数据结构简介

pandas 的核心为两大数据结构，数据分析相关的所有事务都是围绕着这两种结构进行的：

❑ Series
❑ DataFrame

后面也会讲，Series 这类数据结构用于存储一个序列这样的一维数据，而 DataFrame 作为更复杂的数据结构，则用于存储多维数据。

虽然这些数据结构不能解决所有问题，但它们为大多数应用提供了有效和强大的工具。就简洁性而言，它们理解和使用起来都很简单。此外，很多更为复杂的数据结构都可以追溯到这两种结构。

然而，两者的奇特之处是将 Index（索引）对象和标签整合到自己的结构中。后面将会看到，该特点使得这两种数据结构易于操作。

4.5.1　Series 对象

pandas 库的 Series 对象用来表示一维数据结构，跟数组类似，但多了一些额外的功能。它的内部结构很简单（见图 4-1），由两个相互关联的数组组成，其中主数组用来存放数据（NumPy 任意类型数据）。主数组的每个元素都有一个与之相关联的标签，这些标签存储在另外一个叫作 index 的数组中。

Series	
index	value
0	12
1	-4
2	7
3	9

图 4-1　Series 对象的结构

1. 声明 Series 对象

调用 Series() 构造函数，把要存放在 Series 对象中的数据以数组形式传入，就能创建一个如图 4-1 所示的 Series 对象。

```
>>> s = pd.Series([12,-4,7,9])
>>> s
0    12
1    -4
2     7
3     9
dtype: int64
```

从 Series 的输出可以看到，左侧 index 是一列标签，右侧是标签对应的元素。

声明 Series 时，若不指定标签，pandas 默认使用从 0 开始依次递增的数值作为标签。这种情况下，标签与 Series 对象中元素的索引（在数组中的位置）一致。

然而，最好使用有意义的标签，用以区分和识别每个元素，而不用考虑元素插入到 Series 中的顺序。

因此，调用构造函数时，就需要指定 index 选项，把存放有标签的数组赋给它，其中标签为字符串类型。

```
>>> s = pd.Series([12,-4,7,9], index=['a','b','c','d'])
>>> s
a    12
b    -4
c     7
d     9
dtype: int64
```

如果想分别查看组成 Series 对象的两个数组，可像下面这样调用它的两个属性：index（索引）和 values（元素）。

```
>>> s.values
array([12, -4, 7, 9], dtype=int64)
>>> s.index
Index([u'a', u'b', u'c', u'd'], dtype='object')
```

2. 选择内部元素

若想获取 Series 对象内部的元素，把它作为普通的 NumPy 数组，指定键即可。

```
>>> s[2]
7
```

或者，指定位于索引位置处的标签。

```
>>> s['b']
-4
```

跟从 NumPy 数组选择多个元素的方法相同，可像下面这样选取多项：

```
>>> s[0:2]
a    12
b    -4
dtype: int64
```

这种情况甚至可以用元素对应的标签，只不过要把标签放到数组中：

```
>>> s[['b','c']]
b    -4
c     7
dtype: int64
```

3. 为元素赋值

理解了单个元素的选取方法，赋值方法也就不言自明。可以用索引或标签选取元素后进行赋值。

```
>>> s[1] = 0
>>> s
a    12
b     0
c     7
d     9
dtype: int64
```

```
>>> s['b'] = 1
>>> s
a    12
b     1
c     7
d     9
dtype: int64
```

4. 用 NumPy 数组或其他 Series 对象定义新 Series 对象

可以用 NumPy 数组或现有的 Series 对象定义新的 Series 对象。

```
>>> arr = np.array([1,2,3,4])
>>> s3 = pd.Series(arr)
>>> s3
0    1
1    2
2    3
3    4
dtype: int64

>>> s4 = pd.Series(s)
>>> s4
a    12
b     1
c     7
d     9
dtype: int64
```

请注意，新 Series 对象中的元素不是原 NumPy 数组或 Series 对象元素的副本，而是对它们的引用。也就是说，这些对象是动态插入到新 Series 对象中。如果改变原有对象元素的值，新 Series 对象中这些元素也会发生改变。

```
>>> s3
0    1
1    2
2    3
3    4
dtype: int64
>>> arr[2] = -2
>>> s3
0    1
1    2
2   -2
3    4
dtype: int64
```

上述例子，改动 arr 数组第 3 个元素的值，同时也会修改 Series 对象 s3 中相应的元素。

5. 筛选元素

pandas 库的开发是以 NumPy 库为基础的，因此就数据结构而言，NumPy 数组的多种操作方法得以扩展到 Series 对象中，其中就有根据条件筛选数据结构中的元素这一方法。

若要获取 Series 对象中所有大于 8 的元素，可使用以下代码：

```
>>> s[s > 8]
a    12
d     9
dtype: int64
```

6. Series 对象运算和数学函数

适用于 NumPy 数组的运算符（+、-、*和/）或其他数学函数，也适用于 Series 对象。
至于运算符，直接用来编写算术表达式即可。

```
>>> s / 2
a     6.0
b    -2.0
c     3.5
d     4.5
dtype: float64
```

然而，至于 NumPy 库的数学函数，必须指定它们的出处 np，并把 Series 实例作为参数传入。

```
>>> np.log(s)
a    2.484907
b    0.000000
c    1.945910
d    2.197225
dtype: float64
```

7. Series 对象的组成元素

Series 对象往往包含重复的元素，你很可能想知道里面都包含哪些元素，统计元素重复出现
的次数或判断一个元素是否在 Series 中。
首先声明一个包含多个重复元素的 Series 对象。

```
>>> serd = pd.Series([1,0,2,1,2,3], index=['white','white','blue','green','green','yellow'])
>>> serd
white     1
white     0
blue      2
green     1
green     2
yellow    3
dtype: int64
```

要弄清楚 Series 对象包含多少个不同的元素，可使用 unique()函数。其返回结果为一个数组，
包含 Series 去重后的元素，但顺序可能不同。

```
>>> serd.unique()
array([1, 0, 2, 3], dtype=int64)
```

跟 unique()函数相似的另外一个函数是 value_counts()函数，它不仅返回各个元素，还计算
每个元素在 Series 中的出现次数。

```
>>> serd.value_counts()
2    2
1    2
3    1
0    1
dtype: int64
```

最后，isin()函数用来判断所属关系，也就是判断给定的一列元素是否包含在数据结构之中。isin()函数返回布尔值，可用于筛选 Series 或 DataFrame 列中的数据。

```
>>> serd.isin([0,3])
white     False
white      True
blue      False
green     False
green     False
yellow     True
dtype:     bool
>>> serd[serd.isin([0,3])]
white     0
yellow    3
dtype: int64
```

8. NaN

前面的一个例子求负数的对数，返回结果为 NaN（Not a Number，非数值）。数据结构中若字段为空或者不符合数字的定义时，用这个特定的值来表示。

通常 NaN 值表示数据有问题，必须对其进行处理，尤其是在数据分析时。从有问题的数据源抽取数据，或者数据源缺失数据，往往就会产生这类数据。进一步来讲，计算负数的对数，执行计算或函数时出现异常等特定情况，也可能产生这类数据。后续章节会讲解 NaN 值的几种处理方法。

尽管 NaN 值是数据有问题才产生的，然而在 pandas 中是可以定义这类数据，并把它添加到 Series 等数据结构中的。创建数据结构时，可为数组中元素缺失的项输入 np.NaN。

```
>>> s2 = pd.Series([5,-3,np.NaN,14])
>>> s2
0     5.0
1    -3.0
2     NaN
3    14.0
dtype: float64
```

isnull()和 notnull()函数用来识别没有对应元素的索引时非常好用。

```
>>> s2.isnull()
0    False
1    False
2     True
3    False
dtype: bool
>>> s2.notnull()
```

```
0      True
1      True
2      False
3      True
dtype: bool
```

上述两个函数返回两个由布尔值组成的 Series 对象，其元素值是 True 还是 False 取决于原 Series 对象的元素是否为 NaN。如果是 NaN，isnull()函数返回值为 True；反之，如果不是 NaN，notnull()函数返回值为 True。这两个函数常用作筛选条件。

```
>>> s2[s2.notnull()]
0       5.0
1      -3.0
3      14.0
dtype: float64
>>> s2[s2.isnull()]
2    NaN
dtype: float64
```

9. Series 用作字典

还可以把 Series 对象当作字典（dict，dictionary）对象来用。定义 Series 对象时，就可以利用这种相似性。实际上，可以用事先定义好的字典来创建 Series 对象。

```
>>> mydict = {'red': 2000, 'blue': 1000, 'yellow': 500, 'orange': 1000}
>>> myseries = pd.Series(mydict)
>>> myseries
red       2000
blue      1000
yellow     500
orange    1000
dtype: int64
```

上述例子中，索引数组用字典的键来填充，每个索引所对应的元素为用作索引的键在字典中对应的值。还可以单独指定索引，pandas 会控制字典的键和数组索引标签之间的相关性。若遇缺失值处，pandas 就会为其添加 NaN。

```
>>> colors = ['red','yellow','orange','blue','green']
>>> myseries = pd.Series(mydict, index=colors)
>>> myseries
red       2000.0
yellow     500.0
orange    1000.0
blue      1000.0
green        NaN
dtype: float64
```

10. Series 对象之间的运算

前面讲过 Series 对象和标量之间的数学运算，Series 对象之间也可以进行这类运算，甚至标签也可以参与运算。

实际上，Series 这种数据结构在运算时有一大优点，它能通过识别标签对齐不一致的数据。

下面这个例子求只有部分元素标签相同的两个 Series 对象之和。

```
>>> mydict2 = {'red':400,'yellow':1000,'black':700}
>>> myseries2 = pd.Series(mydict2)
>>> myseries + myseries2
black      NaN
blue       NaN
green      NaN
orange     NaN
red        2400.0
yellow     1500.0
dtype: float64
```

上述运算得到一个新 Series 对象, 其中只对标签相同的元素求和。其他只属于任何一个 Series 对象的标签也被添加到新对象中, 只不过它们的值均为 NaN。

4.5.2 DataFrame 对象

DataFrame 这种列表式数据结构跟工作表 (最常见的是 Excel 工作表) 极为相似, 其设计初衷是将 Series 的使用场景由一维扩展到多维。DataFrame 由按一定顺序排列的多列数据 (见图 4-2) 组成, 各列的数据类型可以有所不同 (数值、字符串或布尔值等)。

图 4-2 DataFrame 数据结构

Series 对象的索引数组存放有每个元素的标签, 而 DataFrame 对象则有所不同, 它有两个索引数组。第 1 个数组与行相关, 它与 Series 的索引数组极为相似。每个标签与标签所在行的所有元素相关联。而第 2 个数组包含一系列列标签, 每个标签与一列数据相关联。

DataFrame 还可以理解为一个由 Series 组成的字典, 其中每一列的名为字典的键, 形成 DataFrame 的列的 Series 作为字典的值。具体而言, 每个 Series 的所有元素映射到叫作 index 的标签数组。

1. 定义 DataFrame 对象

新建 DataFrame 对象的最常用方法是传递一个 dict 对象给 DataFrame()构造函数。dict 对象以每一列的名称作为键, 每个键都有一个数组作为值。

```
>>> data = {'color' : ['blue','green','yellow','red','white'],
                    'object' : ['ball','pen','pencil','paper','mug'],
                    'price' : [1.2,1.0,0.6,0.9,1.7]}
>>>frame = pd.DataFrame(data)
>>> frame
    color object price
0    blue    ball   1.2
1   green     pen   1.0
2  yellow  pencil   0.6
3     red   paper   0.9
4   white     mug   1.7
```

如果用来创建 DataFrame 对象的 dict 对象包含一些用不到的数据，可以只选择自己感兴趣的。在 DataFrame 构造函数中，用 columns 选项指定需要的列即可。新建的 DataFrame 各列顺序与你指定的列顺序一致，而与它们在 dict 对象中的顺序无关。

```
>>> frame2 = pd.DataFrame(data, columns=['object','price'])
>>> frame2
   object price
0    ball   1.2
1     pen   1.0
2  pencil   0.6
3   paper   0.9
4     mug   1.7
```

DataFrame 对象跟 Series 类似，如果 index 数组没有明确指定标签，pandas 也会自动为其添加一列从 0 开始的数值作为索引。如果想用标签作为 DataFrame 的索引，则要把标签放到数组中，赋给 index 选项。

```
>>> frame2 = pd.DataFrame(data, index=['one','two','three','four','five'])
>>> frame2
        color object price
one      blue    ball   1.2
two     green     pen   1.0
three  yellow  pencil   0.6
four      red   paper   0.9
five    white     mug   1.7
```

既已引入两个新选项 index 和 columns，还可以想出一种定义 DataFrame 的新方法。我们不再使用 dict 对象，而是定义一个构造函数，按如下顺序指定 3 个参数：数据矩阵、index 选项和 columns 选项。记得将存放有标签的数组赋给 index 选项，将存放有列名称的数组赋给 columns 选项。

本书后续很多例子会体现，要想便捷地创建包含数据的矩阵，可以使用 np.arange(16).reshape((4,4))生成一个 4×4 型、包含数字 0~15 的矩阵。

```
>>> frame3 = pd.DataFrame(np.arange(16).reshape((4,4)),
...                  index=['red','blue','yellow','white'],
...                  columns=['ball','pen','pencil','paper'])
>>> frame3
        ball pen pencil paper
```

```
red       0    1     2    3
blue      4    5     6    7
yellow    8    9    10   11
white    12   13    14   15
```

2. 选取元素

如果想知道 DataFrame 对象所有列的名称，在 DataFrame 对象实例上调用 columns 属性即可。

```
>>> frame.columns
Index(['colors', 'object', 'price'], dtype='object')
```

类似地，要获取索引列表，调用 index 属性即可。

```
>>> frame.index
RangeIndex(start=0, stop=5, step=1)
```

如果要获取存储在数据结构中的所有元素，可以使用 values 属性。

```
>>> frame.values
array([['blue', 'ball', 1.2],
       ['green', 'pen', 1.0],
       ['yellow', 'pencil', 0.6],
       ['red', 'paper', 0.9],
       ['white', 'mug', 1.7]], dtype=object)
```

或者，如果只想选择一列内容，把这一列的名称作为索引即可。

```
>>> frame['price']
0    1.2
1    1.0
2    0.6
3    0.9
4    1.7
Name: price, dtype: float64
```

如上所示，返回值为 Series 对象。另一种方法是用列名称作为 DataFrame 实例的属性。

```
>>> frame.price
0    1.2
1    1.0
2    0.6
3    0.9
4    1.7
Name: price, dtype: float64
```

至于 DataFrame 中的行，用 loc 属性和行的索引值就能获取。

```
>>> frame.loc[2]
color     yellow
object    pencil
price        0.6
Name: 2, dtype: object
```

返回结果同样是一个 Series 对象，其中列的名称已经变为索引数组的标签，而列中的元素变为 Series 的数据部分。

用一个数组指定多个索引值就能选取多行：

```
>>> frame.loc[[2,4]]
    color object price
2 yellow  pencil  0.6
4  white     mug  1.7
```

若要从 DataFrame 抽取一部分，可以用索引值选择你想要的行。其实可以把一行看作 DataFrame 的一部分，通过指定索引范围来选取，其中这一行的索引作为起始索引值（下面例子中的 0），下一行的索引作为结束索引（下面例子中的 1）。

```
>>> frame[0:1]
  color object price
0  blue   ball  1.2
```

如上，返回结果为只包含一行数据的 DataFrame 对象。如需多行，必须扩展选择范围。

```
>>> frame[1:3]
    color object price
1  green    pen  1.0
2 yellow pencil  0.6
```

最后，若要获取存储在 DataFrame 中的一个元素，需要依次指定元素所在的列名称、行的索引值或标签。

```
>>> frame['object'][3]
'paper'
```

3. 赋值

一旦掌握了获取组成 DataFrame 的各元素的方法，依照相同的逻辑就能增加或修改元素。

例如前面讲过用 index 属性指定 DataFrame 结构中的索引数组，用 columns 属性指定包含列名称的行。还可以用 name 属性为这两个二级结构指定标签，便于识别。

```
>>> frame.index.name = 'id'
>>> frame.columns.name = 'item'
>>> frame
item   color object price
id
0       blue   ball  1.2
1      green    pen  1.0
2     yellow pencil  0.6
3        red  paper  0.9
4      white    mug  1.7
```

灵活程度非常高是 pandas 数据结构的一大优点。实际上，可以在任何层级修改它们的内部结构。例如执行添加一列新元素这类常规操作。

添加列的方法很简单，指定 DataFrame 实例新列的名称，为其赋值即可。

```
>>> frame['new'] = 12
>>> frame
  colors object price new
0   blue   ball  1.2  12
```

```
1   green    pen   1.0  12
2  yellow pencil   0.6  12
3     red  paper   0.9  12
4   white    mug   1.7  12
```

从结果可以看出，DataFrame 新增了名为"new"的一列，它的各个元素均为 12。

然而，如果想更新一列的内容，需要把一个数组赋给这一列。

```
>>> frame['new'] = [3.0,1.3,2.2,0.8,1.1]
>>> frame
    color object price  new
0    blue   ball   1.2  3.0
1   green    pen   1.0  1.3
2  yellow pencil   0.6  2.2
3     red  paper   0.9  0.8
4   white    mug   1.7  1.1
```

如果想更新某一列的全部数据，方法类似。例如借助 np.arange() 函数预先定义一个序列，用它更新某一列的所有元素。

为 DataFrame 的各列赋一个 Series 对象也可以创建 DataFrame，例如使用 np.arange() 函数生成一个递增序列。

```
>>> ser = pd.Series(np.arange(5))
>>> ser
0    0
1    1
2    2
3    3
4    4
dtype: int64
>>> frame['new'] = ser
>>> frame
    color object price  new
0    blue   ball   1.2    0
1   green    pen   1.0    1
2  yellow pencil   0.6    2
3     red  paper   0.9    3
4   white    mug   1.7    4
```

最后介绍修改单个元素的方法：选择元素，为其赋新值即可。

```
>>> frame['price'][2] = 3.3
```

4. 元素的所属关系

前面讲过用 isin() 函数判断一组元素是否属于 Series 对象，其实该函数对 DataFrame 对象也适用。

```
>>> frame.isin([1.0,'pen'])
   color object price   new
0  False  False False False
1  False   True  True  True
2  False  False False False
3  False  False False False
4  False  False False False
```

这样就得到了一个只包含布尔值的 DataFrame 对象，其中只有满足从属关系的元素为 True。若把上述返回结果作为条件，将得到一个新 DataFrame，其中只包含满足条件的元素。

```
>>> frame[frame.isin([1.0,'pen'])]
  color object price  new
0   NaN    NaN   NaN  NaN
1   NaN    pen   1.0  1.0
2   NaN    NaN   NaN  NaN
3   NaN    NaN   NaN  NaN
4   NaN    NaN   NaN  NaN
```

5. 删除一列

若想删除一整列的所有数据，可用 del 命令。

```
>>> del frame['new']
>>> frame
   colors  object price
0    blue    ball   1.2
1   green     pen   1.0
2  yellow  pencil   3.3
3     red   paper   0.9
4   white     mug   1.7
```

6. 筛选

对于 DataFrame 对象，也可以通过指定条件筛选元素。例如获取所有小于指定数字（比如 1.2）的元素。

```
>>> frame[frame < 1.2]
>>> frame
   colors  object price
0    blue    ball   NaN
1   green     pen   1.0
2  yellow  pencil   NaN
3     red   paper   0.9
4   white     mug   NaN
```

返回的 DataFrame 对象只包含所有小于 1.2 的数字，各元素的位置保持不变。其他不符合条件的元素被替换为 NaN。

7. 用嵌套字典生成 DataFrame 对象

嵌套字典是 Python 广泛使用的数据结构，示例如下：

```
nestdict = { 'red': { 2012: 22, 2013: 33 },
             'white': { 2011: 13, 2012: 22; 2013: 16},
             'blue': {2011: 17, 2012: 27; 2013: 18}}
```

直接将这种数据结构作为参数传递给 DataFrame() 构造函数，pandas 就会将外部的键解释成列名称，将内部的键解释为用作索引的标签。

解释嵌套结构时，可能并非所有位置都有相应的元素存在。pandas 会用 NaN 填补缺失的元素。

```
>>> nestdict = {'red':{2012: 22, 2013: 33},
...             'white':{2011: 13, 2012: 22, 2013: 16},
...             'blue': {2011: 17, 2012: 27, 2013: 18}}
>>> frame2 = pd.DataFrame(nestdict)
>>> frame2
      blue    red   white
2011    17    NaN      13
2012    27   22.0      22
2013    18   33.0      16
```

8. DataFrame 转置

处理表格型数据时可能会用到转置操作（列变为行，行变为列）。pandas 提供了一种很简单的转置方法。调用 T 属性就能得到 DataFrame 对象的转置形式。

```
>>> frame2.T
        2011   2012   2013
blue    17.0   27.0   18.0
red      NaN   22.0   33.0
white   13.0   22.0   16.0
```

4.5.3　Index 对象

前面介绍了 Series、DataFrame 对象及其结构形式，以及这些数据结构的特性。实际上，它们在数据分析方面的大多数优秀特性都取决于完全整合到这些数据结构中的 Index 对象。

轴标签或其他用作轴名称的元数据就存储为 Index 对象。前面讲过如何把存储多个标签的数组转化为 Index 对象：指定构造函数的 index 选项。

```
>>> ser = pd.Series([5,0,3,8,4], index=['red','blue','yellow','white','green'])
>>> ser.index
Index(['red', 'blue', 'yellow', 'white', 'green'], dtype='object')
```

跟 pandas 数据结构（Series 和 DataFrame）中其他元素不同的是，Index 对象不可改变。声明后，它不能改变。不同数据结构共用 Index 对象时，该特性能保证它的安全。

每个 Index 对象都有很多方法和属性，当想知道它们所包含的值时，这些方法和属性非常有用。

1. Index 对象的方法

Index 对象提供了几种方法，可用来获取数据结构索引的相关信息。例如 idmin() 和 idmax() 函数分别返回索引值最小和最大的元素。

```
>>> ser.idxmin()
'blue'
>>> ser.idxmax()
'white'
```

2. 含有重复标签的 Index

前面介绍过的所有索引都是位于一个单独的数据结构中，且所有标签都是唯一的。虽然只有满足这个条件，很多函数才能运行，但是对 pandas 数据结构而言，这个条件并不是必需的。

例如定义一个含有重复标签的 Series。

```
>>> serd = pd.Series(range(6), index=['white','white','blue','green','green','yellow'])
>>> serd
white     0
white     1
blue      2
green     3
green     4
yellow    5
dtype: int64
```

从数据结构中选取元素时，如果一个标签对应多个元素，将得到一个 Series 对象而不是单个元素。

```
>>> serd['white']
white     0
white     1
dtype: int64
```

以上逻辑适用于索引中存在重复项的 DataFrame，其返回结果为 DataFrame 对象。

数据结构很小时，识别索引的重复项很容易，但随着数据结构逐渐增大，难度也在增加。pandas 的 Index 对象还有 is_unique 属性。调用该属性，就可以知道数据结构（Series 和 DataFrame）中是否存在重复的索引项。

```
>>> serd.index.is_unique
False
>>> frame.index.is_unique
True
```

4.6   索引对象的其他功能

与 Python 常用数据结构相比，pandas 不仅利用了 NumPy 数组的高性能优势，还整合了索引机制。

最终事实证明，这样做颇有几分成效。实际上，虽然已有的动态数据结构极为灵活，但在结构中增加诸如标签这样的内部索引机制，使得开发人员可以更简单、直接地操作这些数据结构。

下面详细讲解几种使用索引机制实现的基础操作。
- ❏ 更换索引
- ❏ 删除
- ❏ 对齐

4.6.1   更换索引

前面讲过，数据结构一旦声明，Index 对象就不能改变。这么说一点也没错，但是执行更换索引操作就可以解决这个问题。

实际上，重新定义索引之后，就能用现有的数据结构生成一个新的数据结构。

```
>>> ser = pd.Series([2,5,7,4], index=['one','two','three','four'])
>>> ser
one      2
two      5
three    7
four     4
dtype: int64
```

pandas 的 reindex()函数可更换 Series 对象的索引。它根据新标签序列，重新调整原 Series 的元素，生成一个新的 Series 对象。

更换索引时，可以调整索引序列中各标签的顺序，删除或增加新标签。若增加新标签，pandas 会添加 NaN 作为其元素。

```
>>> ser.reindex(['three','four','five','one'])
three    7.0
four     4.0
five     NaN
one      2.0
dtype: float64
```

从返回结果可以看到，标签顺序全部调整过。删除了标签 two 及其元素，增加了新标签 five。

然而，重新编制索引，定义所有的标签序列可能会很麻烦，对大型 DataFrame 来说更是如此。但是可以使用自动填充或插值方法。

为了更好地理解自动编制索引功能，首先定义以下 Series 对象。

```
>>> ser3 = pd.Series([1,5,6,3],index=[0,3,5,6])
>>> ser3
0    1
3    5
5    6
6    3
dtype: int64
```

刚定义的 Series 对象，其索引列并不完整而是缺失了几个值（1、2 和 4）。常见的需求为插值，以得到一个完整的序列。方法是用 reindex()函数，method 选项的值为 ffill。此外，还需要指定索引值的范围。要指定一列 0~5 的值，参数为 range(6)。

```
>>> ser3.reindex(range(6),method='ffill')
0    1
1    1
2    1
3    5
4    5
5    6
dtype: int64
```

由结果可见，新 Series 对象添加了原 Series 对象缺失的索引项。新插入的索引项，其元素为前面索引编号比它小的那一项的元素，所以索引项 1、2 的值为 1，也就是索引项 0 的值。

如果想用新插入索引后面的元素，需要使用 bfill 方法。

```
>>> ser3.reindex(range(6),method='bfill')
0    1
1    5
2    5
3    5
4    6
5    6
dtype: int64
```

用这种方法，索引项 1 和 2 的元素则为 5，也就是索引项 3 的元素。

更换索引的概念可以由 Series 扩展到 DataFrame，不仅可以更换索引（行），还可以更换列，甚至更换两者。如前所述，可以增加行或列，对于原数据结构中缺失的元素，pandas 用 NaN 进行填充。

```
>>> frame.reindex(range(5), method='ffill',columns=['colors','price','new','object'])
   colors price  new    object
0   blue    1.2  blue    ball
1  green    1.0  green    pen
2 yellow    3.3 yellow  pencil
3    red    0.9   red   paper
4  white    1.7  white    mug
```

4.6.2   删除

另一种跟 Index 对象相关的操作是删除。因为索引和列名称有了标签作为标识，所以删除操作变得很简单。

pandas 专门提供了一个用于删除操作的函数：drop()，它返回不包含已删除索引及其元素的新对象。

例如想从 Series 对象中删除一项，首先定义一个含有 4 个元素的 Series 对象，其中各元素标签均不相同。

```
>>> ser = pd.Series(np.arange(4.), index=['red','blue','yellow','white'])
>>> ser
red       0.0
blue      1.0
yellow    2.0
white     3.0
dtype: float64
```

假如想删除标签为 yellow 的这一项。用标签作为 drop()函数的参数，就可以删除这一项。

```
>>> ser.drop('yellow')
red       0.0
blue      1.0
white     3.0
dtype: float64
```

传入一个由多个标签组成的数组，可以删除多项。

```
>>> ser.drop(['blue','white'])
red       0.0
```

```
yellow    2.0
dtype: float64
```

要删除 DataFrame 中的元素，需要指定元素两个轴的轴标签。下面举例说明，首先声明一个 DataFrame 对象。

```
>>> frame = pd.DataFrame(np.arange(16).reshape((4,4)),
...                       index=['red','blue','yellow','white'],
...                       columns=['ball','pen','pencil','paper'])
>>> frame
        ball  pen  pencil  paper
red        0    1       2      3
blue       4    5       6      7
yellow     8    9      10     11
white     12   13      14     15
```

传入行的索引可删除行。

```
>>> frame.drop(['blue','yellow'])
        ball  pen  pencil paper
red        0    1       2     3
white     12   13      14    15
```

要删除列，需要指定列的索引，但是还必须用 axis 选项指定从哪个轴删除元素。如果按照列的方向删除，axis 的值为 1。

```
>>> frame.drop(['pen','pencil'],axis=1)
        ball  paper
red        0      3
blue       4      7
yellow     8     11
white     12     15
```

4.6.3   算术和数据对齐

pandas 能将两个数据结构的索引对齐，这可能是与 pandas 数据结构索引对象有关的最强大的功能。这一点尤其体现在数据结构之间的算术运算上。参与运算的两个数据结构，其索引项顺序可能不一致，而且有的索引项可能只存在于一个数据结构中。

从下面几个例子中可以发现，进行算术运算时，pandas 很擅长对齐不同数据结构的索引项。例如首先定义两个 Series 对象，分别指定两个不完全一致的标签数组。

```
>>> s1 = pd.Series([3,2,5,1],['white','yellow','green','blue'])
>>> s2 = pd.Series([1,4,7,2,1],['white','yellow','black','blue','brown'])
```

算术运算种类很多，考虑一下最简单的求和运算。刚定义的两个 Series 对象，有些标签两者都有，有些只属于其中一个对象。如果一个标签，两个 Series 对象都有，就把它们的元素相加，反之，标签也会显示在结果（新 Series 对象）中，只不过元素为 NaN。

```
>>> s1 + s2
black    NaN
blue     3.0
```

```
brown    NaN
green    NaN
white    4.0
yellow   6.0
dtype: float64
```

DataFrame 对象之间的运算，虽然看起来可能更复杂，但对齐规则相同，只不过行和列都要执行对齐操作。

```
>>> frame1 = pd.DataFrame(np.arange(16).reshape((4,4)),
...                    index=['red','blue','yellow','white'],
...                    columns=['ball','pen','pencil','paper'])
>>> frame2 = pd.DataFrame(np.arange(12).reshape((4,3)),
...                    index=['blue','green','white','yellow'],
...                    columns=['mug','pen','ball'])
>>> frame1
        ball  pen  pencil  paper
red        0    1       2      3
blue       4    5       6      7
yellow     8    9      10     11
white     12   13      14     15
>>> frame2
        mug  pen  ball
blue      0    1     2
green     3    4     5
white     6    7     8
yellow    9   10    11
>>> frame1 + frame2
        ball  mug  paper   pen  pencil
blue     6.0  NaN    NaN   6.0     NaN
green    NaN  NaN    NaN   NaN     NaN
red      NaN  NaN    NaN   NaN     NaN
white   20.0  NaN    NaN  20.0     NaN
yellow  19.0  NaN    NaN  19.0     NaN
```

4.7   数据结构之间的运算

前面介绍了 Series 和 DataFrame 等数据结构，以及针对它们的多种基本操作，下面讲解两种及以上数据结构之间的运算。

前面介绍了两个对象之间的算术运算。下面详细介绍两种数据结构之间的运算。

4.7.1   灵活的算术运算方法

前面讲过可直接在 pandas 数据结构之间使用算术运算符。相同的运算还可以借助灵活的**算术运算方法**来完成。

❑ add()

❑ sub()

❑ div()

❑ mul()

这些函数的调用方法与数学运算符的使用方法不同。例如两个 DataFrame 对象的求和运算，不再使用"frame1+frame2"这种格式，而是使用下面这种格式：

```
>>> frame1.add(frame2)
        ball   mug  paper   pen  pencil
blue     6.0   NaN    NaN   6.0     NaN
green    NaN   NaN    NaN   NaN     NaN
red      NaN   NaN    NaN   NaN     NaN
white   20.0   NaN    NaN  20.0     NaN
yellow  19.0   NaN    NaN  19.0     NaN
```

如上所示，结果跟使用+运算符所得到的相同。此外，如果两个 DataFrame 对象的索引和列名称差别很大，新得到的 DataFrame 对象将有很多元素为 NaN。本章后面会讲到这类数据的处理方法。

4.7.2　DataFrame 和 Series 对象之间的运算

再次回到算术运算符，pandas 允许参与运算的对象为不同的数据结构，比如 DataFrame 和 Series。举例之前，首先定义两个数据结构。

```
>>> frame = pd.DataFrame(np.arange(16).reshape((4,4)),
...                     index=['red','blue','yellow','white'],
...                     columns=['ball','pen','pencil','paper'])
>>> frame
        ball  pen  pencil  paper
red        0    1       2      3
blue       4    5       6      7
yellow     8    9      10     11
white     12   13      14     15
>>> ser = pd.Series(np.arange(4), index=['ball','pen','pencil','paper'])
>>> ser
ball      0
pen       1
pencil    2
paper     3
dtype: int64
```

定义数据结构时，特意让 Series 对象的索引和 DataFrame 对象的列名称保持一致。这样就可以直接对它们执行运算。

```
>>> frame - ser
        ball  pen  pencil  paper
red        0    0       0      0
blue       4    4       4      4
yellow     8    8       8      8
white     12   12      12     12
```

如上所示，DataFrame 对象各元素分别减去了 Series 对象中索引与之相同的元素。DataFrame 对象每一列的所有元素，无论对应哪一个索引项，都执行了减法操作。

如果一个索引项只存在于其中一个数据结构之中，则运算结果中会为该索引项生成一列，只不过该列的所有元素都是 NaN。

```
>>> ser['mug'] = 9
>>> ser
ball      0
pen       1
pencil    2
paper     3
mug       9
dtype: int64
>>> frame - ser
        ball  mug paper pen pencil
red        0  NaN     0   0      0
blue       4  NaN     4   4      4
yellow     8  NaN     8   8      8
white     12  NaN    12  12     12
```

4.8　函数应用和映射

本节将讲解 pandas 库函数。

4.8.1　操作元素的函数

pandas 库以 NumPy 为基础，并对它的很多功能进行了扩展，以用来操作新数据结构 Series 和 DataFrame。通用函数（ufunc，universal function）就是经过扩展得到的功能，这类函数能对数据结构中的元素进行操作，因此特别有用。

```
>>> frame = pd.DataFrame(np.arange(16).reshape((4,4)),
...                      index=['red','blue','yellow','white'],
...                      columns=['ball','pen','pencil','paper'])
>>> frame
        ball  pen  pencil  paper
red        0    1       2      3
blue       4    5       6      7
yellow     8    9      10     11
white     12   13      14     15
```

例如使用 NumPy 的 np.sqrt() 函数就能计算 DataFrame 对象每个元素的平方根。

```
>>> np.sqrt(frame)
            ball       pen    pencil     paper
red     0.000000  1.000000  1.414214  1.732051
blue    2.000000  2.236068  2.449490  2.645751
yellow  2.828427  3.000000  3.162278  3.316625
white   3.464102  3.605551  3.741657  3.872983
```

4.8.2　按行或列执行操作的函数

除了通用函数，用户还可以自己定义函数。需要注意的是这些函数对一维数组进行运算，返回结果为一个数值。例如可以定义一个计算数组元素取值范围的 lambda 函数。

```
>>> f = lambda x: x.max() - x.min()
```

还可以用下面这种形式定义函数：

```
>>> def f(x):
...     return x.max() - x.min()
...
```

用 apply() 函数可以在 DataFrame 对象上调用刚定义的函数。

```
>>> frame.apply(f)
ball      12
pen       12
pencil    12
paper     12
dtype: int64
```

然而，每一列的运算结果为一个数值。如果想用函数处理行而不是列，需将 axis 选项设置为 1。

```
>>> frame.apply(f, axis=1)
red       3
blue      3
yellow    3
white     3
dtype: int64
```

apply() 函数并不是一定要返回一个标量，它还可以返回 Series 对象，因而可以借助它同时执行多个函数。每调用一次函数，就会有两个或两个以上的返回结果。可以像下面这样指定一个函数。

```
>>> def f(x):
...     return pd.Series([x.min(), x.max()], index=['min','max'])
...
```

像之前一样，应用这个函数，但是返回结果不再是 Series 而是 DataFrame 对象，并且 DataFrame 对象的行数跟函数返回值的数量相等。

```
>>> frame.apply(f)
     ball  pen  pencil  paper
min     0    1       2      3
max    12   13      14     15
```

4.8.3　统计函数

数组的大多数统计函数对 DataFrame 对象依旧有效，因此没有必要使用 apply() 函数。例如 sum() 和 mean() 函数分别用来计算 DataFrame 对象元素之和及它们的均值。

```
>>> frame.sum()
ball      24
pen       28
```

```
pencil    32
paper     36
dtype: int64
>>> frame.mean()
ball      6.0
pen       7.0
pencil    8.0
paper     9.0
dtype: float64
```

describe() 函数能计算多个统计量。

```
>>> frame.describe()
          ball        pen       pencil      paper
count   4.000000   4.000000    4.000000   4.000000
mean    6.000000   7.000000    8.000000   9.000000
std     5.163978   5.163978    5.163978   5.163978
min     0.000000   1.000000    2.000000   3.000000
25%     3.000000   4.000000    5.000000   6.000000
50%     6.000000   7.000000    8.000000   9.000000
75%     9.000000  10.000000   11.000000  12.000000
max    12.000000  13.000000   14.000000  15.000000
```

4.9   排序和排位次

另外一种使用索引机制的基础操作是**排序**（sorting）。对数据进行排序通常为必要操作，因此简化它的实现非常重要。pandas 的 sort_index() 函数返回一个跟原对象元素相同但顺序不同的新对象。

首先看一下 Series 对象各项的排序方法。要排序的索引只有一列，因此操作很简单。

```
>>> ser = pd.Series([5,0,3,8,4],
... index=['red','blue','yellow','white','green'])
>>> ser
red       5
blue      0
yellow    3
white     8
green     4
dtype: int64
>>> ser.sort_index()
blue      0
green     4
red       5
white     8
yellow    3
dtype: int64
```

输出结果中，各元素按照以字母表顺序升序排列（A ~ Z）的标签排序。这是默认的排序方法，但若指定 ascending 选项，将其值置为 False，则可按照降序排列。

```
>>> ser.sort_index(ascending=False)
yellow    3
white     8
red       5
green     4
blue      0
dtype: int64
```

对于 DataFrame 对象，可分别对两条轴中的任意一条进行排序。如果要根据索引对行进行排序，可依旧使用 sort_index() 函数，不用指定参数，前面已经讲过；如果要按列进行排序，则需要指定 axis 选项，其值为 1。

```
>>> frame = pd.DataFrame(np.arange(16).reshape((4,4)),
...                   index=['red','blue','yellow','white'],
...                   columns=['ball','pen','pencil','paper'])
>>> frame
        ball  pen  pencil  paper
red        0    1       2      3
blue       4    5       6      7
yellow     8    9      10     11
white     12   13      14     15
>>> frame.sort_index()
        ball  pen  pencil  paper
blue       4    5       6      7
red        0    1       2      3
white     12   13      14     15
yellow     8    9      10     11
>>> frame.sort_index(axis=1)
        ball  paper  pen  pencil
red        0      3    1       2
blue       4      7    5       6
yellow     8     11    9      10
white     12     15   13      14
```

至此，已经讲解了根据索引进行排序的方法。但往往还需要对数据结构中的元素进行排序，对于这个问题，Series 和 DataFrame 对象有所不同，要区别对待。

对 Series 对象排序，使用 sort_values() 函数。

```
>>> ser.sort_values()
blue       0
yellow     3
green      4
red        5
white      8
dtype: int64
```

对 DataFrame 对象排序，使用前面用过的 sort_values() 函数，只不过要用 by 选项指定根据哪一列进行排序。

```
>>> frame.sort_values(by='pen')
        ball  pen  pencil  paper
red        0    1       2      3
blue       4    5       6      7
```

```
yellow     8     9     10     11
white      12    13    14     15
```

如果要基于两列或更多的列进行排序，则把这些列的名称放到数组中，赋给 by 选项。

```
>>> frame.sort_values(by=['pen','pencil'])
        ball  pen  pencil  paper
red     0     1    2       3
blue    4     5    6       7
yellow  8     9    10      11
white   12    13   14      15
```

排位次操作（ranking）跟排序操作紧密相关，该操作为序列的每个元素安排一个位次（初始值为 1，依次加 1），位次越靠前，所使用的数值越小。

```
>>> ser.rank()
red       4.0
blue      1.0
yellow    2.0
white     5.0
green     3.0
dtype: float64
```

还可以把数据在数据结构中的顺序（没有进行排序操作）作为它的位次。只要使用 method 选项把 first 赋给它即可。

```
>>> ser.rank(method='first')
red       4.0
blue      1.0
yellow    2.0
white     5.0
green     3.0
dtype: float64
```

默认位次使用升序。要按照降序排列，就把 ascending 选项的值置为 False。

```
>>> ser.rank(ascending=False)
red       2.0
blue      5.0
yellow    4.0
white     1.0
green     3.0
dtype: float64
```

4.10　相关性和协方差

相关性（correlation）和**协方差**（covariance）是两个重要的统计量，pandas 计算这两个量的函数分别是 corr() 和 cov()。这两个量的计算通常涉及两个 Series 对象。

```
>>> seq2 = pd.Series([3,4,3,4,5,4,3,2],['2006','2007','2008',
'2009','2010','2011','2012','2013'])
>>> seq = pd.Series([1,2,3,4,4,3,2,1],['2006','2007','2008',
'2009','2010','2011','2012','2013'])
```

```
>>> seq.corr(seq2)
0.7745966692414835
>>> seq.cov(seq2)
0.8571428571428571
```

还可以计算单个 DataFrame 对象的相关性和协方差，返回结果为新 DataFrame 对象形式的矩阵。

```
>>> frame2 = pd.DataFrame([[1,4,3,6],[4,5,6,1],[3,3,1,5],[4,1,6,4]],
...                        index=['red','blue','yellow','white'],
...                        columns=['ball','pen','pencil','paper'])
>>> frame2
        ball  pen  pencil  paper
red        1    4       3      6
blue       4    5       6      1
yellow     3    3       1      5
white      4    1       6      4
>>> frame2.corr()
            ball       pen    pencil     paper
ball    1.000000 -0.276026  0.577350 -0.763763
pen    -0.276026  1.000000 -0.079682 -0.361403
pencil  0.577350 -0.079682  1.000000 -0.692935
paper  -0.763763 -0.361403 -0.692935  1.000000
>>> frame2.cov()
            ball       pen    pencil     paper
ball    2.000000 -0.666667  2.000000 -2.333333
pen    -0.666667  2.916667 -0.333333 -1.333333
pencil  2.000000 -0.333333  6.000000 -3.666667
paper  -2.333333 -1.333333 -3.666667  4.666667
```

用 corrwith() 方法可以计算 DataFrame 对象的列或行与 Series 对象或其他 DataFrame 对象元素两两之间的相关性。

```
>>> ser = pd.Series([0,1,2,3,9],
...                 index=['red','blue','yellow','white','green'])
>>> ser
red       0
blue      1
yellow    2
white     3
green     9
dtype: int64
>>> frame2.corrwith(ser)
ball     0.730297
pen     -0.831522
pencil   0.210819
paper   -0.119523
dtype: float64
>>> frame2.corrwith(frame)
ball     0.730297
pen     -0.831522
pencil   0.210819
paper   -0.119523
dtype: float64
```

4.11 NaN 数据

由前几节可知，补上缺失的数值很容易，它们在数据结构中用 NaN 来表示，以便于识别。在数据分析过程中，有些元素在某个数据结构中没有定义，这种情况很常见。

pandas 意在更好地管理这种可能出现的情况。实际上，本节将讲解缺失值的处理方法，这样许多问题就可以避免。比如 pandas 库在计算各种描述性统计量时，其实没有考虑 NaN 值。

4.11.1 为元素赋 NaN 值

有时需要专门为数据结构中的元素赋 NaN 值，这时用 NumPy 的 np.NaN（或 np.nan）即可。

```
>>> ser = pd.Series([0,1,2,np.NaN,9],
...                  index=['red','blue','yellow','white','green'])
>>> ser
red       0.0
blue      1.0
yellow    2.0
white     NaN
green     9.0
dtype: float64
>>> ser['white'] = None
>>> ser
red       0.0
blue      1.0
yellow    2.0
white     NaN
green     9.0
dtype: float64
```

4.11.2 过滤 NaN

数据分析过程中，有几种去除 NaN 的方法。然而，手动逐一删除 NaN 元素很麻烦，也很不安全，无法确保删除了所有的 NaN，而 dropna() 函数有助于解决这个问题。

```
>>> ser.dropna()
red       0.0
blue      1.0
yellow    2.0
green     9.0
dtype: float64
```

另一种方法是，用 notnull() 函数作为选取元素的条件，实现直接过滤。

```
>>> ser[ser.notnull()]
red       0.0
blue      1.0
yellow    2.0
green     9.0
dtype: float64
```

DataFrame 处理起来要稍微复杂点。如果对这类对象使用 dropna() 函数，只要行或列有一个 NaN 元素，该行或列的全部元素都会被删除。

```
>>> frame3 = pd.DataFrame([[6,np.nan,6],[np.nan,np.nan,np.nan],[2,np.nan,5]],
...                       index = ['blue','green','red'],
...                       columns = ['ball','mug','pen'])
>>> frame3
      ball  mug  pen
blue   6.0  NaN  6.0
green  NaN  NaN  NaN
red    2.0  NaN  5.0
>>> frame3.dropna()
Empty DataFrame
Columns: [ball, mug, pen]
Index: []
```

因此，为了避免删除整行或整列，需使用 how 选项，指定其值为 all，告知 dropna() 函数只删除所有元素均为 NaN 的行或列。

```
>>> frame3.dropna(how='all')
      ball  mug  pen
blue   6.0  NaN  6.0
red    2.0  NaN  5.0
```

4.11.3　为 NaN 元素填充其他值

删除 NaN 元素，可能会删除跟数据分析相关的其他数据，所以与其冒着风险去过滤 NaN 元素，不如用其他数值替代 NaN。fillna() 函数能满足大多数需要。这个函数以替换 NaN 的元素作为参数。所有 NaN 可以替换为同一个元素，如下所示：

```
>>> frame3.fillna(0)
      ball  mug  pen
blue   6.0  0.0  6.0
green  0.0  0.0  0.0
red    2.0  0.0  5.0
```

或者，若要将不同列的 NaN 替换为不同的元素，依次指定列名称及要替换成的元素即可。

```
>>> frame3.fillna({'ball':1,'mug':0,'pen':99})
      ball  mug   pen
blue   6.0  0.0   6.0
green  1.0  0.0  99.0
red    2.0  0.0   5.0
```

4.12　等级索引和分级

等级索引（hierarchical indexing）是 pandas 的一个重要功能，单条轴可以有多级索引。可以像操作两维结构那样处理多维数据。

举个简单的例子：创建包含两列索引的 Series 对象，即创建一个包含两层的数据结构。

```
>>> mser = pd.Series(np.random.rand(8),
...        index=[['white','white','white','blue','blue','red','red','red'],
...               ['up','down','right','up','down','up','down','left']])
>>> mser
```

```
white  up     0.461689
       down   0.643121
       right  0.956163
blue   up     0.728021
       down   0.813079
red    up     0.536433
       down   0.606161
       left   0.996686
dtype: float64
```

```
>>> mser.index
pd.MultiIndex(levels=[['blue', 'red', 'white'], ['down', 'left', 'right', 'up']],
...          labels=[[2, 2, 2, 0, 0, 1, 1, 1],
             [3, 0, 2, 3, 0, 3, 0, 1]])
```

通过指定等级索引，二级元素的选取操作得以简化。

其实可以选取第 1 列索引中某一索引项的元素，使用最经典的做法即可。

```
>>> mser['white']
up     0.461689
down   0.643121
right  0.956163
dtype: float64
```

或者像下面这样，选取第 2 列索引中某一索引项的元素。

```
>>> mser[:,'up']
white  0.461689
blue   0.728021
red    0.536433
dtype: float64
```

若要选取某个元素，指定两个索引即可，很直观吧？

```
>>> mser['white','up']
0.46168915430531676
```

等级索引在调整数据形状和进行基于组的操作（比如创建数据透视表）方面起着非常重要的作用。例如可以用一个特殊函数 unstack()调整数据并将其用于 DataFrame。这个函数把使用的等级索引 Series 对象转换为一个简单的 DataFrame 对象，其中把第 2 列索引转换为相应的列。

```
>>> mser.unstack()
           down      left     right        up
blue   0.813079       NaN       NaN  0.728021
red    0.606161  0.996686       NaN  0.536433
white  0.643121       NaN  0.956163  0.461689
```

如果想进行逆操作，把 DataFrame 对象转换为 Series 对象，可使用 stack()函数。

```
>>> frame
        ball  pen  pencil  paper
red        0    1       2      3
blue       4    5       6      7
yellow     8    9      10     11
white     12   13      14     15
```

```
>>> frame.stack()
red       ball      0
          pen       1
          pencil    2
          paper     3
blue      ball      4
          pen       5
          pencil    6
          paper     7
yellow    ball      8
          pen       9
          pencil   10
          paper    11
white     ball     12
          pen      13
          pencil   14
          paper    15
dtype: int64
```

对于 DataFrame 对象，可以为它的行和列都定义等级索引。声明 DataFrame 对象时，为 index 选项和 columns 选项分别指定一个元素为数组的数组。

```
>>> mframe = pd.DataFrame(np.random.randn(16).reshape(4,4),
...        index=[['white','white','red','red'], ['up','down','up','down']],
...        columns=[['pen','pen','paper','paper'],[1,2,1,2]])
>>> mframe
                 pen                    paper
                 1          2           1          2
white up   -1.964055   1.312100   -0.914750  -0.941930
      down -1.886825   1.700858   -1.060846  -0.197669
red   up   -1.561761   1.225509   -0.244772   0.345843
      down  2.668155   0.528971   -1.633708   0.921735
```

4.12.1 重新调整顺序和为层级排序

有时需要调整某一条轴上各层级的顺序或者调整某一层中各元素的顺序。

swaplevel()函数以要互换位置的两个层级的名称为参数，返回交换位置后的一个新对象，其中各元素的顺序保持不变。

```
>>> mframe.columns.names = ['objects','id']
>>> mframe.index.names = ['colors','status']
>>> mframe
objects            pen                    paper
id                 1          2           1          2
colors status
white  up    -1.964055   1.312100   -0.914750  -0.941930
       down  -1.886825   1.700858   -1.060846  -0.197669
red    up    -1.561761   1.225509   -0.244772   0.345843
       down   2.668155   0.528971   -1.633708   0.921735

>>> mframe.swaplevel('colors','status')
objects            pen                    paper
```

```
id                     1          2          1          2
status colors
up     white  -1.964055   1.312100  -0.914750  -0.941930
down   white  -1.886825   1.700858  -1.060846  -0.197669
up     red    -1.561761   1.225509  -0.244772   0.345843
down   red     2.668155   0.528971  -1.633708   0.921735
```

而 sort_index()函数只根据所指定的某个层级将数据排序。

```
>>> mframe.sort_index(level='colors')
objects              pen                paper
id                     1          2          1          2
colors status
red    down     2.668155   0.528971  -1.633708   0.921735
       up      -1.561761   1.225509  -0.244772   0.345843
white  down    -1.886825   1.700858  -1.060846  -0.197669
       up      -1.964055   1.312100  -0.914750  -0.941930
```

4.12.2 按层级统计数据

DataFrame 或 Series 对象的很多描述性和概括统计量都有 level 选项，可用它指定要获取哪个层级的描述性和概括统计量。

如果对行一层级进行统计，把层级的名称赋给 level 选项即可。

```
>>> mframe.sum(level='colors')
objects              pen                paper
id                     1          2          1          2
colors
red      1.106394   1.754480  -1.878480   1.267578
white   -3.850881   3.012959  -1.975596  -1.139599
```

若想对某一层级的列进行统计，例如 id，则需要把 axis 选项的值设置为 1，把第 2 条轴作为参数。

```
>>> mframe.sum(level='id', axis=1)
id                     1          2
colors status
white  up       -2.878806   0.370170
       down     -2.947672   1.503189
red    up       -1.806532   1.571352
       down      1.034447   1.450706
```

4.13 小结

本章介绍了 pandas 库、它的安装方法及特点。

然后介绍了它的两种基础数据结构 Series 和 DataFrame，及其操作方法和主要特点，尤其是这两种结构索引机制的重要性以及它们的最佳操作方法。最后展示了通过创建层级索引扩展这两种数据结构，以按照不同的次级层级分发其中的数据。

下一章将介绍从文件等外部数据源获取数据和把分析结果写入文件的方法。

pandas：数据读写

上一章介绍了 pandas 库及其用于分析数据的基础功能，还提到了 DataFrame 和 Series 是这个库的核心，数据处理、计算和分析都是围绕它们展开的。

本章将介绍 pandas 从多种存储媒介（比如文件和数据库）读取数据的工具，还将介绍直接将不同的数据结构写入不同格式文件的方法，而无须过多考虑所用技术。

本章主要介绍 pandas 的多种 I/O API 函数，它们可直接将数据作为 DataFrame 对象进行读写。首先会介绍文本文件的读写，随后逐步过渡到更加复杂的二进制文件。

本章最后将讲解 SQL 和 NoSQL 常用数据库的连接方法，举例说明如何直接把 DataFrame 中的数据存储到数据库中，还会介绍如何从数据库读取数据，存储为 DataFrame 对象，并从中检索内容。

5.1 I/O API 工具

pandas 是数据分析专用库，因此可以想见，它主要关注数据计算和处理。此外，从外部文件读写数据也被视作数据处理的一部分。实际上，正如后面会讲到的，即使在这个阶段，也可以对数据做一定的处理，为后续分析数据做好准备。

因此，数据读写对数据分析很重要，于是 pandas 库必须为此提供专门的工具——一组被称为 I/O API 的函数。这些函数分为完全对称的两大类：**读取函数**和**写入函数**。

读取函数	写入函数
read_csv	to_csv
read_excel	to_excel
read_hdf	to_hdf
read_sql	to_sql
read_json	to_json
read_html	to_html
read_stata	to_stata
read_clipboard	to_clipboard
read_pickle	to_pickle
read_msgpack	to_msgpack（带实验性质）
read_gbq	to_gbq（带实验性质）

5.2 CSV 和文本文件

多年来，人们已习惯了文本文件的读写，特别是列表形式的数据。如果文件每一行的多个元素是用逗号隔开的，则这种格式叫作 CSV，这可能是最广为人知和最受欢迎的格式。

其他由空格或制表符分隔的列表数据通常存储在各种文本文件中（扩展名通常为.txt）。

因此这种文件类型是最常见的数据源，它易于转录和解释。pandas 的下列函数专门用来处理这种文件类型：

- ❑ read_csv
- ❑ read_table
- ❑ to_csv

5.3 读取 CSV 或文本文件中的数据

根据一般经验，对数据分析人员来说，最常执行的操作是从 CSV 文件或其他类型的文本文件中读取数据。

动手处理文件之前，需要先导入以下两个库：

```
>>> import numpy as np
>>> import pandas as pd
```

为了说明 pandas 处理这类数据的方法，在工作目录下创建一个短小的 CSV 文件，将其保存为 ch05_01.csv，如代码清单 5-1 所示。

代码清单 5-1　ch05_01.csv

```
white,red,blue,green,animal
1,5,2,3,cat
2,7,8,5,dog
3,3,6,7,horse
2,2,8,3,duck
4,4,2,1,mouse
```

这个文件以逗号作为分隔符，因此可以用 read_csv()函数读取它的内容，同时将其转换为 DataFrame 对象。

```
>>> csvframe = pd.read_csv('ch05_01.csv')
>>> csvframe
   white  red  blue  green animal
0      1    5     2      3    cat
1      2    7     8      5    dog
2      3    3     6      7  horse
3      2    2     8      3   duck
4      4    4     2      1  mouse
```

如上所示，读取 CSV 文件中的数据很简单。CSV 文件中的数据为列表数据，位于不同列的元素用逗号隔开。既然 CSV 文件被视作文本文件，因此可以用 read_table()函数，但是需要指定分隔符。

```
>>> pd.read_table('ch05_01.csv',sep=',')
   white  red  blue  green  animal
0      1    5     2      3     cat
1      2    7     8      5     dog
2      3    3     6      7   horse
3      2    2     8      3    duck
4      4    4     2      1   mouse
```

从上述例子可知，标识各列名称的表头位于 CSV 文件的第 1 行，但通常并非如此，往往 CSV 文件的第 1 行就是列表数据（见代码清单 5-2）。

代码清单 5-2　ch05_02.csv

```
1,5,2,3,cat
2,7,8,5,dog
3,3,6,7,horse
2,2,8,3,duck
4,4,2,1,mouse

>>> pd.read_csv('ch05_02.csv')
   1  5  2  3    cat
0  2  7  8  5    dog
1  3  3  6  7  horse
2  2  2  8  3   duck
3  4  4  2  1  mouse
```

对于没有表头这种情况，用 `header` 选项，将其值置为 None，pandas 会添加默认表头。

```
>>> pd.read_csv('ch05_02.csv', header=None)
   0  1  2  3      4
0  1  5  2  3    cat
1  2  7  8  5    dog
2  3  3  6  7  horse
3  2  2  8  3   duck
4  4  4  2  1  mouse
```

此外，还可以用 `names` 选项指定表头，直接把存有各列名称的数组赋给它。

```
>>> pd.read_csv('ch05_02.csv', names=['white','red','blue','green','animal'])
   white  red  blue  green  animal
0      1    5     2      3     cat
1      2    7     8      5     dog
2      3    3     6      7   horse
3      2    2     8      3    duck
4      4    4     2      1   mouse
```

考虑一下更复杂的情况，假如想读取 CSV 文件，创建一个具有等级结构的 DataFrame 对象。为此，可以添加 `index_col` 选项，扩展 read_csv()函数的功能，把所有想转换为索引的列名称赋给 `index_col`。

为了更好地理解这种可能性，新建一个 CSV 文件，其中有两列将用作等级索引。然后，将其保存到工作目录，文件名为 ch05_03.csv（见代码清单 5-3）。

代码清单 5-3   ch05_03.csv

```
color,status,item1,item2,item3
black,up,3,4,6
black,down,2,6,7
white,up,5,5,5
white,down,3,3,2
white,left,1,2,1
red,up,2,2,2
red,down,1,1,4

>>> pd.read_csv('ch05_03.csv', index_col=['color','status'])
              item1   item2   item3
color status
black  up         3       4       6
       down       2       6       7
white  up         5       5       5
       down       3       3       2
       left       1       2       1
red    up         2       2       2
       down       1       1       4
```

5.3.1   用 RegExp 解析 TXT 文件

有时要解析的数据文件不是以逗号或分号分隔的。对于这种情况，正则表达式就能派上用场。可以使用 sep 选项指定正则表达式，在 read_table() 函数内使用。

为了更好地理解正则表达式的用法，以及用它分隔多个元素的方法，可以从简单的例子入手。比如一个 TXT 文件，它里面的元素是以空格或制表符分隔的，且没有规律可言。在这种情况下，只有用正则表达式才能兼顾两种分隔符。可以使用通配符\s*。\s 匹配空格或制表符（若只匹配制表符，可使用\t），星号表示这些字符可能有多个（其他常用通配符请见表 5-1），即相邻元素之间是由多个空格或制表符隔开的。

表 5-1   元字符

.	换行符以外的单个字符
\d	数字
\D	非数字字符
\s	空白字符
\S	非空白字符
\n	换行符
\t	制表符
\uxxxx	用十六进制数字 xxxx 表示的 Unicode 字符

举一个极端的例子，所有元素随机以制表符或空格分隔（见代码清单 5-4）。

代码清单 5-4　ch05_04.txt

```
white red blue green
    1   5   2     3
    2   7   8     5
    3   3   6     7

>>> pd.read_table('ch05_04.txt',sep='\s+',engine='python')
   white  red  blue  green
0      1    5     2      3
1      2    7     8      5
2      3    3     6      7
```

如上所示，得到了一个完美的 DataFrame 对象，其中所有元素均处在正确的位置。

接下来这个例子看起来有点奇怪或不寻常，但其实并不罕见。该例子非常有助于理解正则表达式潜在的强大功能。通常可以把逗号、空格和制表符等看作分隔符，但实际应用中，字母数字组合或者整数均可用作分隔符，比如数字 0。

在接下来这个例子中，TXT 文件中数字和字母杂糅在一起，需要从中抽取数字部分。

若 TXT 文件中的数据无表头，记得将 header 选项置为 None（见代码清单 5-5）。

代码清单 5-5　ch05_05.txt

```
000END123AAA122
001END124BBB321
002END125CCC333

>>> pd.read_table('ch05_05.txt',sep='\D+',header=None,engine='python')
   0    1    2
0  0  123  122
1  1  124  321
2  2  125  333
```

另一种很常见的情况是，解析数据时把空行排除在外。文件中的表头或没有必要的注释，有时用不到（见代码清单 5-6）。使用 skiprows 选项，可以排除多余的行。把要排除的行的行号放到数组中，赋给该选项即可。

使用该选项时，需要注意一点。若要排除前 5 行，需要这样写：skiprows = 5；若只是排除第 5 行，写作 skiprows = [5]。

代码清单 5-6　ch05_06.txt

```
########### LOG FILE ############
This file has been generated by automatic system
white,red,blue,green,animal
12-Feb-2015: Counting of animals inside the house
1,5,2,3,cat
2,7,8,5,dog
13-Feb-2015: Counting of animals outside the house
3,3,6,7,horse
2,2,8,3,duck
4,4,2,1,mouse
```

```
>>> pd.read_table('ch05_06.txt',sep=',',skiprows=[0,1,3,6])
   white   red blue green animal
0      1     5    2     3    cat
1      2     7    8     5    dog
2      3     3    6     7  horse
3      2     2    8     3   duck
4      4     4    2     1  mouse
```

5.3.2   从 TXT 文件读取部分数据

处理大文件或是只对文件部分数据感兴趣时，往往需要按照部分（块）读取文件，因为只需要部分数据。这两种情况都得使用迭代，而我们对解析整个文件不感兴趣。

举例来说，假如只想读取文件的一部分，可明确指定要解析的行号，这时要用到 nrows 和 skiprows 选项。你可以指定起始行 n（n = SkipRows）和从起始行往后读多少行（nrows = i）。

```
>>> pd.read_csv('ch05_02.csv',skiprows=[2],nrows=3,header=None)
   0  1  2  3     4
0  1  5  2  3   cat
1  2  7  8  5   dog
2  2  2  8  3  duck
```

另外一项既有趣又很常用的操作是切分想要解析的文本，然后遍历各个部分，逐一对其执行特定操作。

例如对于一列数字，每隔两行取一个累加起来，最后把和插入到 Series 对象中。这个小例子理解起来很简单，也没有实际应用价值，但是一旦领会了其原理，就能将其用于更加复杂的情况。

```
>>> out = pd.Series()
>>> i = 0
>>> pieces = pd.read_csv('ch05_01.csv',chunksize=3)
>>> for piece in pieces:
...     out.set_value(i,piece['white'].sum())
...     i = i + 1
...
0    6
dtype: int64
0    6
1    6
dtype: int64
>>> out
0    6
1    6
dtype: int64
```

5.3.3   将数据写入 CSV 文件

从文件读取数据很常用，把计算结果或数据结构所包含的数据写入数据文件也是常用的必要操作。

例如把 DataFrame 中的数据写入 CSV 文件。写入过程，就要用到 to_csv()函数，其参数为即将生成的文件名（见代码清单 5-7）。

```
>>> frame = pd.DataFrame(np.arange(16).reshape((4,4)),
            index = ['red', 'blue', 'yellow', 'white'],
            columns = ['ball', 'pen', 'pencil', 'paper'])

>>> frame.to_csv('ch05_07.csv')
```

打开 pandas 库生成的新文件 ch05_07.csv，就会看到如代码清单 5-7 所示的数据。

代码清单 5-7　ch05_07.csv

```
,ball,pen,pencil,paper
red,0,1,2,3
blue,4,5,6,7
yellow,8,9,10,11
white,12,13,14,15
```

由上述例子可知，把 DataFrame 写入文件时，索引和列名称连同数据一起写入。使用 index 和 header 选项，把它们的值设置为 False，可取消这一默认行为（见代码清单 5-8）。

```
>>> frame.to_csv('ch05_07b.csv', index=False, header=False)
```

代码清单 5-8　ch05_07b.csv

```
1,2,3
5,6,7
9,10,11
13,14,15
```

写数据时需要注意，数据结构中的 NaN 写入文件后，显示为空字段（见代码清单 5-9）。

```
>>> frame3 = pd.DataFrame([[6,np.nan,np.nan,6,np.nan],
...            [np.nan,np.nan,np.nan,np.nan,np.nan],
...            [np.nan,np.nan,np.nan,np.nan,np.nan],
...            [20,np.nan,np.nan,20.0,np.nan],
...            [19,np.nan,np.nan,19.0,np.nan]
...            ],
...                index=['blue','green','red','white','yellow'],
                    columns=['ball','mug','paper','pen','pencil'])
>>> frame3
        ball  mug  paper  pen  pencil
blue     6.0  NaN    NaN  6.0     NaN
green    NaN  NaN    NaN  NaN     NaN
red      NaN  NaN    NaN  NaN     NaN
white   20.0  NaN    NaN 20.0     NaN
yellow  19.0  NaN    NaN 19.0     NaN
>>> frame3.to_csv('ch05_08.csv')
```

代码清单 5-9　ch05_08.csv

```
,ball,mug,paper,pen,pencil
blue,6.0,,,6.0,
green,,,,,
red,,,,,
```

```
white,20.0,,,20.0,
yellow,19.0,,,19.0,
```

其实可以用 to_csv()函数的 na_rep 选项把空字段替换为需要的值。常用值有 NULL、0 和 NaN（见代码清单 5-10）。

```
>>> frame3.to_csv('ch05_09.csv', na_rep ='NaN')
```

代码清单 5-10　ch05_09.csv

```
,ball,mug,paper,pen,pencil
blue,6.0,NaN,NaN,6.0,NaN
green,NaN,NaN,NaN,NaN,NaN
red,NaN,NaN,NaN,NaN,NaN
white,20.0,NaN,NaN,20.0,NaN
yellow,19.0,NaN,NaN,19.0,NaN
```

> **说明**　在上述几个例子中，DataFrame 一直是本书讨论的主题，因为通常需要将这种数据结构写入文件。但是，所有这些函数和选项也适用于 Series。

5.4　读写 HTML 文件

pandas 提供以下 I/O API 函数用于读写 HTML 格式的文件：

❑ read_html()

❑ to_html()

这两个函数非常有用。把 DataFrame 等复杂的数据结构直接转换为 HTML 表格很简单，无须编写一长串 HTML 代码就能实现。pandas 尤擅于此。该功能能给 Web 开发带来很多便捷。

逆操作也很有用，因为如今主要的数据源为因特网。网上的很多数据并不总是拿来就能用的，它们不是存储在 TXT 或 CSV 文件中。这些数据是网页文本的一部分，因此实现一个读取网页数据的函数非常有必要。

读取网页数据这种操作被称为**网页抓取**，应用极广。它逐渐演变成数据分析过程中的一项基础操作，被整合到了数据分析的第 1 步——数据挖掘和数据准备。

> **说明**　如今很多网站为避免模块缺失和错误信息，已采用 HTML5 格式。强烈建议安装 html5lib 模块。若使用 Anaconda，安装命令为：
>
> ```
> conda install html5lib
> ```

5.4.1　写入数据到 HTML 文件

下面介绍把 DataFrame 转换为 HTML 表格的方法。DataFrame 的内部结构被自动转换为嵌入在表格中的<TH>、<TR>和<TD>标签，保留所有内部层级结构。使用该函数，无须掌握 HTML 知识。

因为 DataFrame 等数据结构可能很复杂，规模很大，所以对需要开发网页的人来说，往 HTML 文件写入数据的函数用处很大。

为了更好地理解它的功能，下面举例说明。先定义一个简单的 DataFrame 对象。

to_html() 函数可以直接把 DataFrame 转换为 HTML 表格。

```
>>> frame = pd.DataFrame(np.arange(4).reshape(2,2))
```

I/O API 函数是在 pandas 数据结构内部定义的，因此可以直接在 DataFrame 实例上调用 to_html() 函数。

```
>>> print(frame.to_html())
<table border="1" class="dataframe">
  <thead>
    <tr style="text-align: right;">
      <th></th>
      <th>0</th>
      <th>1</th>
    </tr>
  </thead>
  <tbody>
    <tr>
      <th>0</th>
      <td> 0</td>
      <td> 1</td>
    </tr>
    <tr>
      <th>1</th>
      <td> 2</td>
      <td> 3</td>
    </tr>
  </tbody>
</table>
```

如上所示，该函数按照 DataFrame 的内部结构，正确生成了创建 HTML 表格所需的 HTML 标签。

下面的例子演示如何在 HTML 文件中自动生成表格。我们将创建一个比上面更加复杂、具有索引和列名称的 DataFrame 对象。

```
>>> frame = pd.DataFrame( np.random.random((4,4)),
...                       index = ['white','black','red','blue'],
...                       columns = ['up','down','right','left'])
>>> frame
             up      down     right      left
white  0.292434  0.457176  0.905139  0.737622
black  0.794233  0.949371  0.540191  0.367835
red    0.204529  0.981573  0.118329  0.761552
blue   0.628790  0.585922  0.039153  0.461598
```

考虑一下如何生成一个字符串并把它写入到 HTML 页面。这个例子虽然短小，但是可以直接在 Web 浏览器中理解和测试 pandas 的功能。

首先创建一个包含 HTML 页面代码的字符串：

```
>>> s = ['<HTML>']
>>> s.append('<HEAD><TITLE>My DataFrame</TITLE></HEAD>')
>>> s.append('<BODY>')
>>> s.append(frame.to_html())
>>> s.append('</BODY></HTML>')
>>> html = ''.join(s)
```

既然 HTML 页面的所有内容都存储在变量 html 中，可以直接把它写入到 myFrame.html 文件中：

```
>>> html_file = open('myFrame.html','w')
>>> html_file.write(html)
>>> html_file.close()
```

工作目录中多了 myFrame.html 文件。双击直接用浏览器打开它，将会看到 HTML 表格显示在网页的左上方，如图 5-1 所示。

	up	down	right	left
white	0.292434	0.457176	0.905139	0.737622
black	0.794233	0.949371	0.540191	0.367835
red	0.204529	0.981573	0.118329	0.761552
blue	0.628790	0.585922	0.039153	0.461598

图 5-1   DataFrame 转换为网页的 HTML 表格

5.4.2　从 HTML 文件读取数据

如上所示，pandas 可以直接用 DataFrame 生成 HTML 表格。逆操作也很简单，read_html() 函数解析 HTML 页面，寻找 HTML 表格。如果找到，就将其转换为可以直接用于数据分析的 DataFrame 对象。

具体而言，即使只有一个表格，read_html() 函数也会返回一个 DataFrame 列表。可解析的数据源类型多样。例如读取任意目录中的 HTML 文件，比如解析上个例子中创建的 HTML 文件。

```
>>> web_frames = pd.read_html('myFrame.html')
>>> web_frames[0]
  Unnamed: 0        up      down     right      left
0      white  0.292434  0.457176  0.905139  0.737622
1      black  0.794233  0.949371  0.540191  0.367835
2        red  0.204529  0.981573  0.118329  0.761552
3       blue  0.628790  0.585922  0.039153  0.461598
```

如上所示，所有跟 HTML 表格无关的标签都没有考虑在内。具体而言，web_frames 是一个元素为 DataFrame 的列表，虽然这个例子中只抽取了一个表格。要从列表中选择想使用的 DataFrame，可用传统的索引方法。由于这里只有一个元素，因此索引为 0。

然而，read_html() 函数最常用的模式是以网址作为参数，直接解析并抽取网页中的表格。

　　举个例子，下面的网址所指向页面的 HTML 表格为一排行榜，包含用户名字和得分两项。可以直接以这个地址为参数进行处理。

```
>>> ranking = pd.read_html('https://www.meccanismocomplesso.org/en/
meccanismo-complesso-sito-2/classifica-punteggio/')
>>> ranking[0]
   Member          points   levels   Unnamed: 3
0      1       BrunoOrsini     1075          NaN
1      2         Berserker      700          NaN
2      3       albertosallu     275          NaN
3      4              Mr.Y      180          NaN
4      5               Jon      170          NaN
5      6       michele sisi     120          NaN
6      7       STEFANO GUST     120          NaN
7      8       Davide Alois     105          NaN
8      9       Cecilia Lala     105          NaN
...
```

上述操作适用于解析任意一个包含一个或多个表格的网页。

5.5　从 XML 读取数据

　　pandas 的所有 I/O API 函数中，没有专门用来处理 XML（可扩展标记语言）格式的。虽然没有，但这种格式其实很重要，因为很多结构化数据都是以 XML 格式存储的。pandas 没有专门的处理函数也没关系，因为 Python 有很多读写 XML 格式数据的库（除了 pandas）。

　　其中一个库叫作 lxml，它在大文件处理方面性能优异，因而从众多同类库之中脱颖而出。本节将介绍如何用它处理 XML 文件，以及如何把它和 pandas 整合起来，以最终从 XML 文件中获取所需数据并将其转换为 DataFrame 对象。要想获得关于这个库的更多信息，建议访问 lxml 的官方网站。

　　以代码清单 5-11 的 XML 文件为例。新建 books.xml 文件，写入下述代码，并将其保存到工作目录下。

代码清单 5-11　books.xml

```
<?xml version="1.0"?>
<Catalog>
    <Book id="ISBN9872122367564">
        <Author>Ross, Mark</Author>
        <Title>XML Cookbook</Title>
        <Genre>Computer</Genre>
        <Price>23.56</Price>
        <PublishDate>2014-22-01</PublishDate>
    </Book>
    <Book id="ISBN9872122367564">
        <Author>Bracket, Barbara</Author>
        <Title>XML for Dummies</Title>
        <Genre>Computer</Genre>
        <Price>35.95</Price>
```

```
        <PublishDate>2014-12-16</PublishDate>
    </Book>
</Catalog>
```

在这个例子中，你需要直接把 XML 中的数据结构转换为 DataFrame 对象。要完成该操作，首先要用到 lxml 库的二级模块 objectify，导入方法如下：

```
>>> from lxml import objectify
```

这样就可以用 parse()函数解析 XML 文件了。

```
>>> xml = objectify.parse('books.xml')
>>> xml
<lxml.etree._ElementTree object at 0x0000000009734E08>
```

上述代码得到一棵对象树，它是 lxml 模块的一种内部数据结构。

下面详细介绍这类对象。要想在树结构中拣选元素，必须先定义根节点。可以用 getroot()函数获取根节点。

```
>>> root = xml.getroot()
```

既然定义了根结构，就可以获取树结构的各个节点了，每个节点与原始的 XML 文件中的标签相对应。节点的名称跟标签名称相同。因此，要选择节点，只需依次指定几个标签。注意各标签之间用点号分隔，标签的次序反映的正是树中节点的层级顺序。

```
>>> root.Book.Author
'Ross, Mark'
>>> root.Book.PublishDate
'2014-22-01'
```

这样就可以获取单个节点了。若要同时获取多个元素，可以使用 getchildren()函数，它能获取某个元素的所有子节点。

```
>>> root.getchildren()
[<Element Book at 0x9c66688>, <Element Book at 0x9c66e08>]
```

再用 tag 属性，就能得到子节点 tag 属性的名称了。

```
>>> [child.tag for child in root.Book.getchildren()]
['Author', 'Title', 'Genre', 'Price', 'PublishDate']
```

可用 text 属性获取位于标签之间的内容。

```
>>> [child.text for child in root.Book.getchildren()]
['Ross, Mark', 'XML Cookbook', 'Computer', '23.56', '2014-22-01']
```

lxml.etree 树结构是可遍历的，接下来要把树结构转换为 DataFrame 对象。定义以下函数，分析 eTree 的所有内容，逐行填充 DataFrame 对象。

```
>>> def etree2df(root):
...     column_names = []
...     for i in range(0,len(root.getchildren()[0].getchildren())):
...         column_names.append(root.getchildren()[0].getchildren()[i].tag)
```

```
...     xml:frame = pd.DataFrame(columns=column_names)
...     for j in range(0, len(root.getchildren())):
...         obj = root.getchildren()[j].getchildren()
...         texts = []
...         for k in range(0, len(column_names)):
...             texts.append(obj[k].text)
...         row = dict(zip(column_names, texts))
...         row_s = pd.Series(row)
...         row_s.name = j
...         xml:frame = xml:frame.append(row_s)
...     return xml:frame
...
>>> etree2df(root)
            Author           Title    Genre  Price  PublishDate
0      Ross, Mark    XML Cookbook  Computer  23.56   2014-22-01
1  Bracket, Barbara XML for Dummies Computer  35.95   2014-12-16
```

5.6 读写 Microsoft Excel 文件

由上节可知，从 CSV 文件读取数据的操作很简单。除了 CSV 文件，用 Excel 工作表存放列表形式的数据也很常见。

pandas 专门定义了几个函数来处理这种格式。前面给出的 I/O API 函数中，有两个是专门用于 Excel 文件的：

❑ to_excel()

❑ read_excel()

read_excel() 函数能读取 Excel 2003（.xls）和 Excel 2007（.xlsx）两类文件。该函数之所以能够读取 Excel，是因为它整合了 xlrd 模块。

首先，打开一个 Excel 文件，在 sheet1 和 sheet2 中输入图 5-2 中的数据。然后将其保存为 ch05_data.xlsx。

	A	B	C	D	E
1		white	red	green	black
2	a	12	23	17	18
3	b	22	16	19	18
4	c	14	23	22	21
5					
6					

	A	B	C	D	E
		yellow	purple	blue	orange
	A	11	16	44	22
	B	20	22	23	44
	C	30	31	37	32

图 5-2 Excel 文件 sheet1 和 sheet2 中的两组数据

要读取 XLSX 文件中的数据，并将其转换为 DataFrame 对象，只需要使用 read_excel()函数。

```
>>> pd.read_excel('ch05_data.xlsx')
   white  red  green  black
a    12    23    17     18
b    22    16    19     18
c    14    23    22     21
```

如上所示，读取 Excel 时，默认返回的 DataFrame 对象包含第 1 个工作表中的数据。若要读取第 2 个工作表中的数据，需要用第 2 个参数指定工作表的名称或工作表的序号（索引）。

```
>>> pd.read_excel('ch05_data.xlsx','Sheet2')
   yellow  purple  blue  orange
A    11      16    44     22
B    20      22    23     44
C    30      31    37     32
>>> pd.read_excel(' ch05_data.xlsx',1)
   yellow  purple  blue  orange
A    11      16    44     22
B    20      22    23     44
C    30      31    37     32
```

上述操作也适用于 Excel 写操作。因此要将 DataFrame 对象转换为 Excel 工作表，代码如下：

```
>>> frame = pd.DataFrame(np.random.random((4,4)),
...                      index = ['exp1','exp2','exp3','exp4'],
...                      columns = ['Jan2015','Fab2015','Mar2015','Apr2005'])
>>> frame
       Jan2015   Fab2015   Mar2015   Apr2005
exp1  0.030083  0.065339  0.960494  0.510847
exp2  0.531885  0.706945  0.964943  0.085642
exp3  0.981325  0.868894  0.947871  0.387600
exp4  0.832527  0.357885  0.538138  0.357990
>>> frame.to_excel('data2.xlsx')
```

工作目录中会生成一个包含数据的新 Excel 文件，如图 5-3 所示。

	A	B	C	D	E
1		Jan2015	Fab2015	Mar2015	Apr2005
2	exp1	0,030083	0,065339	0,960494	0,510847
3	exp2	0,531885	0,706945	0,964943	0,085642
4	exp3	0,981325	0,868894	0,947871	0,3876
5	exp4	0,832527	0,357885	0,538138	0,35799
6					

图 5-3　Excel 文件中的 DataFrame 数据

5.7　JSON 数据

JSON（JavaScript Object Notation，JavaScript 对象标记）已成为最常用的标准数据格式之一，特别是在 Web 数据的传输方面。因此，如果使用 Web 数据，通常要处理这类数据格式。

这种格式很灵活，尽管数据结构跟常见的列表形式差别很大。

本节将介绍 I/O API 函数中的 read_json()和 to_json()函数的用法。其中一个例子处理 JSON 格式的结构化数据，这跟真实应用场景更为接近。

用于检测 JSON 格式是否正确的一个很好用的在线应用是 JSONViewer。输入或复制 JSON 数据到这个 Web 应用中，就可以检测其格式是否合法。它还能以树状结构显示数据，易于理解（如图 5-4 所示）。

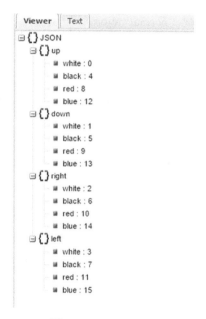

图 5-4　JSONViewer

下面考虑更实际的使用场景：将一个 DataFrame 转换为 JSON 文件。首先定义一个 DataFrame 对象，然后调用它的 to_json()函数，传入要创建的文件名作为参数。

```
>>> frame = pd.DataFrame(np.arange(16).reshape(4,4),
...                      index=['white','black','red','blue'],
...                      columns=['up','down','right','left'])
>>> frame.to_json('frame.json')
```

工作目录中新增一个 JSON 文件（见代码清单 5-12），它包含 JSON 格式的 DataFrame 数据。

代码清单 5-12　frame.json

```
{"up":{"white":0,"black":4,"red":8,"blue":12},"down":{"white":1,"black":5,"red":9,"blue":13},
"right":{"white":2,"black":6,"red":10,"blue":14},"left":{"white":3,"black":7,"red":11,"blue":15}}
```

写入操作的逆操作——读取 JSON 文件也很简单，用 read_json()函数，传入文件名作为参数即可。

```
>>> pd.read_json('frame.json')
        down  left  right  up
black      5     7      6   4
blue      13    15     14  12
red        9    11     10   8
white      1     3      2   0
```

上述例子相当简单，其中的 JSON 数据为列表形式（因为 frame.json 文件是由 DataFrame 对象转换而来的）。然而，JSON 文件中的数据通常不是列表形式。因此需要将字典结构的文件转换为列表形式。这个过程称为**规范化**（normalization）。

pandas 库的 json_normalize() 函数能将字典或列表转换为表格。使用前，首先需要导入这个函数：

```
>>> from pandas.io.json import json_normalize
```

然后，用任意文本编辑器编写如代码清单 5-13 所示的 JSON 文件，将其保存到工作目录下，文件名为 books.json。

代码清单 5-13 books.json

```
[{"writer": "Mark Ross",
 "nationality": "USA",
 "books": [
        {"title": "XML Cookbook", "price": 23.56},
        {"title": "Python Fundamentals", "price": 50.70},
        {"title": "The NumPy library", "price": 12.30}
            ]
},

{"writer": "Barbara Bracket",
 "nationality": "UK",
 "books": [
        {"title": "Java Enterprise", "price": 28.60},
        {"title": "HTML5", "price": 31.35},
        {"title": "Python for Dummies", "price": 28.00}
            ]
}]
```

如上所示，文件结构不再是列表形式，而是一种更为复杂的形式。因此无法再使用 read_json() 函数来处理。正如下例将展示的，仍然可以从这个数据结构中获取列表形式的数据。首先，加载 JSON 文件的内容，并将其转换为一个字符串。

```
>>> import json
>>> file = open('books.json','r')
>>> text = file.read()
>>> text = json.loads(text)
```

然后就可以调用 json_normalize() 函数了。快速浏览 JSON 文件中的数据后，举个例子，如果想得到一个包含所有图书信息的表格，这种情况下只要把键 books 作为第 2 个参数即可。

```
>>> json_normalize(text,'books')
   price                 title
```

```
0  23.56          XML Cookbook
1  50.70   Python Fundamentals
2  12.30     The NumPy library
3  28.60       Java Enterprise
4  31.35                 HTML5
5  28.00     Python for Dummies
```

该函数会读取所有以 books 作为键的元素的值。元素中的所有属性将会转换为嵌套的列名称，而属性值将会转换为 DataFrame 的元素。该函数使用一串递增的数字作为索引。

然而得到的 DataFrame 对象只包含一部分内部信息。增加跟 books 位于同一级的其他键的值可能会有用处，把存储键名的列表作为第 3 个参数传入即可。

```
>>> json_normalize(text,'books',['nationality','writer'])
   price                 title nationality            writer
0  23.56          XML Cookbook         USA         Mark Ross
1  50.70   Python Fundamentals         USA         Mark Ross
2  12.30     The NumPy library         USA         Mark Ross
3  28.60       Java Enterprise          UK   Barbara Bracket
4  31.35                 HTML5          UK   Barbara Bracket
5  28.00     Python for Dummies         UK   Barbara Bracket
```

这样就用原来的树结构生成了一个 DataFrame 对象。

5.8　HDF5 格式

前面介绍了文本格式的读写。若要分析大量数据，最好使用二进制格式。Python 有多种二进制数据处理工具。HDF5 库在这个方面取得了一定的成功。

HDF 代表**等级数据格式**（hierarchical data format）。HDF5 库关注的是 HDF5 文件的读写，这种文件的数据结构由节点组成，能存储大量数据集。

该库全部用 C 语言开发，提供了 Python、MATLAB 和 Java 语言接口。它非常高效，尤其在使用这种格式存储大量数据时。比起其他处理起二进制数据更为简单的格式，HDF5 支持实时压缩，因而能利用数据结构中的重复模式压缩文件。

目前，Python 提供两种处理 HDF5 格式数据的方法：PyTables 和 h5py。这两种方法有几点不同，选用哪一种很大程度上取决于具体需求。

h5py 为 HDF5 的高级 API 提供接口。PyTables 封装了很多 HDF5 细节，提供更加灵活的数据容器、索引表、搜索功能和其他计算相关的介质。

pandas 还有一个叫作 HDFStore、类似于 dict 的类，它用 PyTables 存储 pandas 对象。使用 HDF5 格式之前，必须导入 HDFStore 类。

```
>>> from pandas.io.pytables import HDFStore
```

这样就可以把 DataFrame 中的数据存储到.h5 文件中了。首先创建 DataFrame 对象。

```
>>> frame = pd.DataFrame(np.arange(16).reshape(4,4),
...                      index=['white','black','red','blue'],
...                      columns=['up','down','right','left'])
```

接着，创建一个叫 mydata.h5 的 HDF5 文件，把 DataFrame 中的数据存储到它里面。

```
>>> store = HDFStore('mydata.h5')
>>> store['obj1'] = frame
```

上述代码展示了在一个 HDF5 文件中存储多种数据结构的方法，记得为每种数据结构指定一个标签。

```
>>> frame
       up  down  right  left
white   0   0.5      1   1.5
black   2   2.5      3   3.5
red     4   4.5      5   5.5
blue    6   6.5      7   7.5
>>> store['obj2'] = frame
```

可以把多种数据结构存储到一个 HDF5 文件中，比如 store 变量表示的这个文件。

```
>>> store
<class 'pandas.io.pytables.HDFStore'>
File path: mydata.h5
/obj1              frame        (shape->[4,4])
```

逆操作也很简单。考虑一下包含多种数据结构的 HDF5 文件，可以像下面这样获取其中的对象。

```
>>> store['obj2']
       Up  down  right  left
white   0   0.5      1   1.5
black   2   2.5      3   3.5
red     4   4.5      5   5.5
blue    6   6.5      7   7.5
```

5.9 pickle——Python 对象序列化

pickle 模块实现了一个强大的算法，能对用 Python 实现的数据结构进行**序列化**（pickling）和反序列化操作。序列化是指把对象的层级结构转换为字节流的过程。

序列化便于对象的传输、存储和重建，仅用接收器就能重建对象，还能保留它的所有原始特征。

Python 的序列化操作由 pickle 模块实现。写作本书时，有一个 cPickle 模块，它对 pickle 模块做了大量优化（用 C 语言实现的）。在很多情况下，这个模块甚至要比 pickle 模块快 1000 倍。然而，用哪个模块都可以，这两个模块的接口几乎一致。

详细讲解 pandas 操作这类格式的 I/O 函数之前，首先详细讲解 cPickle 模块及其用法。

5.9.1 用 cPickle 实现 Python 对象序列化

pickle 模块（或 cPickle）使用的数据格式是 Python 独有的，默认使用 ASCII 表达式，以增强可读性。用文本编辑器打开 pickle 文件，就会发现它里面的内容是能读懂的。使用模块前，需要先导入它

```
>>> import pickle
```

然后创建具有内部结构的足够复杂的对象，例如字典对象。

```
>>> data = { 'color': ['white','red'], 'value': [5, 7]}
```

接着，用 cPickle 模块的 dumps() 函数对 data 对象执行序列化操作。

```
>>> pickled_data = pickle.dumps(data)
```

输出 pickled_data 变量的值，查看 dict 对象序列化的结果。

```
>>> print(pickled_data)
(dp1
S'color'
p2
(lp3
S'white'
p4
aS'red'
p5
asS'value'
p6
(lp7
I5
aI7
as.
```

数据序列化后，再写入文件或用套接字、管道等发送都很简单。

传输结束后，用 cPickle 模块的 loads() 函数能重建被序列化的对象（反序列化）。

```
>>> nframe = pickle.loads(pickled_data)
>>> nframe
{'color': ['white', 'red'], 'value': [5, 7]}
```

5.9.2　用 pandas 实现对象序列化

用 pandas 库实现对象序列化（反序列化）很方便，所有工具都是现成的，无须在 Python 会话中导入 cPickle 模块，所有的操作都是隐式进行的。

pandas 的序列化格式并不是完全使用 ASCII 编码。

```
>>> frame = pd.DataFrame(np.arange(16).reshape(4,4), index = ['up','down','left','right'])
>>> frame.to_pickle('frame.pkl')
```

工作目录中将生成新文件 frame.pkl，其包含 frame 中的所有信息。

使用以下命令，就能打开 PKL 文件，读取里面的内容。

```
>>> pd.read_pickle('frame.pkl')
        0   1   2   3
up      0   1   2   3
down    4   5   6   7
left    8   9  10  11
right  12  13  14  15
```

如上所示，pandas 的所有序列化和反序列化操作都在后台运行，用户根本看不到。这使得这两项操作对数据分析人员而言尽可能简单和易于理解。

说明 使用这种格式时，要确保打开的文件的安全性。pickle 格式无法规避错误和恶意数据。

5.10   对接数据库

在很多应用中，所使用的数据很少来自文本文件，因为文本文件不是存储数据最有效的方式。数据往往存储于 SQL 类关系型数据库，作为补充，NoSQL 数据库近来也已流行开来。

从 SQL 数据库加载数据，将其转换为 DataFrame 对象很简单。pandas 提供的几个函数简化了该过程。

pandas.io.sql 模块提供独立于数据库、叫作 sqlalchemy 的统一接口。该接口简化了连接模式，不管对于什么类型的数据库，操作命令都只有一套。连接数据库使用 create_engine() 函数，可以用它配置驱动器所需的用户名、密码、端口和数据库实例等所有属性。

下面是各种数据库的连接方法。

```
>>> from sqlalchemy import create_engine
```

PostgreSQL：

```
>>> engine = create_engine('postgresql://scott:tiger@localhost:5432/mydatabase')
```

MySQL：

```
>>> engine = create_engine('mysql+mysqldb://scott:tiger@localhost/foo')
```

Oracle：

```
>>> engine = create_engine('oracle://scott:tiger@127.0.0.1:1521/sidname')
```

MSSQL：

```
>>> engine = create_engine('mssql+pyodbc://mydsn')
```

SQLite：

```
>>> engine = create_engine('sqlite:///foo.db')
```

5.10.1   SQLite3 数据读写

第 1 个例子将展示 Python 内置的 SQLite 数据库 sqlite3 的用法。SQLite3 工具实现了简单、轻量级的 DBMS SQL，因此可以内置于用 Python 语言实现的任何应用。它很实用，你可以在单个文件中创建一个嵌入式数据库。

若想使用数据库的所有功能而又不想安装真正的数据库，这个工具就是最佳选择。若想在使用真正的数据库之前练习数据库操作，或在单一程序中使用数据库存储数据而无须考虑接口，SQLite3 都是不错的选择。

创建一个 DataFrame 对象，稍后将用它在 SQLite3 数据库新建一张表。

```
>>> frame = pd.DataFrame( np.arange(20).reshape(4,5),
...                         columns=['white','red','blue','black','green'])
>>> frame
   white  red  blue  black  green
0      0    1     2      3      4
1      5    6     7      8      9
2     10   11    12     13     14
3     15   16    17     18     19
```

接着，连接 SQLite3 数据库。

```
>>> engine = create_engine('sqlite:///foo.db')
```

把 DataFrame 转换为数据库表。

```
>>> frame.to_sql('colors',engine)
```

反之，读取数据库，则需要使用 read_sql() 函数，参数为表名和 engine 实例。

```
>>> pd.read_sql('colors',engine)
   Index  white  red  blue  black  green
0      0      0    1     2      3      4
1      1      5    6     7      8      9
2      2     10   11    12     13     14
3      3     15   16    17     18     19
```

如上所示，由于 pandas 库提供了 I/O API，数据库写操作也变得非常简单。

如果不使用 I/O API，应该怎样实现相同的操作？下面这个例子有助于理解为何 pandas 能很好地读写数据库。

首先，连接数据库，创建数据表，正确定义数据类型，数据类型应与要加载的数据对得上。

```
>>> import sqlite3
>>> query = """
... CREATE TABLE test
... (a VARCHAR(20), b VARCHAR(20),
... c REAL,          d INTEGER
... );"""
>>> con = sqlite3.connect(':memory:')
>>> con.execute(query)
<sqlite3.Cursor object at 0x0000000009E7D730>
>>> con.commit()
```

接着，使用 SQL INSERT 语句插入数据。

```
>>> data = [('white','up',1,3),
...         ('black','down',2,8),
...         ('green','up',4,4),
...         ('red','down',5,5)]
>>> stmt = "INSERT INTO test VALUES(?,?,?,?)"
>>> con.executemany(stmt, data)
<sqlite3.Cursor object at 0x0000000009E7D8F0>
>>> con.commit()
```

前面介绍了如何加载数据到数据表，下面讲解如何从数据库查找刚插入的数据。可以用 SQL SELECT 语句。

```
>>> cursor = con.execute('select * from test')
>>> cursor
<sqlite3.Cursor object at 0x0000000009E7D730>
>>> rows = cursor.fetchall()
>>> rows
[(u'white', u'up', 1.0, 3), (u'black', u'down', 2.0, 8), (u'green', u'up', 4.0, 4),
(u'red', 5.0, 5)]
```

可以把元组列表传给 DataFrame 的构造函数，若需要列名称，可以用游标的 description 属性来获取。

```
>>> cursor.description
(('a', None, None, None, None, None, None), ('b', None, None, None, None, None, None),
('c', None, None, None, None, None, None), ('d', None, None, None, None, None, None))
>>> pd.DataFrame(rows, columns=zip(*cursor.description)[0])
       a     b   c  d
0  white    up   1  3
1  black  down   2  8
2  green    up   4  4
3    red  down   5  5
```

显然，这种方法很麻烦。

5.10.2　PostgreSQL 数据读写

从 0.14 版本起，pandas 开始支持 PostgreSQL 数据库。请再次确认自己的计算机上安装的版本是这个版本还是版本号比它还要大。

```
>>> pd.__version__
>>> '0.22.0'
```

下面这个例子，要求系统中安装 PostgreSQL 数据库。在例子中，我创建了一个叫作 postgres 的数据库，用户名为 postgres，密码为 password。请按照自己的设置，对下面的代码作相应修改。

首先安装 psycopg2 库，它负责管理和处理数据库连接。

使用 Anaconda 的读者，请使用以下命令安装该库：

```
conda install psycopg2
```

或者，用以下命令从 PyPI 安装：

```
pip install psycopg2
```

然后连接数据库。

```
>>> import psycopg2
>>> engine = create_engine('postgresql://postgres:password@localhost:5432/postgres')
```

说明　在这个例子中，可能会遇到以下错误信息，这与在 Windows 系统中安装包的方式有关。

```
from psycopg2._psycopg import BINARY, NUMBER, STRING, DATETIME, ROWID
ImportError: DLL load failed: The specified module could not be found.
```

错误信息可能指在 PATH 中没有找到 PostgreSQL DLL（特指 libpq.dll）。把 postgres\x.x\bin

目录添加到 PATH 后，就应该可以用 Python 连接到 PostgreSQL 数据库了。

创建 DataFrame 对象：

```
>>> frame = pd.DataFrame(np.random.random((4,4)),
            index=['exp1','exp2','exp3','exp4'],
            columns=['feb','mar','apr','may']);
```

把这些数据转换为数据表非常简单。使用 to_sql() 函数就能把数据写入到数据表 dataframe 中。

```
>>> frame.to_sql('dataframe',engine)
```

pgAdmin III 是管理 PostgreSQL 数据库的图形化应用，它的用处很大，支持 Linux 和 Windows 系统。使用该应用，就可以轻松查看刚创建的数据框数据表（见图 5-5）。

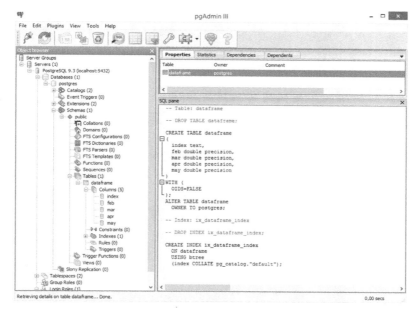

图 5-5　PostgreSQL 数据库的图形化管理工具 pdAdminIII

如果熟悉 SQL 语言，查看新建的数据表及其内容的更经典方法是借助 psql 会话。

```
>>> psql -U postgres
```

这里用 postgres 用户连接数据库，也可以使用其他用户名。连接成功后，即可对新建的数据表执行 SQL 查询操作。

```
postgres=# SELECT * FROM DATAFRAME;
 index |        feb        |        mar        |        apr        |        may
-------+-------------------+-------------------+-------------------+--------------------
 exp1  | 0.757871296789076 | 0.422582915331819 | 0.979085739226726 | 0.332288515791064
 exp2  | 0.124353978978927 | 0.273461421503087 | 0.049433776453223 | 0.0271413946693556
 exp3  | 0.538089036334938 | 0.097041417119426 | 0.905979807772598 | 0.123448718583967
 exp4  | 0.736585422687497 | 0.982331931474687 | 0.958014824504186 | 0.448063967996436
(4 righe)
```

在 pandas 中，把数据表转换为 DataFrame 对象也很容易。pandas 甚至提供了直接读取数据表返回 DataFrame 对象的 read_sql_table() 函数。

```
>>> pd.read_sql_table('dataframe',engine)
  Index     feb      mar      apr      may
0  exp1  0.757871 0.422583 0.979086 0.332289
1  exp2  0.124354 0.273461 0.049434 0.027141
2  exp3  0.538089 0.097041 0.905980 0.123449
3  exp4  0.736585 0.982332 0.958015 0.448064
```

读取数据库数据时，把整张表都转换为 DataFrame 并不是最常用的操作。使用关系型数据库的开发人员，更喜欢用 SQL 语言的 SQL 查询选择数据，指定导出形式。

可以将 SQL 查询语句整合到 read_sql_table() 函数中去。

```
>>> pd.read_sql_query('SELECT index,apr,may FROM DATAFRAME WHERE apr > 0.5',engine)
  index     apr      may
0  exp1  0.979086 0.332289
1  exp3  0.905980 0.123449
2  exp4  0.958015 0.448064
```

5.11　NoSQL 数据库 MongoDB 数据读写

在所有 NoSQL 数据库（BerkeleyDB、Tokyo Cabinet 和 MongoDB）中，MongoDB 最为流行。由于它支持多种系统，下面介绍如何把用 pandas 库分析数据所产生的结果写入 MongoDB，以及如何从 MongoDB 读取数据到 pandas。

首先，若已安装 MongoDB，指定数据库目录，启动服务。

```
mongod --dbpath C:\MongoDB_data
```

服务正在监听 27017 端口，可以用 MongoDB 官方提供的驱动器 pymongo 连接数据库。

```
>>> import pymongo
>>> client = MongoClient('localhost',27017)
```

一个 MongoDB 实例就能同时支持多个数据库，因此需要指定一个数据库。

```
>>> db = client.mydatabase
>>> db
Database(MongoClient('localhost', 27017), u'mycollection')
In order to refer to this object, you can also use
>>> client['mydatabase']
Database(MongoClient('localhost', 27017), u'mydatabase')
```

定义数据库后，还需要定义**集合**（collection）。集合是指存储在 MongoDB 中的一组文档，可以将它理解为 SQL 数据库中的表。

```
>>> collection = db.mycollection
>>> db['mycollection']
Collection(Database(MongoClient('localhost', 27017), u'mydatabase'), u'mycollection')
>>> collection
Collection(Database(MongoClient('localhost', 27017), u'mydatabase'), u'mycollection')
Now it is the time to load the data in the collection. Create a DataFrame.
```

```
>>> frame = pd.DataFrame( np.arange(20).reshape(4,5),
...                        columns=['white','red','blue','black','green'])
>>> frame
   white  red  blue  black  green
0      0    1     2      3      4
1      5    6     7      8      9
2     10   11    12     13     14
3     15   16    17     18     19
```

添加到集合之前，DataFrame 对象必须转换为 JSON 格式。转换过程稍复杂。这是因为需要指定把哪些数据写入数据库，这样做同时也是为了将来可以尽可能简单地从数据库抽取数据到DataFrame 中。

```
>>> import json
>>> record = json.loads(frame.T.to_json()).values()
>>> record
[{u'blue': 7, u'green': 9, u'white': 5, u'black': 8, u'red': 6}, {u'blue': 2, u'green': 4,
u'white': 0, u'black': 3, u'red': 1}, {u'blue': 17, u'green': 19, u'white': 15,
u'black': 18, u'red': 16}, {u'blue': 12, u'green': 14, u'white': 10, u'black': 13,
u'red': 11}]
Now you are finally ready to insert a document in the collection, and you can do this with
the insert() function.
>>> collection.mydocument.insert(record)
[ObjectId('54fc3afb9bfbee47f4260357'), ObjectId('54fc3afb9bfbee47f4260358'),
ObjectId('54fc3afb9bfbee47f4260359'), ObjectId('54fc3afb9bfbee47f426035a')]
```

如上所示，DataFrame 对象的每一行都被转换为 MongoDB 中的一个对象。数据加载到MongoDB 数据库的文档之后，可以再执行逆操作，即读取文档中的数据，然后将其转换为DataFrame 对象。

```
>>> cursor = collection['mydocument'].find()
>>> dataframe = (list(cursor))
>>> del dataframe['_id']
>>> dataframe
   black  blue  green  red  white
0      8     7      9    6      5
1      3     2      4    1      0
2     18    17     19   16     15
3     13    12     14   11     10
```

这样就删除了用作 MongoDB 内部索引的 ID 编号这一列。

5.12 小结

本章介绍了如何用 pandas 库的 I/O API 工具，在保留 DataFrame 结构的前提下读写文件或数据库，其中重点介绍了几种适用于不同数据存储格式的读写模式。

本章最后一部分介绍了常用数据库的连接方法，以及如何从数据库读取数据并将其转换为可以用 pandas 工具直接处理的 DataFrame 对象，或者如何把 DataFrame 对象写入数据库。

下一章将介绍 pandas 库的几个高级功能，届时会详细讲解 GroupBy 和其他数据处理方法。

## 第 6 章

深入 pandas：数据处理

上一章讲解了从数据库或文件等数据源获取数据的方法。数据转换为 DataFrame 格式后，就可以进行处理了。数据处理的目的是准备数据，便于分析，尤其是必须把数据处理成易于可视化的形式，为下个阶段做好准备。

本章深入讲解 pandas 库在数据处理阶段的功能。数据处理又可以细分为 3 个阶段，本章将通过例子详细讲解各个阶段涉及的操作，以及如何充分利用 pandas 库提供的函数完成这些操作。数据处理的 3 个阶段为：

- ❏ 数据准备
- ❏ 数据转换
- ❏ 数据聚合

6.1 数据准备

开始处理数据工作之前，需要先行准备好数据，把数据组装成便于用 pandas 库的各种工具处理的数据结构。数据准备阶段包括以下步骤：

- ❏ 加载
- ❏ 组装
  - ■ 合并（merging）
  - ■ 拼接（concatenation）
  - ■ 组合（combine）
- ❏ 变形（轴向旋转）
- ❏ 删除

前一章主要介绍了数据加载。在加载阶段也有部分数据准备工作，以把很多不同格式的数据转换为 DataFrame 等结构。数据可能来自不同的数据源，格式不同，但是即使得到数据，把它们归并为一个 DataFrame 后，还需要进一步处理，才能把数据准备好。本章，尤其本节，将介绍把数据转换为统一的数据结构所需的各种操作。

对于存储在 pandas 对象中的各种数据，其组装方法有以下几种。

- ❏ 合并——pandas.merge()函数根据一个或多个键连接多行。SQL 语言掌握得好的话，会觉得这种模式很熟悉，因为它同样实现了不同的 join 操作。
- ❏ 拼接——pandas.concat()函数按照轴把多个对象拼接起来。
- ❏ 结合——pandas.DataFrame.combine_first()函数从另外一个数据结构获取数据，连接重合的数据，以填充缺失值。

此外，数据准备过程还可能会涉及变换行、列位置的变形操作。

合并

对于合并操作，熟悉 SQL 的读者可以将其理解为 JOIN 操作，它使用一个或多个键把多行数据结合在一起。

实际上，跟关系型数据库打交道的开发人员通常使用 SQL 的 JOIN 查询，用几个表共有的引用值（键）从不同的表获取数据。基于这些键，可以获取列表形式的新数据，这些数据是对几个表中的数据进行组合得到的。pandas 库中这类操作叫作**合并**，执行合并操作的函数为 merge()。

首先，导入 pandas 库，定义两个 DataFrame 对象，以用于本节的例子。

```
>>> import numpy as np
>>> import pandas as pd
>>> frame1 = pd.DataFrame( {'id':['ball','pencil','pen','mug','ashtray'],
...                         'price': [12.33,11.44,33.21,13.23,33.62]})
>>> frame1
        id  price
0      ball  12.33
1    pencil  11.44
2       pen  33.21
3       mug  13.23
4   ashtray  33.62
>>> frame2 = pd.DataFrame( {'id':['pencil','pencil','ball','pen'],
...                         'color': ['white','red','red','black']})
>>> frame2
   color      id
0  white  pencil
1    red  pencil
2    red    ball
3  black     pen
```

对两个 DataFrame 对象应用 merge()函数，执行合并操作。

```
>>> pd.merge(frame1,frame2)
       id  price  color
0    ball  12.33    red
1  pencil  11.44  white
2  pencil  11.44    red
3     pen  33.21  black
```

由结果可见，返回的 DataFrame 对象由原来两个 DataFrame 对象中 ID 相同的行组成。除了 ID 这一列，新 DataFrame 对象还包括原来分属于两个 DataFrame 的其他列。

这个例子中，没有为 merge()指定基于哪一列进行合并。实际应用中，绝大部分情况下需要指定基于哪一列进行合并。

具体做法是增加 on 选项，把列的名称作为用于合并的键赋给它。

```
>>> frame1 = pd.DataFrame( {'id':['ball','pencil','pen','mug','ashtray'],
...                         'color': ['white','red','red','black','green'],
...                         'brand': ['OMG','ABC','ABC','POD','POD']})
>>> frame1
  brand  color       id
0   OMG  white     ball
1   ABC    red   pencil
2   ABC    red      pen
3   POD  black      mug
4   POD  green  ashtray
>>> frame2 = pd.DataFrame( {'id':['pencil','pencil','ball','pen'],
...                         'brand': ['OMG','POD','ABC','POD']})
>>> frame2
  brand      id
0   OMG  pencil
1   POD  pencil
2   ABC    ball
3   POD     pen
```

由于刚定义的两个 DataFrame 对象，一个对象的列名称在另一个对象中也存在，所以对它们执行合并操作将得到一个空 DataFrame 对象。

```
>>> pd.merge(frame1,frame2)
Empty DataFrame
Columns: [brand, color, id]
Index: []
```

因此，有必要明确定义 pandas 合并操作所遵循的标准。可用 on 选项指定合并操作所依据的基准列。

```
>>> pd.merge(frame1,frame2,on='id')
  brand_x color       id brand_y
0     OMG  white     ball     ABC
1     ABC    red   pencil     OMG
2     ABC    red   pencil     POD
3     ABC    red      pen     POD
>>> pd.merge(frame1,frame2,on='brand')
  brand  color     id_x    id_y
0   OMG  white     ball  pencil
1   ABC    red   pencil    ball
2   ABC    red      pen    ball
3   POD  black      mug  pencil
4   POD  black      mug     pen
5   POD  green  ashtray  pencil
6   POD  green  ashtray     pen
```

不出所料，合并标准不同，结果差异很大。

然而，问题随之就来了。假如两个 DataFrame 基准列的名称不一致，该怎样进行合并呢？为了解决这个问题，可以用 left_on 和 right_on 选项指定第 1 个和第 2 个 DataFrame 的基准列。举个例子：

```
>>> frame2.columns = ['brand','sid']
>>> frame2
  brand     sid
0   OMG   pencil
1   POD   pencil
2   ABC     ball
3   POD      pen
>>> pd.merge(frame1, frame2, left_on='id', right_on='sid')
  brand_x color     id brand_y    sid
0    OMG white    ball     ABC   ball
1    ABC   red  pencil     OMG pencil
2    ABC   red  pencil     POD pencil
3    ABC   red     pen     POD    pen
```

merge() 函数默认执行的是**内连接**操作。上述结果中的键是由**交叉操作**（intersection）得到的。

其他选项有**左连接、右连接和外连接**。外连接把所有的键整合到一起，其效果相当于左连接和右连接的效果之和。连接类型用 how 选项指定。

```
>>> frame2.columns = ['brand','id']
>>> pd.merge(frame1,frame2,on='id')
  brand_x color     id brand_y
0    OMG white    ball     ABC
1    ABC   red  pencil     OMG
2    ABC   red  pencil     POD
3    ABC   red     pen     POD
>>> pd.merge(frame1,frame2,on='id',how='outer')
  brand_x color      id brand_y
0    OMG white     ball     ABC
1    ABC   red   pencil     OMG
2    ABC   red   pencil     POD
3    ABC   red      pen     POD
4    POD black      mug     NaN
5    POD green  ashtray     NaN

>>> pd.merge(frame1,frame2,on='id',how='left')
  brand_x color     id brand_y
0    OMG white    ball     ABC
1    ABC   red  pencil     OMG
2    ABC   red  pencil     POD
3    ABC   red     pen     POD
4    POD black    mug     NaN
5    POD green ashtray     NaN
>>> pd.merge(frame1,frame2,on='id',how='right')
  brand_x color     id brand_y
0    OMG white    ball     ABC
1    ABC   red  pencil     OMG
2    ABC   red  pencil     POD
3    ABC   red     pen     POD
```

要合并多个键，则把多个键赋给 on 选项。

```
>>> pd.merge(frame1,frame2,on=['id','brand'],how='outer')
  brand  color        id
0   OMG  white      ball
1   ABC    red    pencil
2   ABC    red       pen
3   POD  black       mug
4   POD  green   ashtray
5   OMG    NaN    pencil
6   POD    NaN    pencil
7   ABC    NaN      ball
8   POD    NaN       pen
```

根据索引合并

有时，合并操作不用 DataFrame 的列而用索引作为键。把 left_index 和 right_index 选项的值置为 True，将其激活，就可将其作为合并 DataFrame 的基准。

```
>>> pd.merge(frame1,frame2,right_index=True, left_index=True)
  brand_x  color     id_x brand_y     id_y
0     OMG  white     ball     OMG   pencil
1     ABC    red   pencil     POD   pencil
2     ABC    red      pen     ABC     ball
3     POD  black      mug     POD      pen
```

但是 DataFrame 对象的 join() 函数更适合根据索引进行合并。还可以用它合并多个索引相同或索引相同但列却不同的 DataFrame 对象。

输入以下代码：

```
>>> frame1.join(frame2)
```

pandas 将会给出错误信息，因为 frame1 的列名称与 frame2 有重合。因此在使用 join() 函数之前，要重命名 frame2 的列。

```
>>> frame2.columns = ['brand2','id2']
>>> frame1.join(frame2)
  brand  color        id brand2      id2
0   OMG  white      ball    OMG   pencil
1   ABC    red    pencil    POD   pencil
2   ABC    red       pen    ABC     ball
3   POD  black       mug    POD      pen
4   POD  green   ashtray    NaN      NaN
```

上述合并操作是以索引而不是列为基准。合并后得到的 DataFrame 对象包含只存在于 frame1 中的索引 4，但是整合自 frame2、索引号为 4 的各元素均为 NaN。

6.2　拼接

另外一种数据整合操作叫作**拼接**（concatenation）。NumPy 的 concatenate() 函数就是用于数组的拼接操作。

```
>>> array1 = np.arange(9).reshape((3,3))
>>> array1
array([[0, 1, 2],
       [3, 4, 5],
       [6, 7, 8]])
>>> array2 = np.arange(9).reshape((3,3))+6
>>> array2
array([[ 6,  7,  8],
       [ 9, 10, 11],
       [12, 13, 14]])
>>> np.concatenate([array1,array2],axis=1)
array([[ 0,  1,  2,  6,  7,  8],
       [ 3,  4,  5,  9, 10, 11],
       [ 6,  7,  8, 12, 13, 14]])
>>> np.concatenate([array1,array2],axis=0)
array([[ 0,  1,  2],
       [ 3,  4,  5],
       [ 6,  7,  8],
       [ 6,  7,  8],
       [ 9, 10, 11],
       [12, 13, 14]])
```

pandas 库以及它的 Series 和 DataFrame 等数据结构实现了带编号的轴，它可以进一步扩展数组拼接功能。pandas 的 concat() 函数实现了按轴拼接的功能。

```
>>> ser1 = pd.Series(np.random.rand(4), index=[1,2,3,4])
>>> ser1
1    0.636584
2    0.345030
3    0.157537
4    0.070351
dtype: float64
>>> ser2 = pd.Series(np.random.rand(4), index=[5,6,7,8])
>>> ser2
5    0.411319
6    0.359946
7    0.987651
8    0.329173
dtype: float64
>>> pd.concat([ser1,ser2])
1    0.636584
2    0.345030
3    0.157537
4    0.070351
5    0.411319
6    0.359946
7    0.987651
8    0.329173
dtype: float64
```

concat() 函数默认按照 axis=0 这条轴拼接数据，返回 Series 对象。如果指定 axis=1，返回结果将是 DataFrame 对象。

```
>>> pd.concat([ser1,ser2],axis=1)
          0        1
1  0.636584      NaN
```

```
2   0.345030       NaN
3   0.157537       NaN
4   0.070351       NaN
5       NaN    0.411319
6       NaN    0.359946
7       NaN    0.987651
8       NaN    0.329173
```

这种操作的问题是，从结果中无法识别被拼接的部分。假如想在用于拼接的轴上创建等级索引，就需要借助 keys 选项来完成。

```
>>> pd.concat([ser1,ser2], keys=[1,2])
1   1    0.636584
    2    0.345030
    3    0.157537
    4    0.070351
2   5    0.411319
    6    0.359946
    7    0.987651
    8    0.329173
dtype: float64
```

按照 axis=1 拼接 Series 对象，所指定的键变为拼接后得到的 DataFrame 对象各列的名称。

```
>>> pd.concat([ser1,ser2], axis=1, keys=[1,2])
        1         2
1   0.636584       NaN
2   0.345030       NaN
3   0.157537       NaN
4   0.070351       NaN
5       NaN    0.411319
6       NaN    0.359946
7       NaN    0.987651
8       NaN    0.329173
```

截至目前前面拼接的都是 Series 对象，而 DataFrame 对象的拼接方法与之相同。

```
>>> frame1 = pd.DataFrame(np.random.rand(9).reshape(3,3), index=[1,2,3],
columns=['A','B','C'])
>>> frame2 = pd.DataFrame(np.random.rand(9).reshape(3,3), index=[4,5,6],
columns=['A','B','C'])
>>> pd.concat([frame1, frame2])
        A         B         C
1   0.400663  0.937932  0.938035
2   0.202442  0.001500  0.231215
3   0.940898  0.045196  0.723390
4   0.568636  0.477043  0.913326
5   0.598378  0.315435  0.311443
6   0.619859  0.198060  0.647902

>>> pd.concat([frame1, frame2], axis=1)
        A         B         C         A         B         C
1   0.400663  0.937932  0.938035       NaN       NaN       NaN
2   0.202442  0.001500  0.231215       NaN       NaN       NaN
3   0.940898  0.045196  0.723390       NaN       NaN       NaN
```

4	NaN	NaN	NaN	0.568636	0.477043	0.913326
5	NaN	NaN	NaN	0.598378	0.315435	0.311443
6	NaN	NaN	NaN	0.619859	0.198060	0.647902

6.2.1 组合

还有一种情况，无法通过合并或拼接方法组合数据。例如，两个数据集的索引完全或部分重合。

combine_first()函数可以用来组合 Series 对象，同时对齐数据。

```
>>> ser1 = pd.Series(np.random.rand(5),index=[1,2,3,4,5])
>>> ser1
1    0.942631
2    0.033523
3    0.886323
4    0.809757
5    0.800295
dtype: float64
>>> ser2 = pd.Series(np.random.rand(4),index=[2,4,5,6])
>>> ser2
2    0.739982
4    0.225647
5    0.709576
6    0.214882
dtype: float64
>>> ser1.combine_first(ser2)
1    0.942631
2    0.033523
3    0.886323
4    0.809757
5    0.800295
6    0.214882
dtype: float64
>>> ser2.combine_first(ser1)
1    0.942631
2    0.739982
3    0.886323
4    0.225647
5    0.709576
6    0.214882
dtype: float64
```

反之，如果想进行部分合并，仅指定要合并的部分即可。

```
>>> ser1[:3].combine_first(ser2[:3])
1    0.942631
2    0.033523
3    0.886323
4    0.225647
5    0.709576
dtype: float64
```

6.2.2　轴向旋转

除了整合以统一来自不同数据源的数据，另外一种常用操作是**轴向旋转**（pivoting）。实际应用中，按行或列调整元素并不总能满足目标。有时，需要按照行重新调整列的元素或是按列调整行。

1. 按等级索引旋转

前面讲过，DataFrame 对象支持等级索引。可以利用这一点，重新调整 DataFrame 对象中的数据。轴向旋转有两个基础操作。

❑ **入栈**（stacking）：旋转数据结构，把列转换为行。

❑ **出栈**（unstacking）：把行转换为列。

```
>>> frame1 = pd.DataFrame(np.arange(9).reshape(3,3),
...                       index=['white','black','red'],
...                       columns=['ball','pen','pencil'])
>>> frame1
      ball  pen  pencil
white    0    1       2
black    3    4       5
red      6    7       8
```

对 DataFrame 对象应用 stack()函数，会把列转换为行，从而得到一个 Series 对象[①]：

```
>>> ser5 = frame1.stack()
white ball    0
      pen     1
      pencil  2
black ball    3
      pen     4
      pencil  5
red   ball    6
      pen     7
      pencil  8
dtype: int32
```

在这个具有等级索引结构的 Series 对象上执行 unstack()操作，可以重建之前的 DataFrame 对象，从而可以以数据透视表的形式来展示 Series 对象中的等级索引结构。

```
>>> ser5.unstack()
      ball  pen  pencil
white    0    1       2
black    3    4       5
red      6    7       8
```

出栈操作可以应用于不同的层级，为 unstack()函数传入表示层级的编号或名称，即可对相应层级进行操作。

---

① 这个 Series 对象就是下面提到的 ser5。

```
>>> ser5.unstack(0)
       white  black   red
ball       0      3     6
pen        1      4     7
pencil     2      5     8
```

2. 从"长"格式向"宽"格式旋转

数据集最通用的存储方式是，数据严格按照指定的字段进行记录，每一条数据作为一行写入 CSV 等文本文件或数据库表。如果数据来自仪器的读数，或是通过迭代计算得到的，或是由人工输入的一系列元素组成的，那么数据的格式很可能就是以上述方式存储的。例如，日志文件与这种文件类型具有相似的特点，它就是由一行行数据组成的。

该类数据集的特点是各列都有数据项，每一列后面的数据常常会跟前面的有所重复，并且这类数据常常为列表形式，可以把它称作**长格式**或**栈格式**。

下面的 DataFrame 对象有助于说明这个概念。

```
>>> longframe = pd.DataFrame({ 'color':['white','white','white',
...                                     'red','red','red',
...                                     'black','black','black'],
...                            'item':['ball','pen','mug',
...                                    'ball','pen','mug',
...                                    'ball','pen','mug'],
...                            'value': np.random.rand(9)})
>>> longframe
   color item     value
0  white ball  0.091438
1  white  pen  0.495049
2  white  mug  0.956225
3    red ball  0.394441
4    red  pen  0.501164
5    red  mug  0.561832
6  black ball  0.879022
7  black  pen  0.610975
8  black  mug  0.093324
```

然而，这种记录数据的模式有几个缺点。例如其中一个缺点是，因为一些字段具有多样性和重复性特点，所以选取列作为键时，这种格式的数据可读性较差，尤其是无法完全理解基准列和其他列之间的关系。

除了长格式，还有一种把数据调整为表格形式的**宽格式**。这种模式可读性强，也易于连接其他表，且占用空间较少。因此用它存储数据通常效率更高，虽然它的可操作性差，这一点尤其体现在填充数据时。

如要选择一列或几列作为主键，所要遵循的规则是其中的元素必须是唯一的。

讲到格式转换，pandas 提供了能把长格式 DataFrame 转换为宽格式的 pivot() 函数，它以用作键的一列或多列为参数。

接着上面的例子，选择 color 列作为主键，item 列作为第 2 主键，而它们所对应的元素则作为 DataFrame 的新列。

```
>>> wideframe = longframe.pivot('color','item')
>>> wideframe
          value
item      ball       mug        pen
color
black    0.879022   0.093324   0.610975
red      0.394441   0.561832   0.501164
white    0.091438   0.956225   0.495049
```

如上所示，这种格式的 DataFrame 对象更加紧凑，它里面的数据可读性也更强。

6.2.3　删除

数据处理的最后一步是删除多余的列和行，第 4 章提过这部分内容。然而，内容完整起见，这里再重述一下。例如先定义一个 DataFrame 对象。

```
>>> frame1 = pd.DataFrame(np.arange(9).reshape(3,3),
...                       index=['white','black','red'],
...                       columns=['ball','pen','pencil'])
>>> frame1
       ball   pen   pencil
white    0     1       2
black    3     4       5
red      6     7       8
```

要删除一列，对 DataFrame 对象应用 del 命令，指定列名。

```
>>> del frame1['ball']
>>> frame1
       pen   pencil
white    1      2
black    4      5
red      7      8
```

要删除多余的行，使用 drop() 函数，将索引的名称作为参数。

```
>>> frame1.drop('white')
       pen   pencil
black    4      5
red      7      8
```

6.3　数据转换

前面介绍了如何准备数据以便对其进行分析。此过程实际体现在重组 DataFrame 中的数据上，可能要添加其他 DataFrame 或删除多余部分。

下面进行数据处理的第 2 步：数据转换。调整过数据的形式和结构之后，接下来很重要的一步是转换元素。下面将讨论数据转换的常见问题，以及用 pandas 函数解决这些问题的具体步骤。

在数据转换过程中，有些操作会涉及重复元素或无效元素，可能需要将其删除或替换为别的元素，而其他一些操作则跟删除索引相关，此外还有些步骤会涉及对数值或字符串类型的数据进行处理。

6.3.1 删除重复元素

出于多种原因，DataFrame 对象可能包含重复的行。在大型 DataFrame 中，检测重复的行可能会遇到各种问题。pandas 为此提供了多种工具，便于分析大型数据结构中的重复数据。

首先，创建一个包含重复行的简单 DataFrame 对象。

```
>>> dframe = pd.DataFrame({ 'color': ['white','white','red','red','white'],
...                         'value': [2,1,3,3,2]})
>>> dframe
   color value
0  white     2
1  white     1
2    red     3
3    red     3
4  white     2
```

DataFrame 对象的 duplicated()函数可用来检测重复的行，返回元素为布尔型的 Series 对象。每个元素对应一行，如果该行与其他行重复（即该行不是第 1 次出现），则元素为 True；如果跟前面不重复，则元素就为 False。

```
>>> dframe.duplicated()
0    False
1    False
2    False
3     True
4     True
dtype: bool
```

返回元素为布尔值的 Series 对象用处很大，特别适用于过滤操作。如果要寻找重复的行，输入以下命令即可：

```
>>> dframe[dframe.duplicated()]
   color  value
3    red      3
4  white      2
```

通常，所有重复的行都需要从 DataFrame 对象中删除。pandas 库的 drop_duplicates()函数实现了删除功能，该函数返回的是删除重复行后的 DataFrame 对象。

```
>>> dframe[dframe.duplicated()]
   color  value
3    red      3
4  white      2
```

6.3.2 映射

pandas 提供了几个利用映射关系来实现某些操作的函数，下面详细介绍。映射关系无非就是创建一个映射关系列表，把元素跟一个特定的标签或字符串绑定起来。

要定义映射关系，最好的对象莫过于 dict。

```
map = {
    'label1' : 'value1,
    'label2' : 'value2,
    ...
}
```

下面要讲的几个函数虽然执行的操作各不相同，但它们都接收 dict 对象作为参数。

❑ replace()：替换元素

❑ map()：新建一列

❑ rename()：替换索引

1. 用映射替换元素

组装完数据结构后，里面通常会有些元素不符合需求。例如，存在外语文本，一个元素是另一个元素的同义词，或者形状有出入。遇到这些情况，往往需要替换不同的元素。

举个例子，定义一个含有多种物体和颜色的 DataFrame 对象，其中有两种颜色不是用英语词汇来表示的。通常，组装数据时，有些元素的形式虽然不符合预期，但并没有对其进行处理。

```
>>> frame = pd.DataFrame({ 'item':['ball','mug','pen','pencil','ashtray'],
...                     'color':['white','rosso','verde','black','yellow'],
                        'price':[5.56,4.20,1.30,0.56,2.75]})
>>> frame
    color     item    price
0   white     ball    5.56
1   rosso     mug     4.20
2   verde     pen     1.30
3   black     pencil  0.56
4   yellow    ashtray 2.75
```

要用新元素替换不正确的元素，需要定义一组映射关系。在映射关系中，旧元素作为键，新元素作为值。

```
>>> newcolors = {
...     'rosso': 'red',
...     'verde': 'green'
... }
```

接下来，调用 replace()函数，传入表示映射关系的字典作为参数。

```
>>> frame.replace(newcolors)
    color     item   price
0   white     ball   5.56
1   red       mug    4.20
2   green     pen    1.30
3   black     pencil 0.56
4   yellow    ashtray 2.75
```

由结果可知，DataFrame 对象中两种旧颜色被替换为正确的元素。还有一种常见情况，是把 NaN 替换为其他值，比如 0。这种情况下，仍然可以用 replace()函数，它能优雅地完成该项操作。

```
>>> ser = pd.Series([1,3,np.nan,4,6,np.nan,3])
>>> ser
```

```
0    1.0
1    3.0
2    NaN
3    4.0
4    6.0
5    NaN
6    3.0
dtype: float64
>>> ser.replace(np.nan,0)
0    1.0
1    3.0
2    0.0
3    4.0
4    6.0
5    0.0
6    3.0
dtype: float64
```

2. 用映射添加元素

上例用映射关系替换元素。接下来这个例子将继续探索映射的用途。我们将利用映射关系从另外一个数据结构获取元素，将其添加到目标数据结构的列中。映射对象总是要单独定义的。

```
>>> frame = pd.DataFrame({ 'item':['ball','mug','pen','pencil','ashtray'],
...                        'color':['white','red','green','black','yellow']})
>>> frame
    color    item
0   white    ball
1     red     mug
2   green     pen
3   black  pencil
4  yellow ashtray
```

假如想往 DataFrame 中添加一列商品价格信息。添加之前，假定有一份价格清单，记录了每种商品的价格，只不过它在别处。再定义一个 dict 对象，它里面是一列商品及其价格信息。

```
>>> price = {
...     'ball' : 5.56,
...     'mug' : 4.20,
...     'bottle' : 1.30,
...     'scissors' : 3.41,
...     'pen' : 1.30,
...     'pencil' : 0.56,
...     'ashtray' : 2.75
... }
```

map()函数可应用于 Series 对象或 DataFrame 对象的一列，它接收一个函数或表示映射关系的字典对象作为参数。这里，在 DataFrame 的 item 这一列应用映射关系，用字典 price 作为参数，为 DataFrame 对象添加 price 列。

```
>>> frame['price'] = frame['item'].map(price)
>>> frame
    color    item   price
```

```
0    white      ball      5.56
1      red       mug      4.20
2    green       pen      1.30
3    black    pencil      0.56
4   yellow   ashtray      2.75
```

3. 重命名轴索引

可以采用跟操作 Series 和 DataFrame 对象的元素类似的方法，使用映射关系转换轴标签。pandas 的 rename()函数，以表示映射关系的 dict 对象作为参数，替换轴的索引标签。

```
>>> frame
    color     item    price
0   white     ball     5.56
1     red      mug     4.20
2   green      pen     1.30
3   black   pencil     0.56
4  yellow  ashtray     2.75
>>> reindex = {
...    0: 'first',
...    1: 'second',
...    2: 'third',
...    3: 'fourth',
...    4: 'fifth'}
>>> frame.rename(reindex)
          color     item    price
first     white     ball     5.56
second      red      mug     4.20
third     green      pen     1.30
fourth    black   pencil     0.56
fifth    yellow  ashtray     2.75
```

如上所示，索引被重命名。若要重命名各列，必须使用 columns 选项。接下来把两个映射对象分别赋给 index 和 columns 选项。

```
>>> recolumn = {
...    'item':'object',
...    'price': 'value'}
>>> frame.rename(index=reindex, columns=recolumn)
          color    object    value
first     white      ball     5.56
second      red       mug     4.20
third     green       pen     1.30
fourth    black    pencil     0.56
fifth    yellow   ashtray     2.75
```

对于只有单个元素要替换的最简单情况，可以进一步限定传入的参数，而无须把多个变量都写出来，也避免产生多次赋值操作。

```
>>> frame.rename(index={1:'first'}, columns={'item':'object'})
          color    object    price
0         white      ball     5.56
first       red       mug     4.20
```

```
2        green        pen    1.30
3        black      pencil   0.56
4       yellow     ashtray   2.75
```

前面这几个例子，rename()函数返回一个经过改动的新 DataFrame 对象，但原 DataFrame 对象仍保持不变。如果要改变调用函数的对象本身，可使用 inplace 选项，并将其值置为 True。

```
>>> frame.rename(columns={'item':'object'}, inplace=True)
>>> frame
    color   object  price
0   white     ball   5.56
1     red      mug   4.20
2   green      pen   1.30
3   black   pencil   0.56
4  yellow  ashtray   2.75
```

6.4　离散化和面元划分

下面讲解**离散化**这个更为复杂的数据转换过程。有时，尤其是在实验中，要处理的大量数据为连续型的。然而为了便于分析它们，需要把数据打散为几类，例如把（仪器）读数的取值范围划分为一个个小区间，统计每个区间的元素数量或其他统计量。另外一种情况是，为了精确测量总体，采集了大量个体的数据。这种情况下，为了便于数据分析，也需要把元素分成几类，然后分别分析每类的个体数量及其他统计量。

举个例子，假如得到的实验读数介于 0~100，且这些数据以列表形式存储。

```
>>> results = [12,34,67,55,28,90,99,12,3,56,74,44,87,23,49,89,87]
```

已知实验数据的范围为 0~100，因而可以把数据范围均分，比如分为 4 部分，也就是 4 个面元(bin)。第 1 个面元包含 0~25 的值，第 2 个为 26~50，第 3 个为 51~75，最后一个为 76~100。用 pandas 划分面元之前，首先要定义一个数组，存储用于面元划分的各数值。

```
>>> bins = [0,25,50,75,100]
```

然后，对 results 数组应用 cut()函数，同时传入 bins 变量作为参数。

```
>>> cat = pd.cut(results, bins)
>>> cat
  (0, 25]
  (25, 50]
  (50, 75]
  (50, 75]
  (25, 50]
 (75, 100]
 (75, 100]
  (0, 25]
  (0, 25]
  (50, 75]
  (50, 75]
  (25, 50]
```

```
  (75, 100]
   (0, 25]
  (25, 50]
  (75, 100]
  (75, 100]
Levels (4): Index(['(0, 25]', '(25, 50]', '(50, 75]', '(75, 100]'], dtype=object)
```

cut()函数返回的对象为 Categorical（类别型）类型，可以将其看作一个字符串数组，其元素为面元的名称。该对象内部的 categories 数组为不同内部类别的名称，codes 数组的元素数量跟 results 数组（即划分成各面元的数组）相同，codes 数组的各数字表示 results 元素所属的面元。

```
>>> cat.categories
IntervalIndex([0, 25], (25, 50], (50, 75], (75, 100]]
              closed='right'
              dtype='interval[int64]')
>>> cat.codes
array([0, 1, 2, 2, 1, 3, 3, 0, 0, 2, 2, 1, 3, 0, 1, 3, 3], dtype=int8)
```

如果想知道每个面元的出现次数，即每类的元素数量，可使用 value_counts()函数。

```
>>> pd.value_counts(cat)
(75, 100]     5
(0, 25]       4
(25, 50]      4
(50, 75]      4
dtype: int64
```

如上所示，每类的下限用小括号表示，上限用方括号表示。这种标记方法与标识数字范围的数学标记方法一致。如果小括号换为方括号，表示数字属于该范围（闭区间）；如果用小括号，表示数字不属于该范围（开区间）。

可以用字符串数组指定面元的名称，把它赋给 cut()函数的 labels 选项，然后用该函数创建 Categorical 对象。

```
>>> bin_names = ['unlikely','less likely','likely','highly likely']
>>> pd.cut(results, bins, labels=bin_names)
        unlikely
     less likely
          likely
          likely
     less likely
   highly likely
   highly likely
        unlikely
        unlikely
          likely
          likely
     less likely
   highly likely
        unlikely
```

```
     less likely
 highly likely
 highly likely
 Levels (4): Index(['unlikely', 'less likely', 'likely', 'highly likely'], dtype=object)
```

若不指定面元的各界限，而只传入一个整数作为参数，cut()函数就会按照指定的数字，把数组元素的取值范围划分为相应的几部分。

每个区间的上下限取决于样本数据（也就是要划分面元的数组）的最小值和最大值。

```
>>> pd.cut(results, 5)
 (2.904, 22.2]
 (22.2, 41.4]
 (60.6, 79.8]
 (41.4, 60.6]
 (22.2, 41.4]
   (79.8, 99]
   (79.8, 99]
 (2.904, 22.2]
 (2.904, 22.2]
 (41.4, 60.6]
 (60.6, 79.8]
 (41.4, 60.6]
   (79.8, 99]
 (22.2, 41.4]
 (41.4, 60.6]
   (79.8, 99]
   (79.8, 99]
 Levels (5): Index(['(2.904, 22.2]', '(22.2, 41.4]', '(41.4, 60.6]',
                 '(60.6, 79.8]', '(79.8, 99]'], dtype=object)
```

除了 cut()函数，pandas 还有一个划分面元的函数：qcut()。这个函数直接把样本分成 5 个面元。用 cut()函数划分得到的面元，每个面元的个体数量不同，具体跟数据样例的分布相关。而 qcut()函数能保证每个面元的个体数相同，但每个面元的区间大小不等。

```
>>> quintiles = pd.qcut(results, 5)
>>> quintiles
     [3, 24]
    (24, 46]
  (62.6, 87]
  (46, 62.6]
    (24, 46]
    (87, 99]
    (87, 99]
     [3, 24]
     [3, 24]
  (46, 62.6]
  (62.6, 87]
    (24, 46]
  (62.6, 87]
     [3, 24]
  (46, 62.6]
    (87, 99]
```

```
 (62.6, 87]
Levels (5): Index(['[3, 24]', '(24, 46]', '(46, 62.6]', '(62.6, 87]',
                   '(87, 99]'], dtype=object)

>>> pd.value_counts(quintiles)
[3, 24]       4
(62.6, 87]    4
(87, 99]      3
(46, 62.6]    3
(24, 46]      3
dtype: int64
```

如上所示，qcut()函数和 cut()函数所生成的区间具有不同的边界。具体而言，如果查看各面元所包含的个体数量，就会发现 qcut()函数尝试为每个面元划分等量个体。但在这个例子中，前两个面元的个体数量比后面几个多，这是因为 results 个体数量无法被 5 整除。

异常值检测和过滤

数据分析过程中，经常需要检测数据结构中的异常值。例如先创建一个包含 3 列的 DataFrame 对象，每一列都包含 1000 个随机数。

```
>>> randframe = pd.DataFrame(np.random.randn(1000,3))
```

可以用 describe()函数查看每一列的描述性统计量。

```
>>> randframe.describe()
                 0            1            2
count  1000.000000  1000.000000  1000.000000
mean      0.021609    -0.022926    -0.019577
std       1.045777     0.998493     1.056961
min      -2.981600    -2.828229    -3.735046
25%      -0.675005    -0.729834    -0.737677
50%       0.003857    -0.016940    -0.031886
75%       0.738968     0.619175     0.718702
max       3.104202     2.942778     3.458472
```

例如可能会将比标准差大 3 倍的元素视作异常值。用 std()函数就可以求得 DataFrame 对象每一列的标准差。

```
>>> randframe.std()
0    1.045777
1    0.998493
2    1.056961
dtype: float64
```

然后根据每一列的标准差，对 DataFrame 对象的所有元素进行过滤。借助 any()函数，就可以对每一列应用筛选条件。

```
>>> randframe[(np.abs(randframe) > (3*randframe.std())).any(1)]
            0         1         2
69  -0.442411 -1.099404  3.206832
576 -0.154413 -1.108671  3.458472
907  2.296649  1.129156 -3.735046
```

6.5　排序

用 numpy.random.permutation()函数，调整 Series 对象或 DataFrame 对象各行的顺序（随机排序）很简单。

举个例子，创建一个元素为整数且按照升序排列的 DataFrame 对象。

```
>>> nframe = pd.DataFrame(np.arange(25).reshape(5,5))
>>> nframe
    0   1   2   3   4
0   0   1   2   3   4
1   5   6   7   8   9
2  10  11  12  13  14
3  15  16  17  18  19
4  20  21  22  23  24
```

用 permutation()函数创建一个包含 0~4（顺序随机）这 5 个整数的数组。下面按照这个数组元素的顺序为 DataFrame 对象的行排序。

```
>>> new_order = np.random.permutation(5)
>>> new_order
array([2, 3, 0, 1, 4])
```

对 DataFrame 对象的所有行应用 take()函数，把新的次序传给它。

```
>>> nframe.take(new_order)
    0   1   2   3   4
2  10  11  12  13  14
3  15  16  17  18  19
0   0   1   2   3   4
1   5   6   7   8   9
4  20  21  22  23  24
```

如上所示，DataFrame 对象各行的位置已发生改变。新索引的顺序跟 new_order 数组的元素顺序保持一致。

此外，还可以只对 DataFrame 对象的一部分进行排序操作。它将生成一个数组，只包含特定索引范围的数据。例如这里的 2~4。

```
>>> new_order = [3,4,2]
>>> nframe.take(new_order)
    0   1   2   3   4
3  15  16  17  18  19
4  20  21  22  23  24
2  10  11  12  13  14
```

随机取样

上面刚讲了如何通过指定排列次序，从 DataFrame 对象中抽取一部分数据。若 DataFrame 规模很大，有时可能需要从中随机取样，最快的方法莫过于使用 np.random.randint()函数。

```
>>> sample = np.random.randint(0, len(nframe), size=3)
>>> sample
```

```
array([1, 4, 4])
>>> nframe.take(sample)
   0   1   2   3   4
1  5   6   7   8   9
4  20  21  22  23  24
4  20  21  22  23  24
```

从随机取样这个例子可知，可以多次获取相同的样本。

6.6　字符串处理

Python 语言由于处理字符串和文本很方便，因而很受欢迎。大多数字符串操作用 Python 的内置函数就能轻松实现。字符串匹配及其他更为复杂的字符串处理，就有必要使用正则表达式了。

6.6.1　内置的字符串处理方法

常常需要将复合字符串分成几部分，分别赋给不同的变量。split()函数以参考点为分隔符，比如逗号，将文本分为几部分。

```
>>> text = '16 Bolton Avenue , Boston'
>>> text.split(',')
['16 Bolton Avenue ', 'Boston']
```

如上所示，切分后得到的第 1 个元素以空白字符结尾。这个问题很常见。为解决该问题，使用 split()函数切分后，还要再用 strip()函数删除多余的空白字符（包括换行符）。

```
>>> tokens = [s.strip() for s in text.split(',')]
>>> tokens
['16 Bolton Avenue', 'Boston']
```

这样就得到了一个字符串数组。如果元素数量较少且固定不变，可使用下面这种非常有意思的赋值方法：

```
>>> address, city = [s.strip() for s in text.split(',')]
>>> address
'16 Bolton Avenue'
>>> city
'Boston'
```

前面讲了文本的切分方法，通常还需要其逆操作，即把多个字符串拼接成一段长文本。
最直观和最简单的方法是用 + 运算符把几个文本片段拼接在一起。

```
>>> address + ',' + city
'16 Bolton Avenue, Boston'
```

若只有两三个字符串，这种拼接方法很好用。若要拼接很多字符串，更为实用的方法则是，在作为连接符的字符上调用 join()函数。

```
>>> strings = ['A+','A','A-','B','BB','BBB','C+']
>>> ';'.join(strings)
'A+;A;A-;B;BB;BBB;C+'
```

另一类字符串操作是查找子串。Python 的 in 关键字是检测子串的最好方法。

```
>>> 'Boston' in text
True
```

而这两个函数能实现字符串查找：index() 和 find()。

```
>>> text.index('Boston')
19
>>> text.find('Boston')
19
```

这两个函数均返回子串在字符串中的索引。但是，如若没能找到子串，这两个函数的表现有所不同。

```
>>> text.index('New York')
Traceback (most recent call last):
  File "<stdin>", line 1, in <module>
ValueError: substring not found
>>> text.find('New York')
-1
```

若子串找不到，index() 函数会报错，而 find() 函数会返回-1。再看看子串的其他操作，可以获知字符串或字符串组合在文本中的出现次数，用 count() 函数即可。

```
>>> text.count('e')
2
>>> text.count('Avenue')
1
```

针对字符串的另外一种操作是替换或删除字符串中的子串（或单个字符）。这两种操作都可以用 replace() 函数实现，比如用空字符替换子串，效果等同于删除子串。

```
>>> text.replace('Avenue','Street')
'16 Bolton Street, Boston'
>>> text.replace('1','')
'6 Bolton Avenue, Boston'
```

6.6.2　正则表达式

用正则表达式在文本中查找和匹配字符串模式很灵活。单条正则表达式常称作 regex，它是根据正则表达式语言编写的字符串。Python 内置的 re 模块用于操作 regex 对象。

只有先导入 re 模块，才能使用正则表达式。

```
>>> import re
```

re 模块所提供的函数可以分为 3 类：

❑ 模式匹配

❑ 替换

❑ 切分

下面举例说明。例如表示一个或多个空白字符的正则表达式为\s+。上一节用 split() 函数把文本切分为几部分。re 模块中也有一个执行相同操作的 split() 函数，只不过它能以正则表达式作为分隔符，使用起来更加灵活。

```
>>> text = "This is        an\t odd \n text!"
>>> re.split('\s+', text)
['This', 'is', 'an', 'odd', 'text!']
```

深入分析 re 模块的工作原理就能发现，调用 re.split() 函数时，首先编译正则表达式，然后在作为参数传入的文本上调用 split() 函数。可以用 re.compile() 函数编译正则表达式，得到一个可以重用的正则表达式对象，从而节省 CPU 周期。

在字符串组合或数组中，迭代查找子串时，预先编译正则表达式，能显著提升效率。

```
>>> regex = re.compile('\s+')
```

用 compile() 函数创建 regex 对象后，可直接像下面这样调用它的 split() 方法。

```
>>> regex.split(text)
['This', 'is', 'an', 'odd', 'text!']
```

findall() 函数可匹配文本中所有符合正则表达式的子串。该函数返回一个列表，元素为文本中所有符合正则表达式的子串。

例如想找出字符串中所有以大写字母 A 开头的单词，或者不区分大小写，需要使用以下代码。

```
>>> text = 'This is my address: 16 Bolton Avenue, Boston'
>>> re.findall('A\w+',text)
['Avenue']
>>> re.findall('[A,a]\w+',text)
['address', 'Avenue']
```

跟 findall() 函数相关的另外两个函数是：match() 和 search()。findall() 函数返回一列所有符合模式的子串，而 search() 函数仅返回第 1 处符合模式的子串。此外，后者的返回结果为一个特殊类型的对象：

```
>>> re.search('[A,a]\w+',text)
<_sre.SRE_Match object; span=(11, 18), match='address'>
```

该对象并不包含符合模式的子串，而是返回子串在字符串中的起始位置和结束位置。

```
>>> search = re.search('[A,a]\w+',text)
>>> search.start()
11
>>> search.end()
18
>>> text[search.start():search.end()]
'address'
```

match() 函数从字符串开头开始匹配。如果第 1 个字符就不匹配，它不会再搜索字符串内部。如果没能找到任何匹配的子串，它不会返回任何对象。

```
>>> re.match('[A,a]\w+',text)
>>>
```

如果 match()函数有返回内容，则它所返回的对象与 search()函数返回的相同。

```
>>> re.match('T\w+',text)
<_sre.SRE_Match object; span=(0, 4), match='This'>
>>> match = re.match('T\w+',text)
>>> text[match.start():match.end()]
'This'
```

6.7 数据聚合

数据处理的最后一步为数据聚合，通常涉及数据转换，即操作数组生成整数值。前面已讲过多种数据聚合操作，例如 sum()、mean()和 count()。这些函数均是操作一组数据，得到的结果只有一个数值。然而，对数据进行分类等聚合操作更为正式，对数据的控制力更强。

数据分类是为了把数据分成不同的组，通常是数据分析的关键步骤。之所以把它归到数据转换过程，是因为先把数据分成几组，再为不同组的数据应用不同的函数以转换数据。分组和应用函数这两个阶段经常用一步来完成。

对于数据分类，pandas 提供了非常灵活和高效的 GroupBy 工具。

跟 join 操作类似，熟悉关系型数据库和 SQL 语言的读者将会发现，GroupBy 和他们所使用的方法具有相似性。然而像 SQL 这类语言，它们的分组能力很有限。实际上，若使用 Python 这样非常灵活的编程语言，再加上 pandas 等库，可以实现很复杂的分组操作。

6.7.1 GroupBy

下面详细讲解 GroupBy 过程及其工作原理。GroupBy 通常指的是它的内部机制——SPLIT-APPLY-COMBINE（分组–用函数处理–合并结果）过程。它的操作模式由 3 个阶段组成，每个阶段可以用一种操作来准确地表示。

❑ 分组：将数据集分成多个组
❑ 用函数处理：用函数处理每一组
❑ 合并：把不同组得到的结果合并起来

接着详细分析上述 3 个阶段（图 6-1）。在第 1 个阶段，即分组阶段，根据给定标准，把 Series 或 DataFrame 等数据结构中的数据分为几个不同的组，分组标准常与索引或某一列的具体元素相关。用 SQL 的行话来说，作为分组标准的这一列被称作键。具体而言，如果处理的是 DataFrame 等二维对象，分组标准可以既应用于行（axis=0），也应用于列（axis=1）。

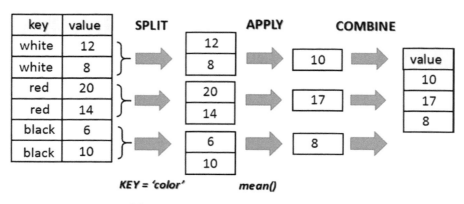

图 6-1 SPLIT-APPLY-COMBINE 原理

第 2 个阶段也称作"用函数处理"，使用函数处理或者执行由函数定义的计算，为每组数据生成单个值。

最后一步为合并，汇集每一组的结果，合并成一个新对象。

6.7.2 实例

前面讲过，pandas 的数据聚合过程可分为 SPLIT-APPLY-COMBINE3 个阶段。pandas 并没有使用预想的 3 个函数来表示这个过程，而是只使用了 groupby()函数，它生成的 GroupBy 对象是整个过程的核心。

为了更好地解释它的工作原理，下面举例说明。首先，定义一个既包含数值又包含字符串的 DataFrame 对象。

```
>>> frame = pd.DataFrame({ 'color': ['white','red','green','red','green'],
...                        'object': ['pen','pencil','pencil','ashtray','pen'],
...                        'price1' : [5.56,4.20,1.30,0.56,2.75],
...                        'price2' : [4.75,4.12,1.60,0.75,3.15]})
>>> frame
    color   object  price1  price2
0   white      pen    5.56    4.75
1     red   pencil    4.20    4.12
2   green   pencil    1.30    1.60
3     red  ashtray    0.56    0.75
4   green      pen    2.75    3.15
```

假如想使用 color 列的组标签，计算 price1 列的均值，方法有多种。例如可以先获取 price1 列，然后调用 groupby()函数，用参数指定 color 这一列。

```
>>> group = frame['price1'].groupby(frame['color'])
>>> group
<pandas.core.groupby.SeriesGroupBy object at 0x00000000098A2A20>
```

得到的对象为 GroupBy 对象。刚才的操作其实没有进行任何计算，它只是把计算均值所需的全部信息放到了一起，其实就是分组操作，把含有相同颜色的行分到同一个组。

调用 GroupBy 对象的 groups 属性，下面看一下 DataFrame 各行的分组详情。

```
>>> group.groups
{'green': Int64Index([2, 4], dtype='int64'),
 'red': Int64Index([1, 3], dtype='int64'),
 'white': Int64Index([0], dtype='int64')}
```

如上所示，每个组都指定好了它所包含的行。这样就可以对每组进行操作以获取结果了。

```
>>> group.mean()
color
green    2.025
red      2.380
white    5.560
Name: price1, dtype: float64
>>> group.sum()
color
green    4.05
red      4.76
white    5.56
Name: price1, dtype: float64
```

6.7.3 等级分组

前面讲过用一列元素作为键为数据分组。同理，还可以用多列，也就是使用多个键，按照等级关系分组。

```
>>> ggroup = frame['price1'].groupby([frame['color'],frame['object']])
>>> ggroup.groups
{('green', 'pen'): Int64Index([4], dtype='int64'),
 ('green', 'pencil'): Int64Index([2], dtype='int64'),
 ('red', 'ashtray'): Int64Index([3], dtype='int64'),
 ('red', 'pencil'): Int64Index([1], dtype='int64'),
 ('white', 'pen'): Int64Index([0], dtype='int64')}

>>> ggroup.sum()
color   object
green   pen       2.75
        pencil    1.30
red     ashtray   0.56
        pencil    4.20
white   pen       5.56
Name: price1, dtype: float64
```

前面对一列数据进行了分类。实际上，可以按照多列数据或整个 DataFrame 把数据分为几组。如果不想重复使用 GroupBy 对象，最简便的方法是一次就把所有的分组依据和计算方法都指定好，而无须定义任何中间变量。

```
>>> frame[['price1','price2']].groupby(frame['color']).mean()
        price1   price2
color
green   2.025    2.375
```

```
red      2.380    2.435
white    5.560    4.750
>>> frame.groupby(frame['color']).mean()
       price1 price2
color
green    2.025  2.375
red      2.380  2.435
white    5.560  4.750
```

6.8　组迭代

GroupBy 对象还支持迭代操作，它可以生成一系列元组，每个元组由各组名称及其数据部分组成。

```
>>> for name, group in frame.groupby('color'):
...     print(name)
...     print(group)
...
green
   color object  price1 price2
2  green pencil    1.30   1.60
4  green    pen    2.75   3.15
red
   color  object  price1 price2
1    red  pencil    4.20   4.12
3    red ashtray    0.56   0.75
white
   color object price1 price2
0  white    pen   5.56   4.75
```

这个例子中，只执行了输出变量的操作以了解详细信息。在实际应用中，可用具体的函数替换输出操作。

6.8.1　链式转换

从上述几个分组操作的例子中可以发现，用函数进行计算或执行其他操作时，不管各组是怎么得到的以及选取标准是什么，最终结果不是 Series（如果只选择一列数据）就是 DataFrame 数据结构，它们保留了索引系统和列名称。

```
>>> result1 = frame['price1'].groupby(frame['color']).mean()
>>> type(result1)
<class 'pandas.core.series.Series'>
>>> result2 = frame.groupby(frame['color']).mean()
>>> type(result2)
<class 'pandas.core.frame.DataFrame'>
```

因此，在 GroupBy 过程的任何一个阶段都可以任意选择一列数据。下面分别在任一阶段选择一列数据。该例子展示了 pandas 库在分组操作上的巨大灵活性。

```
>>> frame['price1'].groupby(frame['color']).mean()
color
green    2.025
red      2.380
white    5.560
Name: price1, dtype: float64
>>> frame.groupby(frame['color'])['price1'].mean()
color
green    2.025
red      2.380
white    5.560
Name: price1, dtype: float64
>>> (frame.groupby(frame['color']).mean())['price1']
color
green    2.025
red      2.380
white    5.560
Name: price1, dtype: float64
```

此外，执行聚合操作后，某些列的名称可能存在表意不明确的现象。这时，在列名称前加上描述操作类型的前缀很有用。注意，添加前缀而不是完全替换名称，这样可以便于跟踪聚合数据的源数据。如果采用的是链式转换过程（DataFrame 之间存在生成关系），而又需要保留和源数据的对应关系，就可以使用这种方法。

```
>>> means = frame.groupby('color').mean().add_prefix('mean_')
>>> means
      mean_price1 mean_price2
color
green      2.025       2.375
red        2.380       2.435
white      5.560       4.750
```

6.8.2　分组函数

虽然很多函数不是专门为 GroupBy 对象实现的，它们却适用于 Series 数据结构。前面讲过如何从 GroupBy 对象得到 Series 对象，即指定列名称，然后用函数执行计算就可以。例如可以用 quantile() 函数计算分位数。

```
>>> group = frame.groupby('color')
>>> group['price1'].quantile(0.6)
color
green    2.170
red      2.744
white    5.560
Name: price1, dtype: float64
```

还可以自定义聚合函数。定义好函数后，将其作为参数传给 agg() 函数。例如定义一个函数，计算每一组元素的取值范围。

```
>>> def range(series):
...       return series.max() - series.min()
...
>>> group['price1'].agg(range)
color
green    1.45
red      3.64
white    0.00
Name: price1, dtype: float64
```

可以对整个 DataFrame 对象应用 agg()函数。

```
>>> group.agg(range)
       price1  price2
color
green    1.45    1.55
red      3.64    3.37
white    0.00    0.00
```

还可以同时使用多个聚合函数，把存放有表示聚合操作类型的数组传给 agg()函数。这些操作将分别为 DataFrame 对象添加相应的新列。

```
>>> group['price1'].agg(['mean','std',range])
        mean       std  range
color
green  2.025  1.025305   1.45
red    2.380  2.573869   3.64
white  5.560       NaN   0.00
```

6.9   高级数据聚合

下面介绍 transform()函数和 apply()函数，它们可以用来执行多种甚至是非常复杂的组操作。

假如想把下面的内容放到同一个 DataFrame 对象中：原 DataFrame（含有数据的）和聚合操作（比如求和）得到的计算结果。

```
>>> frame = pd.DataFrame({ 'color':['white','red','green','red','green'],
...                        'price1':[5.56,4.20,1.30,0.56,2.75],
...                        'price2':[4.75,4.12,1.60,0.75,3.15]})
>>> frame
   color  price1  price2
0  white    5.56    4.75
1    red    4.20    4.12
2  green    1.30    1.60
3    red    0.56    0.75
4  green    2.75    3.15
>>> sums = frame.groupby('color').sum().add_prefix('tot_')
>>> sums
       tot_price1  tot_price2
color
green        4.05        4.75
```

```
red          4.76        4.87
white        5.56        4.75
>>> merge(frame,sums,left_on='color',right_index=True)
   color  price1  price2  tot_price1  tot_price2
0  white    5.56    4.75        5.56        4.75
1    red    4.20    4.12        4.76        4.87
3    red    0.56    0.75        4.76        4.87
2  green    1.30    1.60        4.05        4.75
4  green    2.75    3.15        4.05        4.75
```

可以用 merge()函数把聚合操作的计算结果添加到 DataFrame 对象的每一行。实际上，也可以用 transform()方法实现这种操作。该函数执行聚合操作的方式跟前面讲过的相同，但它还可以根据 DataFrame 对象每一行的关键字显示聚合结果。

```
>>> frame.groupby('color').transform(np.sum).add_prefix('tot_')
   tot_price1  tot_price2
0        5.56        4.75
1        4.76        4.87
2        4.05        4.75
3        4.76        4.87
4        4.05        4.75
```

如上所示，transform()函数更适用于聚合操作，但是它对参数有特定要求：作为参数的函数必须生成一个标量（聚合），因为只有这样才能进行广播[1]。

apply()函数则适用于执行更通用的 GroupBy 操作。这个方法完全实现了 SPLIT-APPLY-COMBINE 机制。它把对象分为几部分后，再用函数处理每一部分，各步骤之间用链式方法连接在一起。

```
>>> frame = pd.DataFrame( { 'color':['white','black','white','white','black','black'],
...                          'status':['up','up','down','down','down','up'],
...                          'value1':[12.33,14.55,22.34,27.84,23.40,18.33],
...                          'value2':[11.23,31.80,29.99,31.18,18.25,22.44]})
>>> frame
   color status  value1  value2
0  white     up   12.33   11.23
1  black     up   14.55   31.80
2  white   down   22.34   29.99
3  white   down   27.84   31.18
4  black   down   23.40   18.25
5  black     up   18.33   22.44

>>> frame.groupby(['color','status']).apply( lambda x: x.max())
               color status  value1  value2
color status
black down     black   down   23.40   18.25
      up       black     up   18.33   31.80
white down     white   down   27.84   31.18
      up       white     up   12.33   11.23
```

---

[1] NumPy 不同形状的数组做算术运算时的处理方法。短数组对长数组"广播"一遍，以保证它们同型。详见 http://docs.scipy.org/doc/numpy/user/basics.broadcasting.html。

```
>>> frame.rename(index=reindex, columns=recolumn)
         color    status    value1    value2
first    white    up        12.33     11.23
second   black    up        14.55     31.8
third    white    down      22.34     29.99
fourth   white    down      27.84     31.18
fifth    black    down      23.4      18.25
sixth    black    up        18.33     22.44
>>> temp = pd.date_range('1/1/2015', periods=10, freq= 'H')
>>> temp
DatetimeIndex(['2015-01-01 00:00:00', '2015-01-01 01:00:00',
               '2015-01-01 02:00:00', '2015-01-01 03:00:00',
               '2015-01-01 04:00:00', '2015-01-01 05:00:00',
               '2015-01-01 06:00:00', '2015-01-01 07:00:00',
               '2015-01-01 08:00:00', '2015-01-01 09:00:00'],
              dtype='datetime64[ns]', freq='H')
Length: 10, Freq: H, Timezone: None
>>> timeseries = pd.Series(np.random.rand(10), index=temp)
>>> timeseries
2015-01-01 00:00:00    0.368960
2015-01-01 01:00:00    0.486875
2015-01-01 02:00:00    0.074269
2015-01-01 03:00:00    0.694613
2015-01-01 04:00:00    0.936190
2015-01-01 05:00:00    0.903345
2015-01-01 06:00:00    0.790933
2015-01-01 07:00:00    0.128697
2015-01-01 08:00:00    0.515943
2015-01-01 09:00:00    0.227647
Freq: H, dtype: float64

>>> timetable = pd.DataFrame( {'date': temp, 'value1' : np.random.rand(10),
...                                          'value2' : np.random.rand(10)})
>>> timetable
                  date     value1    value2
0 2015-01-01 00:00:00   0.545737  0.772712
1 2015-01-01 01:00:00   0.236035  0.082847
2 2015-01-01 02:00:00   0.248293  0.938431
3 2015-01-01 03:00:00   0.888109  0.605302
4 2015-01-01 04:00:00   0.632222  0.080418
5 2015-01-01 05:00:00   0.249867  0.235366
6 2015-01-01 06:00:00   0.993940  0.125965
7 2015-01-01 07:00:00   0.154491  0.641867
8 2015-01-01 08:00:00   0.856238  0.521911
9 2015-01-01 09:00:00   0.307773  0.332822
```

接下来为上面的 DataFrame 对象再添加一列文本值，可以当作基准列使用。

```
>>> timetable['cat'] = ['up','down','left','left','up','up','down','right','right','up']
>>> timetable
                  Date     value1    value2   cat
0 2015-01-01 00:00:00   0.545737  0.772712    up
1 2015-01-01 01:00:00   0.236035  0.082847  down
```

```
2 2015-01-01 02:00:00  0.248293  0.938431     left
3 2015-01-01 03:00:00  0.888109  0.605302     left
4 2015-01-01 04:00:00  0.632222  0.080418       up
5 2015-01-01 05:00:00  0.249867  0.235366       up
6 2015-01-01 06:00:00  0.993940  0.125965     down
7 2015-01-01 07:00:00  0.154491  0.641867    right
8 2015-01-01 08:00:00  0.856238  0.521911    right
9 2015-01-01 09:00:00  0.307773  0.332822       up
```

上述 DataFrame 对象的基准列包含重复的键。

6.10　小结

　　本章介绍了数据处理的 3 个基本阶段：数据准备、数据转换和数据聚合，通过一系列例子讲解了实现这些操作的 pandas 函数。

　　本章还介绍了如何用这些函数处理简单的数据结构、它们的工作原理，以及如何将其用于更复杂的数据结构。

　　本章内容旨在为数据分析的下一阶段——数据可视化，准备数据集。

　　下一章将介绍 Python 库 matplotlib，它能将数据结构转换为各种图表。

6

## 第 7 章

用 matplotlib 实现数据可视化

前面介绍了 Python 用于数据处理的几个库，本章介绍实现数据可视化的库 matplotlib。

在数据分析工作中，人们往往对数据可视化这一步不够重视，但实际上它非常重要，因为错误或不充分的数据表示方法可能会毁掉原本很出色的数据分析工作。本章将介绍 matplotlib 库各方面的知识，包括它的架构以及怎样充分利用它。

7.1 matplotlib 库

matplotlib 库是专门用于开发 2D 图表（包括 3D 图表）的，近年来被广泛应用于科技圈。

在促使它成为使用最多的数据图形化表示工具的众多优点中，以下几点最为突出：

❏ 使用起来极其简单
❏ 以渐进、交互式方式实现数据可视化
❏ 表达式和文本使用 LaTeX 排版
❏ 对图像元素控制力更强
❏ 可输出 PNG、PDF、SVG 和 EPS 等多种格式

matplotlib 的设计初衷是在图形视图和句法形式方面尽可能重建跟 MATLAB 类似的环境。这种做法已斩获成功，因为它能充分利用已有软件（MATLAB）的设计经验。要知道 MATLAB 已面市多年，现今广泛应用于科技圈。因此，不但 matplotlib 所依据的工作模式对业内专家来说再熟悉不过，而且它还充分利用了多年来总结得到的优化经验，提升了使用的可推断性和简洁性。因此它非常适合刚接触数据可视化的人员使用，尤其是那些没有使用过任何 MATLAB 或类似应用的人。

除了简洁性和可推断性，matplotlib 还继承了 MATLAB 的**交互性**，即分析师可逐条输入命令，为数据生成渐趋完整的图形表示。这种模式很适合用 Jupyter QtConsole 和 Jupyter Notebook（参见第 2 章）等互动性更强的 Python 工具进行开发，这些工具所提供的数据分析环境堪与 Mathematica、IDL 和 MATLAB 相媲美。

在开发 matplotlib 这个出色的库时，天才的开发者使用并整合了先进的技术和强大的工具，而这两者当前仍为科学界所用。这不限于前面提过的 MATLAB 的操作模式等，matplotlib 还整合了 LaTeX 用以表示科学表达式和符号的文本格式模型。LaTeX 擅长展现科学表达式，所以它已

成为任何要用到积分、求和及微分等公式的科学出版物或文档所不可或缺的排版工具。因而，为了提升图表的表现力，matplotlib 整合了这个出色的工具。

此外，不容忽视的是，matplotlib 不是一个单独的应用，而是编程语言 Python 的一个库。因此，它还充分利用了编程语言所能提供的潜力。matplotlib 像是一个图形库，可通过编程来管理组成图表的图形元素，因此生成图形的全过程尽在其掌控之中。用编程方法生成图形，便于在多种环境中重新生成，尤其在改动或更新数据之后。

而且，由于 matplotlib 是一个 Python 库，所以用 Python 实现功能时，可充分利用所有 Python 开发人员都可以使用的其他各种库。实际上，虽然分析数据时，matplotlib 通常与 NumPy 和 pandas 等库配合使用，但其实其他很多库也都能无缝整合进来。

最后，用这个库编码实现的图形表示可以输出为最通用的图像格式（比如 PNG 和 SVG），可以方便地用于其他应用、文档和网页等。

7.2   安装

matplotlib 库的安装方法有多种。如果使用 Anaconda 或 Enthought Canopy 等发行版，则安装 matplotlib 非常简单。例如用 conda 包管理器安装，只需输入以下命令：

```
conda install matplotlib
```

如果要直接安装这个库，安装命令因操作系统而异。

Debian-Ubuntu Linux 系统，使用以下命令：

```
sudo apt-get install python-matplotlib
```

Fedora-Redhat Linux 系统，使用以下命令：

```
sudo yum install python-matplotlib
```

Windows 或 Mac OS X 系统，使用 pip 命令安装。

7.3   IPython 和 Jupyter QtConsole

为了熟悉 Python 世界所提供的所有工具，我尝试从命令行和 QtConsole 使用 IPython，以充分利用 IPython 增强过的终端的交互能力以及 QtConsole 直接在控制台显示图像的长处。

运行下述命令，启动 IPython：

```
ipython

Python 3.6.3 (default, Oct  15 2017, 03:27:45) [MSC v.1900 64 bit (AMD64)]
Type "copyright", "credits" or "license" for more information.

IPython 3.6.3 -- An enhanced Interactive Python. Type '?' for help.

In [1]:
```

然而，如果想在 Jupyter QtConsole 窗口以行内形式显示图像，请输入以下命令[①]：

```
jupyter qtconsole
```

新的 IPython 会话窗口会立即打开，如图 7-1 所示。

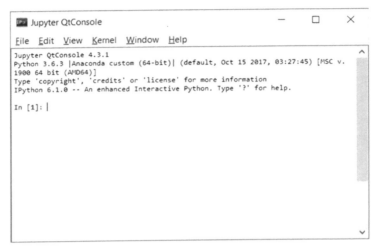

图 7-1　Jupyter QtConsole

可以继续使用标准的 Python 会话。假如不喜欢用 IPython 而想继续从终端使用 Python，本章的所有例子依然有效。

7.4　matplotlib 架构

matplotlib 的主要任务之一，就是提供一套表示和操作**图形**对象（主要对象）以及它的内部对象的函数和工具。然而，matplotlib 不仅可以处理图形，还提供事件处理工具，具有为图形添加动画效果的能力。有了这些附加功能，matplotlib 就能生成以键盘按键或鼠标移动触发的事件的交互式图表。

从逻辑上来讲，matplotlib 的整体架构为 3 层（见图 7-2）。各层之间单向通信，即每一层只能与它的下一层通信，而下层无法与上层通信。

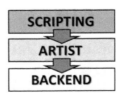

图 7-2　matplotlib 架构的三个层级

[①] 在 Anaconda 终端运行该命令会提示无法识别命令中的 "--matplotlib" 标记。

matplotlib 的架构分为以下 3 层：
- ❑ Scripting（脚本）层
- ❑ Artist（表现）层
- ❑ Backend（后端）层

7.4.1 Backend 层

在上面 matplotlib 架构的图解中，最下面一层为 Backend 层。matplotlib API 即位于该层，这些 API 是用来在底层实现图形元素的一个个类。
- ❑ FigureCanvas 对象实现了绘图区域这一概念。
- ❑ Renderer 对象在 FigureCanvas 上绘图。
- ❑ Event 对象处理用户输入（键盘和鼠标事件）。

7.4.2 Artist 层

中间层为 Artist 层。图形中所有能看到的元素都属于 Artist 对象，即标题、轴标签、刻度等组成图形的所有元素都是 Artist 对象的实例。图形中每个元素的实例在层级结构中有着自己的位置（见图 7-3）。

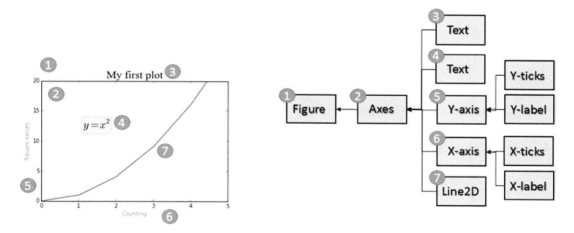

图 7-3 图表的各元素分别对应一个 Artist 实例，所有实例形成层级结构

Artist 类分为两种：**原始（primitive）**和**复合（composite）**。

绘制 Line2D 或矩形、圆形等几何图形，甚至文本等图形时，形成图形表示的基础元素由 primitive artist 单个对象组成。

由多个基础元素——primitive artist——组成的图表中的图像元素叫作 composite artist，例如 Axis（单条轴）、Ticks（刻度）、Axes（轴）和 Figure（图形），请见图 7-4。

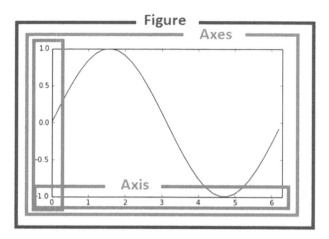

图 7-4   Artist 层的 3 个主要 Artist 对象

在这个阶段（Artist），通常需要处理 Figure、Axes 和 Axis 等位于高层级的对象。因此，透彻理解这些对象和它们在图形表示中所扮演的角色很重要。图 7-4 介绍了三个主要的 Artist 对象（composite artist），通常所有图形实现的 Artist 层都离不开它们。

- ❏ Figure 对象在 Artist 层的最上面，对应整个图形表示，通常可包含多条轴（Axes）。
- ❏ Axes 对象通常表示图形或图表是对什么内容进行作图的。每个 Axes 对象只属于一个 Figure 对象，由两个（三维就有三个）Artist Axis 对象组成。标题、x 标签和 y 标签等对象都属于 Axes 这个 composite artist 类型的对象。
- ❏ Axis 对象负责展示在 Axes 对象上面的数值，定义数值范围，管理刻度（轴上的标记）和刻度值标签（代表每个刻度大小的文本标签）。刻度的位置用 Locator 对象调整，刻度标签的格式用 Formatter 对象调整。

7.4.3   Scripting 层（pyplot）

Artist 类和相关函数（matplotlib API）非常适合开发人员，尤其适合 Web 应用服务器或 GUI 开发者使用。但是对于计算，尤其是数据分析和可视化，Scripting 层最适合。该层包含 pyplot 接口。

7.4.4   pylab 和 pyplot

关于 pylab 和 pyplot，有过不少讨论。这两个模块有哪些不同呢？pylab 模块跟 matplotlib 一起安装，而 pyplot 则是 matplotlib 的内部模块。两者的导入方法也有所不同，可选择其中一种进行导入。

```
from pylab import *
```

或

```
import matplotlib.pyplot as plt
import numpy as np
```

pylab 在同一命名空间整合了 pyplot 和 NumPy 的功能，因此无须再单独导入 NumPy。具体而言，导入 pylab 后，pyplot 和 NumPy 的函数就可以直接调用，而不用再指定其所属模块（命名空间），从而使得 matplotlib 开发环境更像是 MATLAB。

```
plot(x,y)
array([1,2,3,4])
```

而不用指定模块名称：

```
plt.plot()
np.array([1,2,3,4]
```

pyplot 模块提供操作 matplotlib 库的经典 Python 编程接口，有着自己的命名空间，需要单独导入 NumPy 库。书中选择使用 pyplot 模块，它是本章的主要内容，后续章节也将继续使用。实际上，大多数 Python 开发者认可并乐于使用这个模块。

7.5　pyplot

pyplot 模块由一组命令式函数组成，因而 matplotlib 的使用方法跟 MATLAB 极为相似，通过 pyplot 函数操作或改动 Figure 对象，例如创建 Figure 对象和绘图区域、表示一条线或为图形添加标签等。

pyplot 还具有**状态性**特性，它能跟踪当前图形和绘图区域的状态。调用函数时，函数只对当前图形起作用。

生成一幅简单的交互式图表

为了熟悉 matplotlib 库，尤其是 pyplot，下面生成一幅简单的交互式图表。用 matplotlib 生成这个图表很简单，3 行代码就能搞定。

首先要导入 pyplot 模块，并将其命名为 plt。

```
In [1]: import matplotlib.pyplot as plt
```

Python 通常不需要构造函数，因为一切都已经清楚地定义好了。导入这个模块时，plt 对象及其图像处理功能已被实例化且可以使用。因此，把数据传给 plot() 函数，直接使用即可。

请把要绘制其图像的一列整数传给 plot() 函数。

```
In [2]: plt.plot([1,2,3,4])
Out[2]: [<matplotlib.lines.Line2D at 0xa3eb438>]
```

上述代码生成了一个 Line2D 对象。该对象为一条直线，它表示图表中各数据点的线性延伸趋势。

生成图表对象之后，只需要使用 show() 函数就能显示图表。

```
In [3]: plt.show()
```

结果如图 7-5 所示。它生成了一个**绘图窗口**，上面是工具栏，下面是绘制的图像，跟用 MATLAB 作图效果相同。

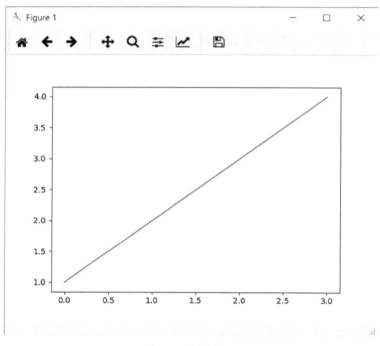

图 7-5　绘图窗口

7.6　绘图窗口

绘图窗口顶部是一条工具栏，包含以下按钮。

- ❑ 🏠重置为原始视图
- ❑ ← →去往前/后一个视图
- ❑ ✛用鼠标左键查看图形，用鼠标右键放大或缩小图形
- ❑ 🔍框选设定视图放缩
- ❑ ☰设置子图
- ❑ 💾保存/导出图形
- ❑ 📈编辑轴、曲线和图像的相关参数

如果使用 Python 自带的 shell，所要输入的代码与在 IPython 控制台输入的相同。

```
>>> import matplotlib.pyplot as plt
>>> plt.plot([1,2,3,4])
[<matplotlib.lines.Line2D  at 0x0000000007DABFD0>]
>>> plt.show()
```

　　如果使用 Jupyter QtConsole，调用 plot()函数后，无须激活 show()函数，图形就会在控制台显示（见图 7-6）。

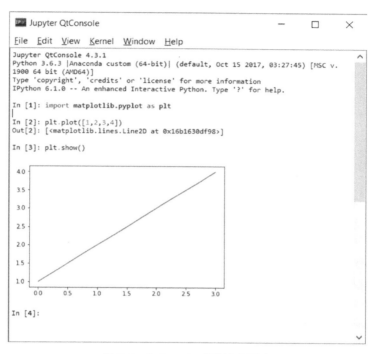

图 7-6　QtConsole 直接输出图表

　　如果只是将一个数字列表或数组传递给 plt.plot()函数，matplotlib 就会假定传入的是图表的 y 值，于是将其跟一个序列的 x 值对应起来，x 的取值依次为 0、1、2、3……。

　　通常，图形表示的是一对对的(x,y)，因此如果想正确定义图表，必须定义两个数组，其中第 1 个数组为 x 轴的各个值，第 2 个数组为 y 轴的值。此外，plot()函数还可以接收第 3 个参数，它描述的是数据点在图表中的显示方式。

7.6.1　设置图形的属性

　　由图 7-6 可见，数据点用蓝线串在一起。如果不指图表样式，matplotlib 使用 plt.plot()函数的默认设置绘制图像。

- ❏ 轴长与输入数据范围一致
- ❏ 无标题和轴标签
- ❏ 无图例
- ❏ 用蓝色线条连接各数据点

现在需要修改图形，用红点来表示每一对(x, y)，生成一幅像模像样的图形（见图 7-7）。

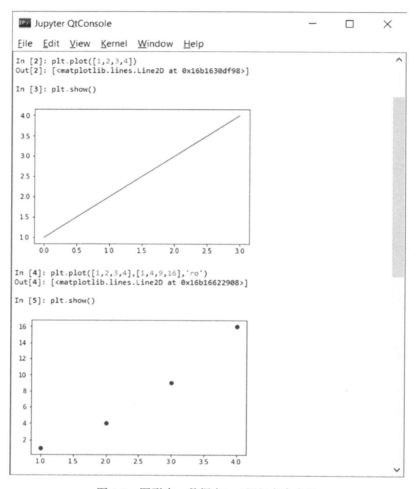

图 7-7 图形中，数据点(*x*,*y*)用红点来表示

如果正在使用 IPython，请关闭图形窗口，再次回到处于活动状态的命令行界面，输入新命令。接着调用 show()函数，观察图形发生了什么变化。

```
In [4]: plt.plot([1,2,3,4],[1,4,9,16],'ro')
Out[4]: [<matplotlib.lines.Line2D at 0x93e6898>]

In [5]: plt.show()
```

然而，如果使用的是 Jupyter QtConsole，则每输入一条新命令，就能看到一幅不同的图。

说明 至此，本书厘清了各种环境之间的不同点。为了避免不必要的混淆，从现在起，把 Jupyter QtConsole 作为唯一的开发环境。

可以用列表[xmin, xmax, ymin, ymax]定义好 x 轴和 y 轴的取值范围，把该列表作为参数传给 axis()函数。

说明 在 Jupyter QtConsole 中，生成一张图表，有时需要输入多行命令。为了避免每次按 Enter 键（换行）就会生成图表，从而丢失先前的设置，请按 Ctrl+Enter 键换行。最后要生成图表时，请按两次 Enter 键。

绘图时可以设置多个属性，例如可以用 title()函数增加标题。

```
In [4]: plt.axis([0,5,0,20])
   ...: plt.title('My first plot')
   ...: plt.plot([1,2,3,4],[1,4,9,16],'ro')
Out[4]: [<matplotlib.lines.Line2D at 0x97f1c18>]
```

由图 7-8 可见，新的设置增强了图形的可读性。数据集的两个端点在图形内，而不像之前那样在图形的边缘显示，图形的标题也在图形上方显示出来了。

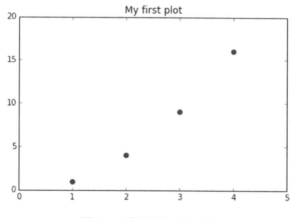

图 7-8　设置属性后的图形

7.6.2　matplotlib 和 NumPy

尽管 Matplot 是一个图形库，它却以 NumPy 库作为基础。前面介绍了如何传递列表作为参数，以表示数据点和设置轴的数值范围。实际上这些列表在内部转换为了 NumPy 数组。

因此可以直接把 NumPy 数组作为输入数据。数组经过 pandas 处理后，无须进一步处理，可直接供 matplotlib 使用。

下面考虑如何在同一图形（见图 7-9）中绘制 3 种趋势图。下面这个例子将使用 math 模块的 sin()函数，需先把它导入进来。我们使用 NumPy 库生成呈正弦趋势分布的数据点。用 arange() 函数生成 x 轴的一系列数据点 t，而对于每个点所对应的 y 值应用 map()函数，对 x 轴的一系列数据点 t 应用 sin()函数（无须使用 for 循环）。

```
In [5]: import math
In [6]: import numpy as np
In [7]: t = np.arange(0,2.5,0.1)
   ...: y1 = np.sin(math.pi*t)
   ...: y2 = np.sin(math.pi*t+math.pi/2)
   ...: y3 = np.sin(math.pi*t-math.pi/2)
In [8]: plt.plot(t,y1,'b*',t,y2,'g^',t,y3,'ys')
Out[8]:
[<matplotlib.lines.Line2D at 0xcbd2e48>,
 <matplotlib.lines.Line2D at 0xcbe10b8>,
 <matplotlib.lines.Line2D at 0xcbe15c0>]
```

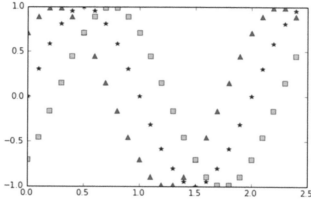

图 7-9   用不同符号表示的正弦图像，各图像相位差 π/4

说明   如果不是在 Jupyter QtConsole 中以行内形式使用 matplotlib，或者只是在简单的 Python 会话中实现上述代码，记得在代码的最后添加 plt.show() 命令，以得到如图 7-9 所示的图表。

图 7-9[①]中用 3 种颜色和 3 种符号表示 3 种趋势。这几条曲线上，函数图像的趋势很明显，因此使用符号可能不是最佳表示方法，用线条效果要更好（见图 7-10）。除了用 3 种颜色区分 3 种趋势，还可以用由点和线（.和-）组成的不同线型。

```
In [9]: plt.plot(t,y1,'b--',t,y2,'g',t,y3,'r-.')
Out[9]:
[<matplotlib.lines.Line2D at 0xd1eb550>,
 <matplotlib.lines.Line2D at 0xd1eb780>,
 <matplotlib.lines.Line2D at 0xd1ebd68>]
```

说明   如果不是在 Jupyter QtConsole 中以行内形式使用 matplotlib，或者只是在简单的 Python 会话中实现上述代码，记得在代码的最后添加 plt.show() 命令，以得到如图 7-10 所示的图表。

---

① 请访问图灵社区（https://www.ituring.com.cn/book/2688）下载书中图片的彩色版本。——编者注

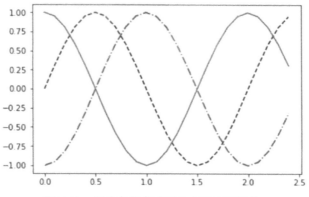

图 7-10　用彩色线条表示的 3 种正弦趋势

7.7　使用 kwargs

组成图表的各个对象有很多用以描述它们特点的属性。这些属性均有默认值，但可以用**关键字参数**（keyword args，常称作 kwargs）设置。

这些关键字作为参数传递给函数。在 matplotlib 库各个函数的参考文档中，每个函数的最后一个参数总是 kwargs。例如前几个例子一直在使用的 plot() 函数在文档中定义如下：

matplotlib.pyplot.plot(*args, **kwargs)

再举一个更加具体的例子，设置 linewidth 关键字参数，可以改变线条的粗细（见图 7-11）。

```
In [10]: plt.plot([1,2,4,2,1,0,1,2,1,4],linewidth=2.0)
Out[10]: [<matplotlib.lines.Line2D at 0xc909da0>]
```

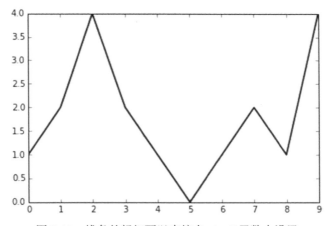

图 7-11　线条的粗细可以直接在 plot() 函数中设置

处理多个 Figure 和 Axes 对象

前面讲过的所有 pyplot 命令都是用于绘制单个图形的。其实，还可以用 matplotlib 同时管理多个图形，而在每个图形中，又可以绘制几个不同的子图。

因此，使用 pyplot 时，必须时刻注意当前 Figure 对象和当前 Axes 对象的概念（也就是 Figure 对象中当前所显示的图形）。

下面下面看一个在一幅图形中有两个子图的例子。subplot() 函数不仅可以将图形分为不同的绘图区域，还能激活特定子图，以便用命令控制它。

subplot() 函数用参数设置分区模式和当前子图。只有当前子图会受到命令的影响。subplot() 函数的参数由 3 个整数组成：第 1 个数字决定图形沿垂直方向被分为几部分，第 2 个数字决定图形沿水平方向被分为几部分，第 3 个数字设定可以直接用命令控制的子图。

然后绘制两种正弦趋势图（正弦和余弦）。最佳方式是把画布分为上下两个向水平方向延伸的子图（见图 7-12）。因此，作为参数传入的两个数字应分别为 211 和 212。

```
In [11]: t = np.arange(0,5,0.1)
   ... : y1 = np.sin(2*np.pi*t)
   ... : y2 = np.sin(2*np.pi*t)
In [12]: plt.subplot(211)
   ...: plt.plot(t,y1,'b-.')
   ...: plt.subplot(212)
   ...: plt.plot(t,y2,'r--')
Out[12]: [<matplotlib.lines.Line2D at 0xd47f518>]
```

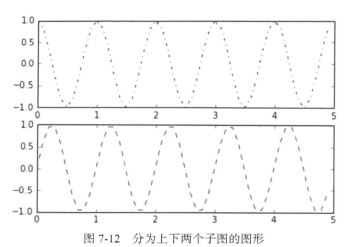

图 7-12　分为上下两个子图的图形

还可以把图形分为左右两个子图。这时，subplot() 函数的参数为 121 和 122（见图 7-13）。

```
In [ ]: t = np.arange(0.,1.,0.05)
   ...: y1 = np.sin(2*np.pi*t)
   ...: y2 = np.cos(2*np.pi*t)
In [ ]: plt.subplot(121)
   ...: plt.plot(t,y1,'b-.')
```

```
...: plt.subplot(122)
...: plt.plot(t,y2,'r--')
Out[94]: [<matplotlib.lines.Line2D at 0xed0c208>]
```

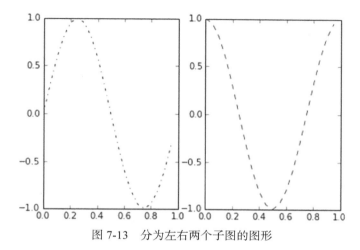

图 7-13　分为左右两个子图的图形

7.8　为图表添加更多元素

为了使图表的信息更加丰富，很多时候会用线条或符号表示数据，用两条轴指定数值范围。其实仅仅这样做，表现力还是不足。为了添加额外信息，丰富图表，还可以向图表中添加更多元素。

本节将介绍如何为图表添加文字标签、图例等元素。

7.8.1　添加文本

标题的添加方法前面已讲过，用 title() 函数即可。另外两个很重要也需要添加到图表中的文本标识为**轴标签**。xlabel() 和 ylabel() 函数专门用于添加轴标签。把要显示的文本以字符串形式传给这两个函数作为参数。

说明　生成图表所需命令的行数在逐渐增加。不需要每次都重写这些命令，使用键盘上的方向键，可以找到之前使用过的命令，再加上新的命令（在下面的代码中用粗体表示）。

下面把两条轴的标签添加到图表中，它们描述的是坐标轴数值的含义（见图 7-14）。

```
In [10]: plt.axis([0,5,0,20])
   ...: plt.title('My first plot')
   ...: plt.xlabel('Counting')
   ...: plt.ylabel('Square values')
   ...: plt.plot([1,2,3,4],[1,4,9,16],'ro')
Out[10]: [<matplotlib.lines.Line2D at 0x990f3c8>]
```

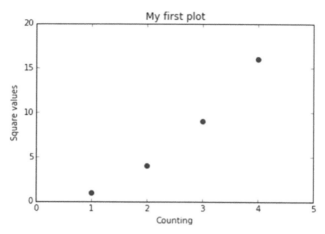

图 7-14   添加坐标轴标签后的图形，信息更为丰富

可以用关键字参数修改文本属性。例如可以修改标题的字体，使用更大的字号，还可以修改轴标签的颜色，从而反衬出图形的标题（见图 7-15）。

```
In [ ]: plt.axis([0,5,0,20])
   ...: plt.title('My first plot',fontsize=20,fontname='Times New Roman')
   ...: plt.xlabel('Counting',color='gray')
   ...: plt.ylabel('Square values',color='gray')
   ...: plt.plot([1,2,3,4],[1,4,9,16],'ro')
Out[116]: [<matplotlib.lines.Line2D at 0x11f17470>]
```

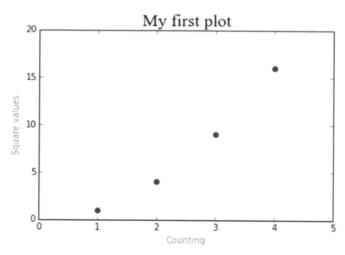

图 7-15   设置关键字参数，可修改文本样式

matplotlib 的功能不只限于此，pyplot 允许在图表任意位置添加文本。这个功能由 text() 函数来实现。

```
text(x,y,s, fontdict=None, **kwargs)
```

前两个参数为文本在图形中位置的坐标。s 为要添加的字符串，fontdict（可选）为文本要使用的字体。最后，还可以使用关键字参数。

下面为图形的各个数据点添加标签。text() 函数的前两个参数为标签在图形中位置的坐标，所以可以使用 4 个数据点的坐标作为各标签的坐标，但每个标签的 y 值较相应数据点的 y 值有一点偏差。

```
In [ ]: plt.axis([0,5,0,20])
   ...: plt.title('My first plot',fontsize=20,fontname='Times New Roman')
   ...: plt.xlabel('Counting',color='gray')
   ...: plt.ylabel('Square values',color='gray')
   ...: plt.text(1,1.5,'First')
   ...: plt.text(2,4.5,'Second')
   ...: plt.text(3,9.5,'Third')
   ...: plt.text(4,16.5,'Fourth')
   ...: plt.plot([1,2,3,4],[1,4,9,16],'ro')
Out[108]: [<matplotlib.lines.Line2D at 0x10f76898>]
```

在图 7-16 中，每个数据点都带有一个描述其相关信息的标签。

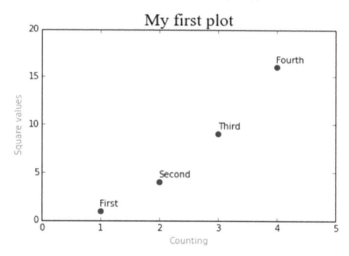

图 7-16　图形每个数据点都有一个表示其含义的标签

既然 matplotlib 是专门为科学圈开发的图形库，它必须能充分利用包含数学表达式在内的科学语言的潜能。matplotlib 整合了 LaTeX 表达式，支持在图表中插入数学表达式。

将表达式内容置于两个 $ 符号之间，可在文本中添加 LaTeX 表达式。解释器会将该符号之间的文本识别成 LaTeX 表达式，把它们转换为数学表达式、公式、数学符号或希腊字母等，然后在图像中显示出来。通常需要在包含 LaTeX 表达式的字符串前添加 r 字符，表明它后面是原始文本，不能对其进行转义操作。

还可以使用关键字参数进一步丰富图形中的文本。例如添加描述图形各数据点趋势的公式，并为公式添加一个彩色边框（见图 7-17）。

```
In [ ]: plt.axis([0,5,0,20])
   ...: plt.title('My first plot',fontsize=20,fontname='Times New Roman')
   ...: plt.xlabel('Counting',color='gray')
   ...: plt.ylabel('Square values',color='gray')
   ...: plt.text(1,1.5,'First')
   ...: plt.text(2,4.5,'Second')
   ...: plt.text(3,9.5,'Third')
   ...: plt.text(4,16.5,'Fourth')
   ...: plt.text(1.1,12,r'$y = x^2$',fontsize=20,bbox={'facecolor':'yellow','alpha':0.2})
   ...: plt.plot([1,2,3,4],[1,4,9,16],'ro')
```

```
Out[130]: [<matplotlib.lines.Line2D at 0x13920860>]
```

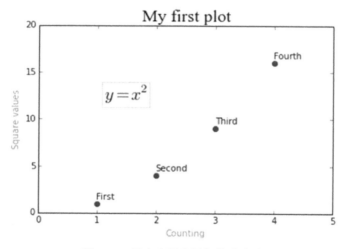

图 7-17   图表中可以添加数学公式

如果要全面了解 LaTeX 的功能，请参考本书后面的附录 A。

7.8.2   添加网格

图形中可以添加的另一个元素是网格。添加网格能更好地理解图表每个数据点的位置，因此往往很有必要。

在图表中添加网格其实很简单：直接在代码中加入 grid()函数，传入参数 True（见图 7-18）。

```
In [ ]: plt.axis([0,5,0,20])
   ...: plt.title('My first plot',fontsize=20,fontname='Times New Roman')
   ...: plt.xlabel('Counting',color='gray')
   ...: plt.ylabel('Square values',color='gray')
   ...: plt.text(1,1.5,'First')
   ...: plt.text(2,4.5,'Second')
   ...: plt.text(3,9.5,'Third')
   ...: plt.text(4,16.5,'Fourth')
```

```
    ...: plt.text(1.1,12,r'$y = x^2$',fontsize=20,bbox={'facecolor':'yellow','alpha':0.2})
    ...: plt.grid(True)
    ...: plt.plot([1,2,3,4],[1,4,9,16],'ro')
Out[108]: [<matplotlib.lines.Line2D at 0x10f76898>]
```

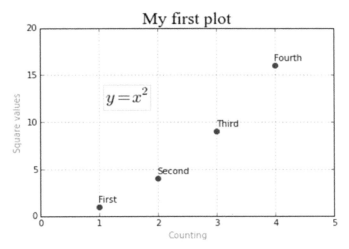

图 7-18　有了网格，读取图表数据点的数值更简单

7.8.3　添加图例

　　另外一个任何图表都应该有的元素是图例。pyplot 专门提供了 legend()函数，用于操作该类对象。

　　请使用 legend()函数将图例和字符串类型的图例说明添加到图表中。下面这个例子把输入的4 个数据点统称为 "First series"（序列一）（见图 7-19）。

```
In [ ]: plt.axis([0,5,0,20])
    ...: plt.title('My first plot',fontsize=20,fontname='Times New Roman')
    ...: plt.xlabel('Counting',color='gray')
    ...: plt.ylabel('Square values',color='gray')
    ...: plt.text(2,4.5,'Second')
    ...: plt.text(3,9.5,'Third')
    ...: plt.text(4,16.5,'Fourth')
    ...: plt.text(1.1,12,'$y = x^2$',fontsize=20,bbox={'facecolor':'yellow','alpha':0.2})
    ...: plt.grid(True)
    ...: plt.plot([1,2,3,4],[1,4,9,16],'ro')
    ...: plt.legend(['First series'])
Out[156]: <matplotlib.legend.Legend at 0x16377550>
```

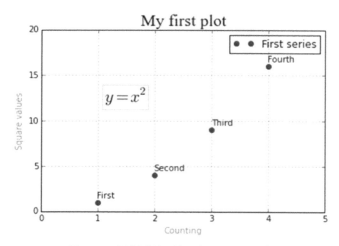

图 7-19　图例默认添加到图形的右上角

如图 7-19 所示，图例默认添加到图形的右上角。如果要修改图例的位置，还是需要添加几个关键字参数。例如图例的位置由 loc 关键字控制，其取值范围为 0~10。每个数字代表图表中的一处位置（表 7-1），默认为 1，也就是右上角位置。下一个例子中，需要把图例移到左上角，以免遮住数据点。

表 7-1　关键字参数 loc 所有可能的取值

位置编号	位置表述
0	最佳位置
1	右上角
2	左上角
3	右下角
4	左下角
5	右侧①
6	左侧垂直居中
7	右侧垂直居中
8	下方水平居中
9	上方水平居中
10	正中间

修改位置编号以移动图例之前，请注意：通常图例通过标签、颜色和（或）符号向读者表明这是哪一个序列，应该与其他序列区分开来。前面所有例子中只使用了由一个 plot() 函数绘制的单个序列。下面考虑更常见的情况，在一幅图中同时显示多个序列。图表中每个序列用一种特定的颜色和符号来表示（见图 7-20）。从代码实现的角度来看，每个序列都要调用一次 plot() 函数，

———————————
① 5 和 7 表示的位置其实相同。

调用顺序跟传给 legend() 函数作为参数的文本标签顺序应保持一致。

```
In [ ]: import matplotlib.pyplot as plt
   ...: plt.axis([0,5,0,20])
   ...: plt.title('My first plot',fontsize=20,fontname='Times New Roman')
   ...: plt.xlabel('Counting',color='gray')
   ...: plt.ylabel('Square values',color='gray')
   ...: plt.text(1,1.5,'First')
   ...: plt.text(2,4.5,'Second')
   ...: plt.text(3,9.5,'Third')
   ...: plt.text(4,16.5,'Fourth')
   ...: plt.text(1.1,12,'$y = x^2$',fontsize=20,bbox={'facecolor':'yellow','alpha':0.2})
   ...: plt.grid(True)
   ...: plt.plot([1,2,3,4],[1,4,9,16],'ro')
   ...: plt.plot([1,2,3,4],[0.8,3.5,8,15],'g^')
   ...: plt.plot([1,2,3,4],[0.5,2.5,4,12],'b*')
   ...: plt.legend(['First series','Second series','Third series'],loc=2)
Out[170]: <matplotlib.legend.Legend at 0x1828d7b8>
```

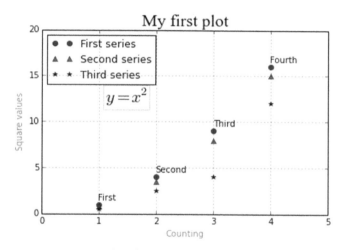

图 7-20　多个序列的图表，图例就很有必要

7.9　保存图表

　　本节讲解如何根据使用目的，以不同方式保存图表。如要在不同的 IPython Notebook 文件、Python 会话中重建图表，或以后想用于其他项目，最好把 Python 代码保存下来。若是要做报告或演示，最好将图表保存为图片。此外，如果要将工作成果发布到网上，还可以把图表保存为 HTML 页面。

7.9.1　保存代码

　　从前几节的例子可知，生成单个图表所需代码的行数已增长到一个不小的数目。在开发过程中每实现一个里程碑式的功能，就可以把所有的代码保存到一个.py 文件里，以便随时调用。

可以使用%save 魔术命令，后面跟着想使用的文件名和代码对应的命令提示符号码。如果所有的代码写在一个命令提示符后，比如这里只需使用这个号码即可；否则，如果要保存多个命令提示符后的代码，需要用连字符 "-" 连接两个数字，比如从 10 到 20，就要写成 10-20。

这里，生成第 1 幅图形的代码在命令提示符号码 171 后面，需要保存这些代码。

```
In [171]: import matplotlib.pyplot as plt
...
```

用以下命令把代码保存到一个新.py 文件中。

```
%save my_first_chart 171
```

运行上述命令后，会在工作目录生成 my_first_chart.py 文件（见代码清单 7-1）。

代码清单 7-1   my_first_chart.py

```python
# coding: utf-8
import matplotlib.pyplot as plt
plt.axis([0,5,0,20])
plt.title('My first plot',fontsize=20,fontname='Times New Roman')
plt.xlabel('Counting',color='gray')
plt.ylabel('Square values',color='gray')
plt.text(1,1.5,'First')
plt.text(2,4.5,'Second')
plt.text(3,9.5,'Third')
plt.text(4,16.5,'Fourth')
plt.text(1.1,12,'$y = x^2$',fontsize=20,bbox={'facecolor':'yellow','alpha':0.2})
plt.grid(True)
plt.plot([1,2,3,4],[1,4,9,16],'ro')
plt.plot([1,2,3,4],[0.8,3.5,8,15],'g^')
plt.plot([1,2,3,4],[0.5,2.5,4,12],'b*')
plt.legend(['First series','Second series','Third series'],loc=2)
```

稍后，打开新 IPython 会话，输入以下命令，可把图表恢复到最后一次保存时的状态，之后就可以在此基础上继续修改代码了。

```
jupyter qtConsole --matplotlib inline -m my_first_chart.py
```

还可以在 QtConsole 中使用%load 魔术命令加载所有代码。

```
%load my_first_chart.py
```

或者用%run 魔术命令，在会话中运行代码。

```
%run my_first_chart.py
```

说明   在我的系统中，上面这条命令须等它前面的两条命令运行后方能运行。[①]

[①] 在笔者所用的 Anaconda 中，无须运行前两条命令，可直接运行%run 命令。

7.9.2 将会话转换为 HTML 文件

如果使用 Jupyter QtConsole，还能把当前会话中的所有代码和图形转换为 HTML 页面：从菜单中依次选择 File ➤ Save to HTML / XHTML（见图 7-21）。

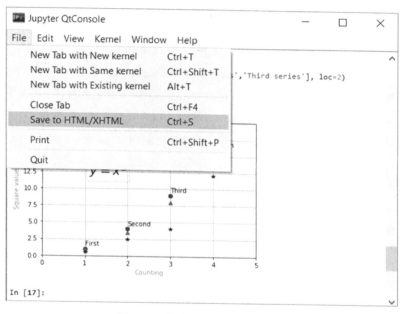

图 7-21　把当前会话保存为网页

系统会询问你想把会话保存为哪种格式的网页：HTML 或 XHTML。这两种格式的区别在于将图形转换成哪种图像。选择 HTML 作为输出格式，会话中的图形将被转换为 PNG 格式；而选择 XHTML 作为输出格式，图形将被转换为 SVG 格式。

下面这个例子把会话保存为 HTML 文件 my_session.html，如图 7-22 所示。

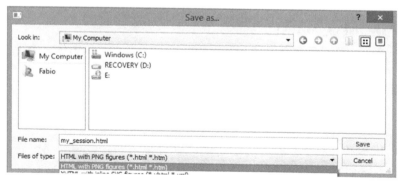

图 7-22　会话可以保存成 HTML 或 XHTML 文件

这时，系统会询问你是想把图片保存到外部目录还是在行内显示[①]（见图 7-23）。

图 7-23 可以创建外部图片文件或把 PNG 格式图片直接嵌入到 HTML 页面

选择外部选项的话，图表中的所有图像会汇总在一起，置于 my_session_files 的目录下；反之，选择行内显示，图片的相关信息将会嵌入 HTML 代码中。

7.9.3 将图表直接保存为图片

如果只想把图表保存为图像文件，可以忽略会话中输入的所有代码。实际上，可以用 savefig() 函数直接把图表保存为 PNG 格式，但是请记得把这个函数添加到用于生成图表的一系列命令的最后（否则将得到一个空白 PNG 文件[②]）。

```
In [ ]: plt.axis([0,5,0,20])
   ...: plt.title('My first plot',fontsize=20,fontname='Times New Roman')
   ...: plt.xlabel('Counting',color='gray')
   ...: plt.ylabel('Square values',color='gray')
   ...: plt.text(1,1.5,'First')
   ...: plt.text(2,4.5,'Second')
   ...: plt.text(3,9.5,'Third')
   ...: plt.text(4,16.5,'Fourth')
   ...: plt.text(1.1,12,'$y = x^2$',fontsize=20,bbox={'facecolor':'yellow','alpha':0.2})
   ...: plt.grid(True)
   ...: plt.plot([1,2,3,4],[1,4,9,16],'ro')
   ...: plt.plot([1,2,3,4],[0.8,3.5,8,15],'g^')
   ...: plt.plot([1,2,3,4],[0.5,2.5,4,12],'b*')
   ...: plt.legend(['First series','Second series','Third series'],loc=2)
   ...: plt.savefig('my_chart.png')
```

执行上述代码，工作目录中会生成一个新文件 my_chart.png，该图像文件的内容即是图表。

7.10 处理日期值

数据分析过程中，最常见的一个问题就是日期类型数据的处理。在轴上（通常为 x 轴）显示日期，问题很多，尤其是日期用作标签时难以管理（见图 7-24）。

① 只生成一个 html 文件，图像使用 base64 编码。
② 注意，保存成图像的命令之前不要使用 plt.show()，否则也将得到空白图像。

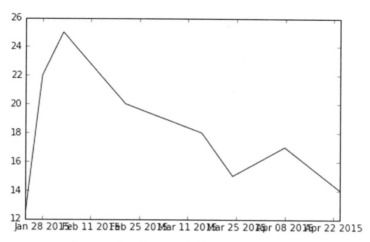

图 7-24 未经处理，日期数据的显示会有问题

例如线性图表有 8 个数据点，按照日–月–年格式在 x 轴显示日期值。

```
In [ ]: import datetime
   ...: import numpy as np
   ...: import matplotlib.pyplot as plt
   ...: events = [datetime.date(2015,1,23),datetime.date(2015,1,28),
                  datetime.date(2015,2,3),datetime.date(2015,2,21),
                  datetime.date(2015,3,15),datetime.date(2015,3,24),
                  datetime.date(2015,4,8),datetime.date(2015,4,24)]
   ...: readings = [12,22,25,20,18,15,17,14]
   ...: plt.plot(events,readings)
Out[83]: [<matplotlib.lines.Line2D at 0x12666400>]
```

如图 7-24 所示，如果让 matplotlib 自动管理刻度，尤其是刻度的标签，其后果无疑是一场灾难。以这种方式显示日期时，可读性很差，两个数据点之间的时间间隔不清晰，而且存在重影现象。

建议用合适的对象，定义时间尺度来管理日期。首先需要导入 matplotlib.dates 模块，该模块专门用于管理日期类型的数据。然后，定义时间尺度。这个例子用了 MonthLocator() 函数和 DayLocator() 函数，分别表示月份和日子。日期格式也很重要，要避免出现重影问题或显示无效的日期数据，只显示必要的刻度标签就好。这里只显示年月，把这种格式作为参数传给 DateFormatter() 函数。

定义好两个时间尺度，一个用于日期，一个用于月份。可以在 xaxis 对象上调用 set_major_locator() 函数和 set_minor_locator() 函数，为 x 轴设置两种标签。此外，月份刻度标签的设置，需要用到 set_major_formatter() 函数。

使用上述设置，最终可以得到图 7-25 所示的图像。

```
In [ ]: import datetime
   ...: import numpy as np
   ...: import matplotlib.pyplot as plt
```

```
...: import matplotlib.dates as mdates
...: months = mdates.MonthLocator()
...: days = mdates.DayLocator()
...: timeFmt = mdates.DateFormatter('%Y-%m')
...: events = [datetime.date(2015,1,23),datetime.date(2015,1,28),
             datetime.date(2015,2,3),datetime.date(2015,2,21),
             datetime.date(2015,3,15),datetime.date(2015,3,24),
             datetime.date(2015,4,8),datetime.date(2015,4,24)]
    readings = [12,22,25,20,18,15,17,14]
...: fig, ax = plt.subplots()
...: plt.plot(events,readings)
...: ax.xaxis.set_major_locator(months)
...: ax.xaxis.set_major_formatter(timeFmt)
...: ax.xaxis.set_minor_locator(days)
```

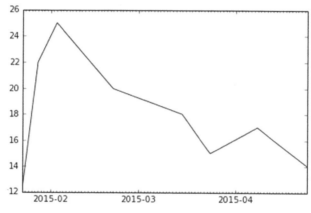

图 7-25　x 轴只显示月份的刻度标签，可读性更强

7.11　图表类型

前几节的例子多与 matplotlib 架构相关。介绍完了图表主要图像元素的用法，接下来通过多个例子讲解不同类型图表的制作方法。下面先讲解线性图、条状图和饼状图，随后介绍几种更为复杂却很常用的图表。

本章这一部分内容的重要性自不必多言，因为 matplotlib 库的目的就是将数据分析的结果可视化。因而为数据选择合适的图表类型是一项基本技能。请记住，即使数据分析结果再出色，选用不恰当的图表类型会导致实验结果解释出错。

7.12　线性图

在图表的所有类型中，线性图最为简单。线性图的各个数据点由一条线来连接。一对对(x,y)值组成的数据点在图表中的位置取决于两条轴（x 和 y）的刻度范围。

例如可以绘制由数学函数生成的数据点。比如为一个普通函数的图像作图。

$$y = \sin(3*x)/x$$

如果要绘制一系列数据点，需要创建两个 NumPy 数组。首先，创建包含 x 值的数组，用作 x 轴。我们使用 np.arange() 函数定义一个元素依次递增的序列。这个数学函数是正弦函数，因此 x 应取希腊字母 pi（np.pi）的倍数或是因数。然后，用 np.sin() 函数可直接求得这一列 x 值所对应的 y 值（多亏了 NumPy!）。

完成上述运算后，只需调用 plot() 函数绘制图像即可。这样将得到如图 7-26 所示的图像。

```
In [ ]: import matplotlib.pyplot as plt
   ...: import numpy as np
   ...: x = np.arange(-2*np.pi,2*np.pi,0.01)
   ...: y = np.sin(3*x)/x
   ...: plt.plot(x,y)
Out[393]: [<matplotlib.lines.Line2D at 0x22404358>]
```

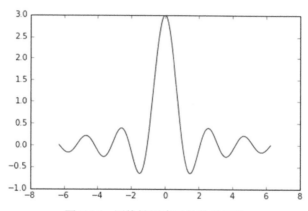

图 7-26 用线性图表示的数学函数

可以扩展这个例子，显示像下面这样一组函数的图像。

$$y = \sin(n*x)/x$$

改变 n 的取值即可。

```
In [ ]: import matplotlib.pyplot as plt
   ...: import numpy as np
   ...: x = np.arange(-2*np.pi,2*np.pi,0.01)
   ...: y = np.sin(3*x)/x
   ...: y2 = np.sin(2*x)/x
   ...: y3 = np.sin(3*x)/x
   ...: plt.plot(x,y)
   ...: plt.plot(x,y2)
   ...: plt.plot(x,y3)
```

如图 7-27 所示，matplotlib 自动为每条线分配不同的颜色。几个函数的图像使用相同的刻度范围，换句话说，每个序列的数据点使用相同的 x 轴和 y 轴。Figure 对象会记录先前的命令，每次调用 plot()函数都会考虑之前是怎么调用的,并根据函数的调用方法实现相应的效果,直到该对象不再显示为止(Python 会话用 show()显示图像,Jupyter QtConsole 按 Enter 键显示图像)。

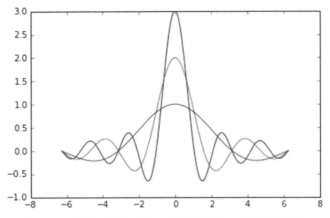

图 7-27   在同一图表中用 3 种颜色绘制 3 个序列数据点

前几节中,不管默认设置如何,总是可以自己选择线型、颜色等。可以用 plot()函数的第 3个参数指定颜色(表 7-2)、线型,把这些设置所用的字符编码放到同一个字符串即可。还可以使用两个单独的关键字参数,用 color 指定颜色,用 linestyle 指定线型(见图 7-28)。

```
In [ ]: import matplotlib.pyplot as plt
   ...: import numpy as np
   ...: x = np.arange(-2*np.pi,2*np.pi,0.01)
   ...: y = np.sin(3*x)/x
   ...: y2 = np.sin(2*x)/x
   ...: y3 = np.sin(3*x)/x
   ...: plt.plot(x,y,'k--',linewidth=3)
   ...: plt.plot(x,y2,'m-.')
   ...: plt.plot(x,y3,color='#87a3cc',linestyle='--')
```

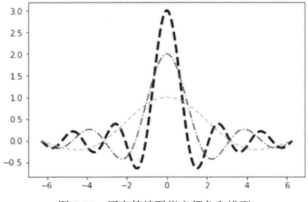

图 7-28   用字符编码指定颜色和线型

表 7-2 颜色编码

编　码	颜　色
b	蓝色
g	绿色
r	红色
c	蓝绿色
m	洋红
y	黄色
k	黑色
w	白色

x 轴的数值范围为 $-2\pi \sim 2\pi$，但是刻度标签默认使用数值形式，因此需要用 π 的倍数代替数值。同理，也可以替换 y 轴刻度的标签。方法是使用 xticks() 和 yticks() 函数，分别为每个函数传入两列数值。第 1 个列表存储刻度的位置，第 2 个列表存储刻度的标签。这个例子中，要正确显示符号 π，需要使用含有 LaTeX 表达式的字符串。记得将其置于两个 $ 之中，并在前面加上 r 前缀。

```
In [ ]: import matplotlib.pyplot as plt
   ...: import numpy as np
   ...: x = np.arange(-2*np.pi,2*np.pi,0.01)
   ...: y = np.sin(3*x)/x
   ...: y2 = np.sin(2*x)/x
   ...: y3 = np.sin(x)/x
   ...: plt.plot(x,y,color='b')
   ...: plt.plot(x,y2,color='r')
   ...: plt.plot(x,y3,color='g')
   ...: plt.xticks([-2*np.pi, -np.pi, 0, np.pi, 2*np.pi],
         [r'$-2\pi$',r'$-\pi$',r'$0$',r'$+\pi$',r'$+2\pi$'])
   ...: plt.yticks([-1,0,1,2,3],
         [r'$-1$',r'$0$',r'$+1$',r'$+2$',r'$+3$'])
Out[423]:
([<matplotlib.axis.YTick at 0x26877ac8>,
  <matplotlib.axis.YTick at 0x271d26d8>,
  <matplotlib.axis.YTick at 0x273c7f98>,
  <matplotlib.axis.YTick at 0x273cc470>,
  <matplotlib.axis.YTick at 0x273cc9e8>],
<a list of 5 Text yticklabel objects>)
```

最后将得到一幅清晰明了的线性图，其中轴标签使用了希腊字母，如图 7-29 所示。

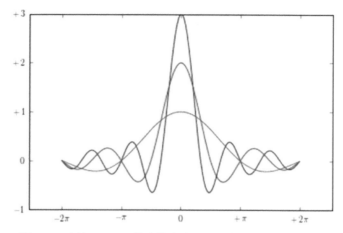

图 7-29　添加 LaTeX 格式的文本，改进刻度标签显示效果

在前面所有线性图中，x 轴和 y 轴总是置于 Figure 的边缘（跟图像的边框重合）。另外一种显示轴的方法是，两条轴穿过原点(0,0)，也就是笛卡儿坐标轴。

具体做法是，首先必须用 gca()函数获取 Axes 对象。接着通过这个对象，指定每条边的位置：右、左、下和上，可选择组成图形边框的每条边。使用 set_color()函数，把颜色设置为 none，删除跟坐标轴不符合的边（右和上）。然后，用 set_position()函数移动跟 x 轴和 y 轴相符的边框，使其穿过原点(0,0)。

```
In [ ]: import matplotlib.pyplot as plt
   ...: import numpy as np
   ...: x = np.arange(-2*np.pi,2*np.pi,0.01)
   ...: y = np.sin(3*x)/x
   ...: y2 = np.sin(2*x)/x
   ...: y3 = np.sin(x)/x
   ...: plt.plot(x,y,color='b')
   ...: plt.plot(x,y2,color='r')
   ...: plt.plot(x,y3,color='g')
   ...: plt.xticks([-2*np.pi, -np.pi, 0, np.pi, 2*np.pi],
           [r'$-2\pi$',r'$-\pi$',r'$0$',r'$+\pi$',r'$+2\pi$'])
   ...: plt.yticks([-1,0,+1,+2,+3],
           [r'$-1$',r'$0$',r'$+1$',r'$+2$',r'$+3$'])
   ...: ax = plt.gca()
   ...: ax.spines['right'].set_color('none')
   ...: ax.spines['top'].set_color('none')
   ...: ax.xaxis.set_ticks_position('bottom')
   ...: ax.spines['bottom'].set_position(('data',0))
   ...: ax.yaxis.set_ticks_position('left')
   ...: ax.spines['left'].set_position(('data',0))
```

这时，两条轴在图表中部位置交叉，这个位置就是笛卡儿坐标系的原点，如图 7-30 所示。

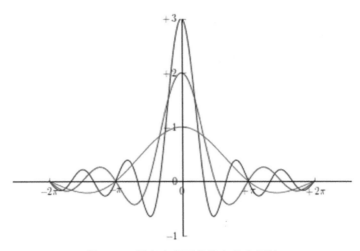

图 7-30　图表中有两条笛卡儿坐标轴

　　用注释和箭头（可选）标明曲线上某一数据点的位置，这一功能非常有用。例如可以用 LaTeX 表达式作为注释，比如添加表示 x 趋于 0 时函数 $\sin x/x$ 的极限的公式。

　　matplotlib 库的 annotate() 函数特别适用于添加注释。虽然它有多个关键字参数，这些参数可改善显示效果，但是参数设置略显烦琐，也就使得 annotate() 函数看似有些麻烦。第 1 个参数为含有 LaTeX 表达式、要在图形中显示的字符串，随后是各种关键字参数。注释在图表中的位置用存放数据点[x,y]坐标的列表来表示，需把它们传给 xy 关键字参数。文本注释跟它所解释的数据点之间的距离用 xytext 关键字参数指定，用曲线箭头将其表示出来。箭头的属性则由 arrowprops 关键字参数指定。

```
In [ ]: import matplotlib.pyplot as plt
   ...: import numpy as np
   ...: x = np.arange(-2*np.pi,2*np.pi,0.01)
   ...: y = np.sin(3*x)/x
   ...: y2 = np.sin(2*x)/x
   ...: y3 = np.sin(x)/x
   ...: plt.plot(x,y,color='b')
   ...: plt.plot(x,y2,color='r')
   ...: plt.plot(x,y3,color='g')
   ...: plt.xticks([-2*np.pi, -np.pi, 0, np.pi, 2*np.pi],
        [r'$-2\pi$',r'$-\pi$',r'$0$',r'$+\pi$',r'$+2\pi$'])
   ...: plt.yticks([-1,0,+1,+2,+3],
        [r'$-1$',r'$0$',r'$+1$',r'$+2$',r'$+3$'])
   ...: plt.annotate(r'$\lim_{x\to 0}\frac{\sin(x)}{x}= 1$',    xy=[0,1],
        xycoords='data',xytext=[30,30],fontsize=16,textcoords='offset points',
        arrowprops=dict(arrowstyle="->",connectionstyle="arc3,rad=.2"))
   ...: ax = plt.gca()
   ...: ax.spines['right'].set_color('none')
   ...: ax.spines['top'].set_color('none')
   ...: ax.xaxis.set_ticks_position('bottom')
```

```
...: ax.spines['bottom'].set_position(('data',0))
...: ax.yaxis.set_ticks_position('left')
...: ax.spines['left'].set_position(('data',0))
```

运行上述代码，就会得到带有极限公式的图表。该公式所表示的数据点即是图 7-31 中箭头所指向的。

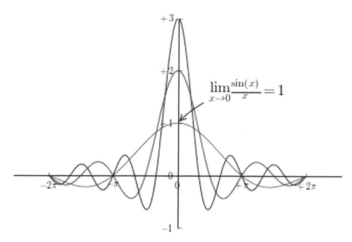

图 7-31   数学表达式可以用 annotate() 函数添加到图表中

为 pandas 数据结构绘制线性图

接下来考虑更实用的场景，或者至少说跟数据分析紧密相关的场景。用 matplotlib 库把 pandas 库的 DataFrame 数据结构绘制成图表非常容易。将 DataFrame 中的数据绘制成线性图表很简单，只需把 DataFrame 作为参数传入 plot() 函数，就能得到多序列线性图（见图 7-32）。

```
In [ ]: import matplotlib.pyplot as plt
   ...: import numpy as np
   ...: import pandas as pd
   ...: data = {'series1':[1,3,4,3,5],
               'series2':[2,4,5,2,4],
               'series3':[3,2,3,1,3]}
   ...: df = pd.DataFrame(data)
   ...: x = np.arange(5)
   ...: plt.axis([0,5,0,7])
   ...: plt.plot(x,df)
   ...: plt.legend(data, loc=2)
```

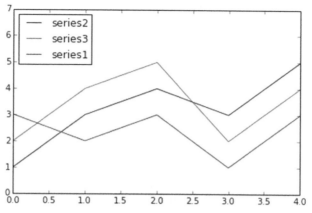

图 7-32 将 pandas DataFrame 中的数据绘成 3 个序列图表

7.13 直方图

直方图由竖立在 x 轴上的多个相邻的矩形组成，这些矩形把 x 轴拆分为一段段彼此不重叠的线段（线段两个端点所标识的数据范围也叫面元），矩形的面积跟落在其所对应的面元的元素数量成正比。这种可视化方法常用于样本分布等统计研究。

pyplot 用于绘制直方图的函数为 hist()，该函数具有一个其他绘图函数所没有的功能。它除了绘制直方图外，还以元组形式返回直方图的计算结果。实际上，hist() 函数还可以实现直方图的计算。也就是说，它能接收一系列样本个体和期望的面元数量作为参数，会把样本范围分成多个区间（面元），然后计算每个面元所包含的样本个体的数量。运算结果除了以图形形式（见图 7-33）表示外，还能以元组形式返回。

```
(n, bins, patches)
```

要理解上述操作，最好的办法莫过于看一个实际的例子。首先使用 random.randint() 函数生成 100 个 0~100 的随机数作为样本。

```
In [ ]: import matplotlib.pyplot as plt
   ...: import numpy as np
   ...: pop = np.random.randint(0,100,100)
   ...: pop
Out[ ]:
array([32, 14, 55, 33, 54, 85, 35, 50, 91, 54, 44, 74, 77,  6, 77, 74, 2,
       54, 14, 30, 80, 70,  6, 37, 62, 68, 88,  4, 35, 97, 50, 85, 19, 90,
       65, 86, 29, 99, 15, 48, 67, 96, 81, 34, 43, 41, 21, 79, 96, 56, 68,
       49, 43, 93, 63, 26,  4, 21, 19, 64, 16, 47, 57,  5, 12, 28,  7, 75,
        6, 33, 92, 44, 23, 11, 61, 40,  5, 91, 34, 58, 48, 75, 10, 39, 77,
       70, 84, 95, 46, 81, 27,  6, 83,  9, 79, 39, 90, 77, 94, 29])
```

下面把刚生成的样本数据作为参数传给 hist() 函数，创建一个直方图。例如想把样本个体分到 20 个面元中（若未指定，默认分为 10 个面元），关键字参数 bin 的值就为 20（见图 7-33）。

```
In [ ]: n,bins,patches = plt.hist(pop,bins=20)
```

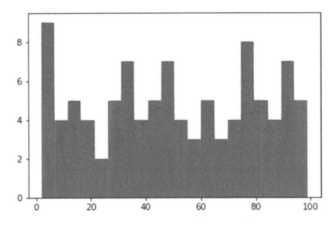

图 7-33   显示每个面元个体数量的直方图

7.14   条状图

另外一种常用的图表类型为条状图。它跟直方图很相似，只不过 x 轴表示的不是数值而是类别。用 matplotlib 的 bar() 函数生成条状图很简单。

```
In [ ]: import matplotlib.pyplot as plt
   ...: index = [0,1,2,3,4]
   ...: values = [5,7,3,4,6]
   ...: plt.bar(index,values)
Out[15]: <Container object of 5 artists>
```

用上述几行代码就能绘制出如图 7-34 所示的条状图。

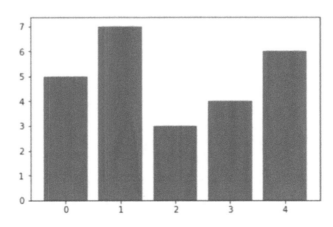

图 7-34   用 matplotlib 实现的最简单的条状图

如图 7-34 所示，x 轴上所有的标签显示在每个长条的左下角。但是由于每个长条对应的是一类，最好用刻度标签标明其类别，方法是把表示各个类别的字符串传递给 xticks() 参数。至于刻度标签的位置，需要把表示它们在 x 轴上位置的数值列表传递给 xticks() 函数，作为它的第 1 个参数。最终将得到如图 7-35 所示的条状图。

```
In [ ]: import numpy as np
   ...: index = np.arange(5)
   ...: values1 = [5,7,3,4,6]
   ...: plt.bar(index,values1)
   ...: plt.xticks(index+0.4,['A','B','C','D','E'])
```

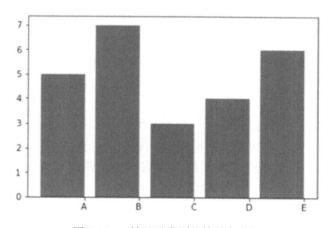

图 7-35　x 轴显示类别的简单条状图

实际上，还可以借助很多其他步骤进一步改进条状图。每一种改进方法都是通过在 bar() 函数中添加特定的关键字参数来实现的。例如把包含标准差的列表传给 yerr 关键字参数，就能添加标准差。这个参数常跟 error_kw 参数一起使用，而后者又接收其他可用于显示误差线的关键字参数。常用的两个是 eColor 和 capsize，eColor 指定误差线的颜色，而 capsize 指定误差线两头横线的宽度。

还有一个参数叫作 alpha，它控制的是彩色条状图的透明度。alpha 的取值范围为 0~1。0 表示对象完全透明，随着 alpha 值的增加，对象逐渐清晰起来，到 1 时，颜色显示全了。

照例建议在图表中添加图例。请用 label 关键字参数，为图表中的序列指定名称。

最终将得到如图 7-36 所示的带有误差线的条状图。

```
In [ ]: import numpy as np
   ...: index = np.arange(5)
   ...: values1 = [5,7,3,4,6]
   ...: std1 = [0.8,1,0.4,0.9,1.3]
   ...: plt.title('A Bar Chart')
   ...: plt.bar(index,values1,yerr=std1,error_kw={'ecolor':'0.1',
       'capsize':6},alpha=0.7,label='First')
   ...: plt.xticks(index+0.4,['A','B','C','D','E'])
   ...: plt.legend(loc=2)
```

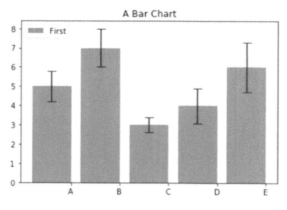

图 7-36   带有误差线的条状图

7.14.1   水平条状图

前面讲的都是沿垂直方向排列的条状图，实际上还有沿水平方向排列的条状图。这种模式的条状图用 barh() 函数实现。bar() 函数的参数和关键字参数对该函数依然有效。唯一的变化是，两条轴的用途跟垂直条状图刚好相反。水平条状图中，类别分布在 y 轴上，数值显示在 x 轴（见图 7-37）。

```
In [ ]: import matplotlib.pyplot as plt
   ...: import numpy as np
   ...: index = np.arange(5)
   ...: values1 = [5,7,3,4,6]
   ...: std1 = [0.8,1,0.4,0.9,1.3]
   ...: plt.title('A Horizontal Bar Chart')
   ...: plt.barh(index,values1,xerr=std1,error_kw={'ecolor':'0.1','capsize':6},alpha=0.7,
      label='First')
   ...: plt.yticks(index+0.4,['A','B','C','D','E'])
   ...: plt.legend(loc=5)
```

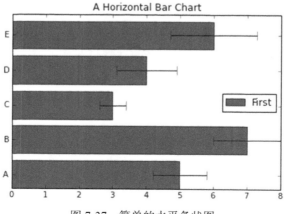

图 7-37   简单的水平条状图

7.14.2 多序列条状图

条状图和线性图通常都是用来同时显示多个序列的数值，因此有必要介绍多序列条状图的组织方式。前面定义了一列索引值，把它们分配给 x 轴，每个值对应一条状图形，索引值代表类别。而接下来这个例子中，要求多个长条共用相同的类别。

解决方法是，把每个类别占据的空间（方便起见，宽度为 1）分为多个部分。想显示几个长条，就将其分为几部分。建议再增加一个额外的空间，以便区分两个相邻的类别（见图 7-38）。

```
In [ ]: import matplotlib.pyplot as plt
   ...: import numpy as np
   ...: index = np.arange(5)
   ...: values1 = [5,7,3,4,6]
   ...: values2 = [6,6,4,5,7]
   ...: values3 = [5,6,5,4,6]
   ...: bw = 0.3
   ...: plt.axis([0,5,0,8])
   ...: plt.title('A Multiseries Bar Chart',fontsize=20)
   ...: plt.bar(index,values1,bw,color='b')
   ...: plt.bar(index+bw,values2,bw,color='g')
   ...: plt.bar(index+2*bw,values3,bw,color='r')
   ...: plt.xticks(index+1.5*bw,['A','B','C','D','E'])
```

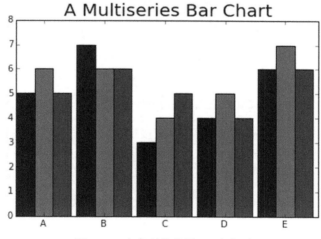

图 7-38　多序列条状图：3 个序列

多序列水平条状图（见图 7-39）的生成方法也很简单。用 barh() 函数替换 bar() 函数，同时还要记得用 yticks() 函数替换为 xticks() 函数。此外，还需要交换 axis() 函数的参数中两条轴的取值范围。

```
In [ ]: import matplotlib.pyplot as plt
   ...: import numpy as np
   ...: index = np.arange(5)
   ...: values1 = [5,7,3,4,6]
```

```
...: values2 = [6,6,4,5,7]
...: values3 = [5,6,5,4,6]
...: bw = 0.3
...: plt.axis([0,8,0,5])
...: plt.title('A Multiseries Horizontal Bar Chart',fontsize=20)
...: plt.barh(index,values1,bw,color='b')
...: plt.barh(index+bw,values2,bw,color='g')
...: plt.barh(index+2*bw,values3,bw,color='r')
...: plt.yticks(index+0.4,['A','B','C','D','E'])
```

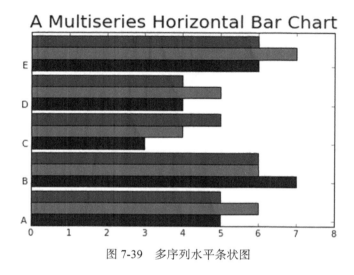

图 7-39　多序列水平条状图

7.14.3　为 pandas DataFrame 生成多序列条状图

　　跟 7.11 节所讲的类似，matplotlib 库还可以直接把存放数据分析结果的 DataFrame 对象绘制成条状图，甚至可以快速完成，实现自动化。唯一需要做的就是在 DataFrame 对象上调用 plot() 函数，指定 kind 关键字参数，把图表类型赋给它，这里使用 bar 类型。无须其他设置，就能得到如图 7-40 所示的条状图。

```
In [ ]: import matplotlib.pyplot as plt
   ...: import numpy as np
   ...: import pandas as pd
   ...: data = {'series1':[1,3,4,3,5],
                'series2':[2,4,5,2,4],
                'series3':[3,2,3,1,3]}
   ...: df = pd.DataFrame(data)
   ...: df.plot(kind='bar')
```

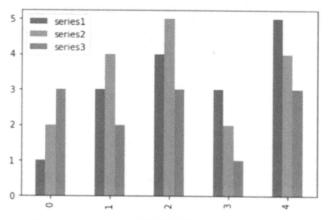

图 7-40　DataFrame 存储的数据可直接绘制成条状图

　　然而，如果想对图像生成过程拥有更多的控制权，或者需要对其进行改动，可以从 DataFrame 中抽取几部分数据，将其保存为 NumPy 数组，然后像本节前几个例子那样用这些数组绘图，把它们作为一个个单独的参数传递给 matplotlib 函数。

　　此外，同样的规则也适用于制作水平条状图，但记得把 barh 赋给 kind 关键字参数。这样将得到如图 7-41 所示的多序列水平条状图。

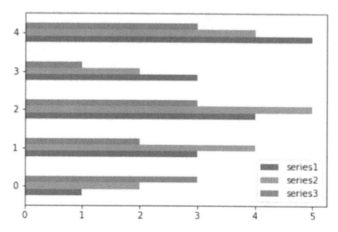

图 7-41　水平条状图可以作为 DataFrame 数据的另外一种有效的可视化方法

7.14.4　多序列堆积条状图

　　多序列条状图的另外一种表现形式是堆积条状图，几个条状图形堆积在一起形成一个更大的长条。如果想表示总和是由几个条状图相加得到的，堆积图就特别合适。

要把简单的多序列条状图转换为堆积图,需在每个 bar()函数中添加 bottom 关键字参数,把每个序列赋给相应的 bottom 关键字参数。这样就能得到如图 7-42 所示的堆积条状图。

```
In [ ]: import matplotlib.pyplot as plt
   ...: import numpy as np
   ...: series1 = np.array([3,4,5,3])
   ...: series2 = np.array([1,2,2,5])
   ...: series3 = np.array([2,3,3,4])
   ...: index = np.arange(4)
   ...: plt.axis([-0.5,3.5,0,15])
   ...: plt.title('A Multiseries Stacked Bar Chart')
   ...: plt.bar(index,series1,color='r')
   ...: plt.bar(index,series2,color='b',bottom=series1)
   ...: plt.bar(index,series3,color='g',bottom=(series2+series1))
   ...: plt.xticks(index+0.4,['Jan18','Feb18','Mar18','Apr18'])
```

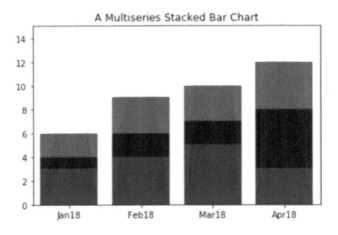

图 7-42   多序列堆积条状图

同样,要创建相应的水平堆积条状图,则需用 barh()函数替换 bar()函数,记得同时修改其他参数。xticks()函数必须替换为 yticks()函数,因为类别标签现在必须置于 y 轴之上。完成上述改动后,将得到如图 7-43 所示的水平堆积条状图。

```
In [ ]: import matplotlib.pyplot as plt
   ...: import numpy as np
   ...: index = np.arange(4)
   ...: series1 = np.array([3,4,5,3])
   ...: series2 = np.array([1,2,2,5])
   ...: series3 = np.array([2,3,3,4])
   ...: plt.axis([0,15,-0.5,3.5])
   ...: plt.title('A Multiseries Horizontal Stacked Bar Chart')
   ...: plt.barh(index,series1,color='r')
   ...: plt.barh(index,series2,color='g',left=series1)
   ...: plt.barh(index,series3,color='b',left=(series1+series2))
   ...: plt.yticks(index+0.4,['Jan18','Feb18','Mar18','Apr18'])
```

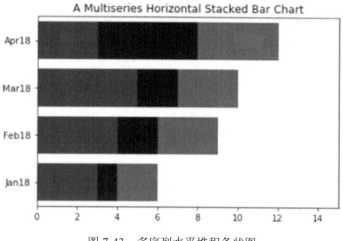

图 7-43 多序列水平堆积条状图

前面一直用不同的颜色来区分多个序列,其实还可以用不同的影线填充条状图,方法如下。首先把条状图颜色设置为白色,然后用 hatch 关键字参数指定影线的类型。不同的影线使用不同的字符（|、/、-、\、*）表示,每种字符对应一种用来填充条状图形的线条类型。同一符号出现的次数越多,则形成阴影的线条越密集,例如///比//密集,而//又比/密集,如图 7-44 所示。

```
In [ ]: import matplotlib.pyplot as plt
   ...: import numpy as np
   ...: index = np.arange(4)
   ...: series1 = np.array([3,4,5,3])
   ...: series2 = np.array([1,2,2,5])
   ...: series3 = np.array([2,3,3,4])
   ...: plt.axis([0,15,-0.5,3.5])
   ...: plt.title('A Multiseries Horizontal Stacked Bar Chart')
   ...: plt.barh(index,series1,color='w',hatch='xx')
   ...: plt.barh(index,series2,color='w',hatch='///', left=series1)
   ...: plt.barh(index,series3,color='w',hatch='\\\\\\',left=(series1+series2))
   ...: plt.yticks(index+0.4,['Jan18','Feb18','Mar18','Apr18'])
Out[453]:
([<matplotlib.axis.YTick at 0x2a9f0748>,
  <matplotlib.axis.YTick at 0x2a9e1f98>,
  <matplotlib.axis.YTick at 0x2ac06518>,
  <matplotlib.axis.YTick at 0x2ac52128>],
<a list of 4 Text yticklabel objects>)
```

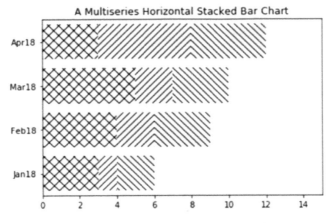

图 7-44 堆积条状图可用影线表示不同序列

7.14.5 为 pandas DataFrame 绘制堆积条状图

同样，用 plot()函数直接把 DataFrame 对象中的数据制作成堆积条状图也很简单。只需把 stacked 关键字参数置为 True（见图 7-45）。

```
In [ ]: import matplotlib.pyplot as plt
   ...: import pandas as pd
   ...: data = {'series1':[1,3,4,3,5],
               'series2':[2,4,5,2,4],
               'series3':[3,2,3,1,3]}
   ...: df = pd.DataFrame(data)
   ...: df.plot(kind='bar', stacked=True)
Out[5]: <matplotlib.axes._subplots.AxesSubplot at 0xcda8f98>
```

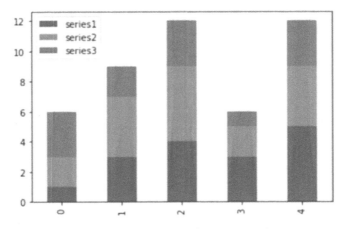

图 7-45 DataFrame 数据可直接作成堆积条状图

7.14.6 其他条状图

另外一种非常有用的图形表示法是用条状图表现对比关系。两列有着共同类别的数据，其条状图形分列于 x 轴两侧，沿 y 轴方向生长。要生成这类图形，需事先对其中一个序列的 y 值进行取相反数操作，详见下面的例子。这个例子还会展示如何修改条状图内部区域的颜色。其实，用关键字参数 facecolor 设置两种颜色即可。

此外，这个例子还将展示如何在每个长条的末端显示 y 值标签，这有助于增强条状图的可读性。可以使用 for 循环，在循环体内再借助 text() 函数显示 y 值标签。标签的位置可用 ha 和 va 关键字参数来调整，它们分别控制着标签在水平和垂直方向上的对齐效果。结果如图 7-46 所示。

```
In [ ]: import matplotlib.pyplot as plt
   ...: x0 = np.arange(8)
   ...: y1 = np.array([1,3,4,6,4,3,2,1])
   ...: y 2 = np.array([1,2,5,4,3,3,2,1])
   ...: plt.ylim(-7,7)
   ...: plt.bar(x0,y1,0.9,facecolor='r')
   ...: plt.bar(x0,-y2,0.9,facecolor='b')
   ...: plt.xticks(())
   ...: plt.grid(True)
   ...: for x, y in zip(x0, y1):
           plt.text(x + 0.4, y + 0.05, '%d' % y, ha='center', va= 'bottom')
   ...:
   ...: for x, y in zip(x0, y2):
           plt.text(x + 0.4, -y - 0.05, '%d' % y, ha='center', va= 'top')
```

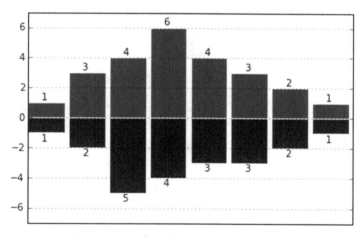

图 7-46   两个序列可用这种条状图进行对比

7.15   饼图

除了条状图，饼图也可以用来表示数据。用 pie() 函数制作饼图很简单。

该函数仍然以要表示的一列数据作为主要参数。这里直接选用百分比（总和为 100），但可以选用每个类别的实际数值，而让 pie() 函数自己去计算每个类别所占的比例。

对于这类图表，仍需用关键字参数设置关键特征。例如定义颜色列表，为作为输入的数据序列分配颜色，可使用 colors 关键字参数，把颜色列表赋给它。另外一个重要的功能是为饼图的每一小块添加标签，为此需使用 labels 关键字参数，把标签列表赋给它。

此外，为了绘制标准的圆形饼图，还需要在代码最后调用 axis() 函数，用字符串 'equal' 作为参数。最终将得到如图 7-47 所示的饼图。

```
In [ ]: import matplotlib.pyplot as plt
   ...: labels = ['Nokia','Samsung','Apple','Lumia']
   ...: values = [10,30,45,15]
   ...: colors = ['yellow','green','red','blue']
   ...: plt.pie(values,labels=labels,colors=colors)
   ...: plt.axis('equal')
```

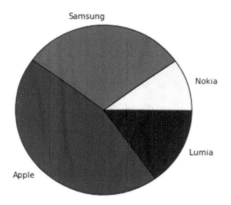

图 7-47　一幅非常简单的饼图

为了增强饼图的表现力，还可以制作从圆饼中抽取出一块的效果。在关注某一块时，常会这么做。假如这个例子要突出显示 Nokia 这一块，则需要使用 explode 关键字参数。它的数据类型为浮点型，取值范围为 0~1。1 表示这一块完全脱离饼图；0 表示没有抽取，也就是饼图仍然是一个完整的圆；而 0~1 的值则表示这一块未完全脱离饼图（见图 7-48）。

同理，也可以用 title() 函数为饼图添加标题。还可以用 startangle 关键字参数调整饼图的旋转角度，该参数接收一个 0~360 的整数，表示转换的角度（默认值为 0）。

修改后的图表如图 7-48 所示。

```
In [ ]: import matplotlib.pyplot as plt
   ...: labels = ['Nokia','Samsung','Apple','Lumia']
   ...: values = [10,30,45,15]
   ...: colors = ['yellow','green','red','blue']
   ...: explode = [0.3,0,0,0]
   ...: plt.title('A Pie Chart')
   ...: plt.pie(values,labels=labels,colors=colors,explode=explode,startangle=180)
   ...: plt.axis('equal')
```

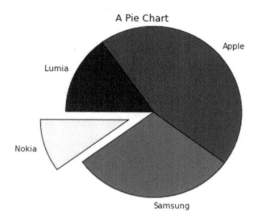

图 7-48　更高级的饼图

可以往饼图中添加的元素远不止这些。例如由于饼图没有带刻度的轴，因此无法直观地了解每一块所表示的百分比大小。为了弥补这一不足，可以用 autopct 关键字参数，在每一块的中间位置添加文本标签来显示相应的百分比。

如果想让图表更具吸引力，还可以用 shadow 关键字参数添加阴影效果，将其置为 True 即可。最终将得到如图 7-49 所示的饼图。

```
In [ ]: import matplotlib.pyplot as plt
   ...: labels = ['Nokia','Samsung','Apple','Lumia']
   ...: values = [10,30,45,15]
   ...: colors = ['yellow','green','red','blue']
   ...: explode = [0.3,0,0,0]
   ...: plt.title('A Pie Chart')
   ...: plt.pie(values,labels=labels,colors=colors,explode=explode,
       shadow=True,autopct='%1.1f%%',startangle=180)
   ...: plt.axis('equal')
```

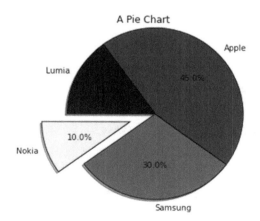

图 7-49　比之前还要高级的饼图

为 DataFrame 绘制饼图

也可以用饼图表示 DataFrame 对象中的数据。但是，每幅饼图只能表示一个序列，因此在下面这个例子只将序列 df['series1'] 作成图。我们需要使用 plot() 的 kind 关键字参数指定图表类型为 pie。此外，要绘制一个标准的圆形饼图，就有必要添加 figsize 关键字参数。最终将得到如图 7-50 所示的饼图。

```
In [ ]: import matplotlib.pyplot as plt
   ...: import pandas as pd
   ...: data = {'series1':[1,3,4,3,5],
               'series2':[2,4,5,2,4],
               'series3':[3,2,3,1,3]}
   ...: df = pd.DataFrame(data)
   ...: df['series1'].plot(kind='pie',figsize=(6,6))
Out[14]: <matplotlib.axes._subplots.AxesSubplot at 0xe1ba710>
```

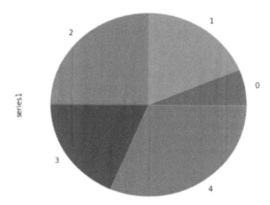

图 7-50　pandas DataFrame 中的数据可直接绘制成饼图

7.16　高级图表

除去条状图、饼图等较为传统的图表，可能还需要用到其他形式的图表。网上以及各种出版物中有很多关于其他类型图形解决方案的讨论和建议，其中有些非常出色，也很吸引人。但限于篇幅，本节只介绍其中一些图形表示法，更为详细的讨论则超出了本书的范围。数据可视化世界的疆域在不断扩展之中，可以把这一节作为入门材料。

7.16.1　等值线图

等值线图或**等高线图**在科学界很常用。这种可视化方法用由一圈圈封闭的曲线组成的等值线图表示三维结构的表面，其中封闭的曲线表示的是一个个处于同一层级或 z 值相同的数据点。

虽然等值线图看上去结构很复杂，其实用 matplotlib 实现起来并不难。首先，需要用 $z = f(x,y)$

函数生成三维结构。然后，定义 x、y 的取值范围，确定要显示的区域。之后使用 $f(x,y)$ 函数计算每一对 (x,y) 所对应的 z 值，得到一个 z 值矩阵。最后，用 contour() 函数生成三维结构表面的等值线图。定义颜色表，为等值线图添加不同颜色，效果往往会更好，即用渐变色填充由等值线划分成的区域。如图 7-51 所示，用逐渐加深的蓝色阴影表示负值，而随着数值的增大，则逐渐改用黄色甚至红色。

```
In [ ]: import matplotlib.pyplot as plt
   ...: import numpy as np
   ...: dx = 0.01; dy = 0.01
   ...: x = np.arange(-2.0,2.0,dx)
   ...: y = np.arange(-2.0,2.0,dy)
   ...: X,Y = np.meshgrid(x,y)
   ...: def f(x,y):
           return (1 - y**5 + x**5)*np.exp(-x**2-y**2)
   ...: C = plt.contour(X,Y,f(X,Y),8,colors='black')
   ...: plt.contourf(X,Y,f(X,Y),8)
   ...: plt.clabel(C, inline=1, fontsize=10)
```

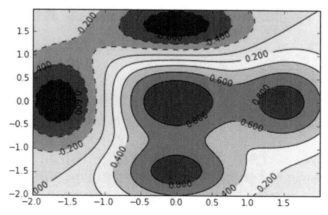

图 7-51　等值线图可以表示一个表面的 z 值信息

标准的渐变色组合（颜色表）如图 7-51 所示。在实际应用中，要从多种颜色中选定需要的颜色，把它赋给 cmap 关键字参数。

此外，如若使用等值线图，在该图的一侧增加图例作为对图表中所用颜色的说明几乎是必需的。在代码的最后增加 colorbar() 函数即可实现该功能。图 7-52 所示的图表使用了另外一种颜色表，先是由黑色过渡到红色，再过渡到黄色，最后最大值使用白色。这种彩图中，cmap 参数的值为 plt.cm.hot。

```
In [ ]: import matplotlib.pyplot as plt
   ...: import numpy as np
   ...: dx = 0.01; dy = 0.01
   ...: x = np.arange(-2.0,2.0,dx)
   ...: y = np.arange(-2.0,2.0,dy)
   ...: X,Y = np.meshgrid(x,y)
```

```
...: def f(x,y):
        return (1 - y**5 + x**5)*np.exp(-x**2-y**2)
...: C = plt.contour(X,Y,f(X,Y),8,colors='black')
...: plt.contourf(X,Y,f(X,Y),8,cmap=plt.cm.hot)
...: plt.clabel(C, inline=1, fontsize=10)
...: plt.colorbar()
```

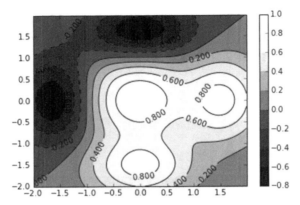

图 7-52   用表示"热度"的颜色表可增强等值线图的吸引力

7.16.2   极区图

另一种取得了一定成功的高级图表是**极区图**。这种图表由一系列呈放射状延伸的区域组成，其中每块区域占据一定的角度。因此若要用极区图表示两个数值，分别指定它们在极区图中所占的分量：每块区域的半径 r 和它所占的角度，其实这就是极坐标(r, θ)，是在坐标轴系中表示数据的另一种方法。从图表的角度来看，可以将其视作兼有饼图和条状图特点的图表。之所以说它像饼图，是因为每个区域的角度所表示的是其所属类别占全部类别的比例。至于说它像条状图，是因为半径的长度表示某一类别的数值大小。

前面一直使用标准颜色集，每种颜色用单一字符颜色编码来表示（例如 r 代表红色）。实际上，可以自定义任意的颜色列表，方法是指定颜色列表，其中每个元素为字符串类型的 RGB 编码，其格式为#rrggbb。

奇怪的是，制作极区图需要使用 bar() 函数，把角度 θ 列表和半径列表传递给它。这样将得到如图 7-53 所示的极区图。

```
In [ ]: import matplotlib.pyplot as plt
   ...: import numpy as np
   ...: N = 8
   ...: theta = np.arange(0.,2 * np.pi, 2 * np.pi / N)
   ...: radii = np.array([4,7,5,3,1,5,6,7])
   ...: plt.axes([0.025, 0.025, 0.95, 0.95], polar=True)
   ...: colors = np.array(['#4bb2c5', '#c5b47f', '#EAA228', '#579575', '#839557', '#958c12',
        '#953579', '#4b5de4'])
   ...: bars = plt.bar(theta, radii, width=(2*np.pi/N), bottom=0.0, color=colors)
```

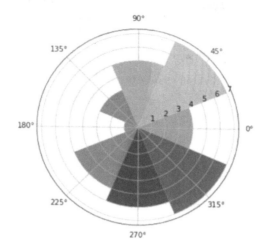

图 7-53 极区图

这个例子定义了一列#rrggbb 格式的颜色值，其实还可以用颜色的实际名称来表示颜色（见图 7-54）。

```
In [ ]: import matplotlib.pyplot as plt
   ...: import numpy as np
   ...: N = 8
   ...: theta = np.arange(0.,2 * np.pi, 2 * np.pi / N)
   ...: radii = np.array([4,7,5,3,1,5,6,7])
   ...: plt.axes([0.025, 0.025, 0.95, 0.95], polar=True)
   ...: colors = np.array(['lightgreen', 'darkred', 'navy', 'brown', 'violet', 'plum',
       'yellow', 'darkgreen'])
   ...: bars = plt.bar(theta, radii, width=(2*np.pi/N), bottom=0.0, color=colors)
```

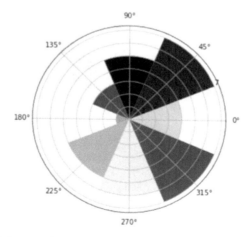

图 7-54 使用另外一种颜色列表得到的极区图

7.17　mplot3d 工具集

mplot3d 工具集是 matplotlib 内置的标配，可用来实现 3D 数据可视化功能。如果生成的图形在单独的窗口中显示，还可以用鼠标旋转三维图形的轴进行查看。

mplot3d 仍然使用 Figure 对象，只不过 Axes 对象要替换为该工具集的 Axes3D 对象。因此，使用 Axes3D 对象前，需先将其导入进来。

```
from mpl_toolkits.mplot3d import Axes3D
```

7.17.1　3D 曲面

7.15.1 节用等值线来表示三维曲面。而用 mplot3d，可以将表面直接绘制成 3D 形状。下面的例子将再次使用绘制等值线图所用到的 $z = f(x, y)$ 函数。

计算出分割线坐标后，就可以用 plot_surface() 函数绘制曲面。蓝色三维曲面图表请见图 7-55。

```
In [ ]: from mpl_toolkits.mplot3d import Axes3D
   ...: import matplotlib.pyplot as plt
   ...: fig = plt.figure()
   ...: ax = Axes3D(fig)
   ...: X = np.arange(-2,2,0.1)
   ...: Y = np.arange(-2,2,0.1)
   ...: X,Y = np.meshgrid(X,Y)
   ...: def f(x,y):
   ...:     return (1 - y**5 + x**5)*np.exp(-x**2-y**2)
   ...: ax.plot_surface(X,Y,f(X,Y), rstride=1, cstride=1)
```

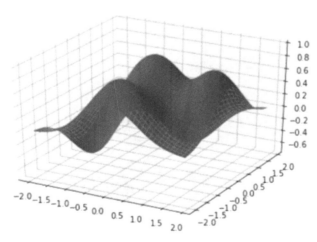

图 7-55　用 mplot3d 工具集可以绘制 3D 曲面

修改颜色表，3D 表面效果会更加突出，例如可以用 cmap 关键字参数指定各颜色。还可以用

view_init()函数旋转曲面，修改 elev 和 azim 两个关键字参数，从不同的视角查看曲面，其中第 1 个关键字参数指定从哪个高度查看曲面，第 2 个参数指定曲面旋转的角度。

例如可以使用 plt.cm.hot 颜色表，把视角设置为 elev=30 和 azim=125，结果如图 7-56 所示。

```
In [ ]: from mpl_toolkits.mplot3d import Axes3D
   ...: import matplotlib.pyplot as plt
   ...: fig = plt.figure()
   ...: ax = Axes3D(fig)
   ...: X = np.arange(-2,2,0.1)
   ...: Y = np.arange(-2,2,0.1)
   ...: X,Y = np.meshgrid(X,Y)
   ...: def f(x,y):
 return (1 - y**5 + x**5)*np.exp(-x**2-y**2)
   ...: ax.plot_surface(X,Y,f(X,Y), rstride=1, cstride=1, cmap=plt.cm.hot)
   ...: ax.view_init(elev=30,azim=125)
```

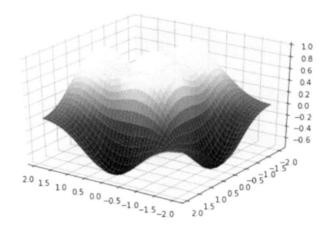

图 7-56　旋转曲面，调整高度，从更高的视角查看 3D 曲面

7.17.2　3D 散点图

在所有 3D 图形中，散点图最常用。通过这种可视化方法，能识别数据点的分布是否呈现某种趋势，尤其是可以识别它们是否有聚集成簇的趋势。

下面这个例子仍使用 scatter()函数，使用方法跟绘制 2D 图形相同，但是要将其应用于 Axes3D 对象。这样做可以多次调用 scatter()函数，在同一个 3D 对象中显示不同的序列（见图 7-57）。

```
In [ ]: import matplotlib.pyplot as plt
   ...: import numpy as np
   ...: from mpl_toolkits.mplot3d import Axes3D
   ...: xs = np.random.randint(30,40,100)
   ...: ys = np.random.randint(20,30,100)
   ...: zs = np.random.randint(10,20,100)
```

```
...: xs2 = np.random.randint(50,60,100)
...: ys2 = np.random.randint(30,40,100)
...: zs2 = np.random.randint(50,70,100)
...: xs3 = np.random.randint(10,30,100)
...: ys3 = np.random.randint(40,50,100)
...: zs3 = np.random.randint(40,50,100)
...: fig = plt.figure()
...: ax = Axes3D(fig)
...: ax.scatter(xs,ys,zs)
...: ax.scatter(xs2,ys2,zs2,c='r',marker='^')
...: ax.scatter(xs3,ys3,zs3,c='g',marker='*')
...: ax.set_xlabel('X Label')
...: ax.set_ylabel('Y Label')
...: ax.set_zlabel('Z Label')
Out[34]: <matplotlib.text.Text at 0xe1c2438>
```

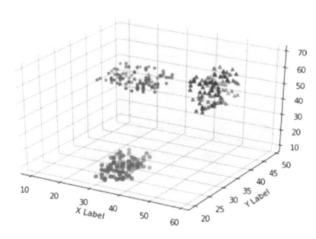

图 7-57   包含 3 个簇的 3D 散点图

7.17.3   3D 条状图

数据分析常用的另一种 3D 图形是 3D 条状图。要绘制这种图表，同样是将 bar() 函数应用于 Axes3D 对象。如果定义了多个序列，可以在同一个 3D 对象上多次调用 bar() 函数（见图 7-58）。

```
In [ ]: import matplotlib.pyplot as plt
    ...: import numpy as np
    ...: from mpl_toolkits.mplot3d import Axes3D
    ...: x = np.arange(8)
    ...: y = np.random.randint(0,10,8)
    ...: y2 = y + np.random.randint(0,3,8)
    ...: y3 = y2 + np.random.randint(0,3,8)
    ...: y4 = y3 + np.random.randint(0,3,8)
    ...: y5 = y4 + np.random.randint(0,3,8)
    ...: clr = ['#4bb2c5', '#c5b47f', '#EAA228', '#579575', '#839557', '#958c12', '#953579',
'#4b5de4']
```

```
...: fig = plt.figure()
...: ax = Axes3D(fig)
...: ax.bar(x,y,0,zdir='y',color=clr)
...: ax.bar(x,y2,10,zdir='y',color=clr)
...: ax.bar(x,y3,20,zdir='y',color=clr)
...: ax.bar(x,y4,30,zdir='y',color=clr)
...: ax.bar(x,y5,40,zdir='y',color=clr)
...: ax.set_xlabel('X Axis')
...: ax.set_ylabel('Y Axis')
...: ax.set_zlabel('Z Axis')
...: ax.view_init(elev=40)
```

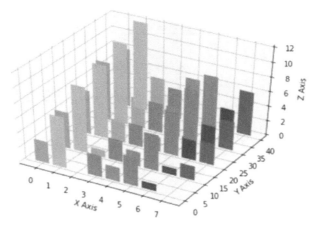

图 7-58　3D 条状图

7.18　多面板图形

前面介绍了用图表表示数据的多种方法，以及把一幅图分成多幅子图的情况。本节将深入讲解这个主题，分析几种更为复杂的情况。

7.18.1　在其他子图中显示子图

下面介绍一种更高级的方法：把图表放入框架，在其他图表中显示。既然讲框架（即 Axes对象），就需要把主 Axes 对象（即主图表）跟放置另一个 Axes 对象实例的框架分开。具体做法是用 figure()函数取到 Figure 对象，用 add_axes()函数在它上面定义两个 Axes 对象。结果见图 7-59。

```
In [ ]: import matplotlib.pyplot as plt
    ...: fig = plt.figure()
    ...: ax = fig.add_axes([0.1,0.1,0.8,0.8])
    ...: inner_ax = fig.add_axes([0.6,0.6,0.25,0.25])
```

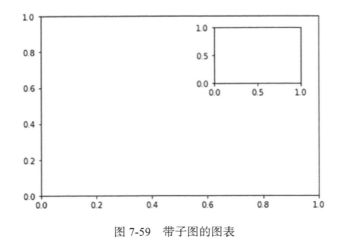

图 7-59   带子图的图表

为了更好地理解这种图形模式，可以为 Axes 对象的 plot()方法传入两列真实数据，效果见图 7-60。

```
In [ ]: import matplotlib.pyplot as plt
   ...: import numpy as np
   ...: fig = plt.figure()
   ...: ax = fig.add_axes([0.1,0.1,0.8,0.8])
   ...: inner_ax = fig.add_axes([0.6,0.6,0.25,0.25])
   ...: x1 = np.arange(10)
   ...: y1 = np.array([1,2,7,1,5,2,4,2,3,1])
   ...: x2 = np.arange(10)
   ...: y2 = np.array([1,3,4,5,4,5,2,6,4,3])
   ...: ax.plot(x1,y1)
   ...: inner_ax.plot(x2,y2)
Out[95]: [<matplotlib.lines.Line2D at 0x14acf6d8>]
```

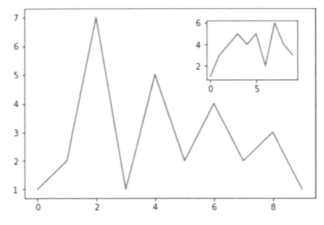

图 7-60   更加真实的带子图的图表

7.18.2　子图网格

前面讲过如何生成子图。要把图形分成多个区域，添加多个子图，可以用 subplots() 函数，方法很简单。matplotlib 的 GridSpec() 函数可用来管理更为复杂的情况。它把绘图区域分成多个子区域，可以把一个或多个子区域分配给每一幅子图，因此可以得到如图 7-61 所示的图表，其中每幅子图的大小、方位各不相同。

```
In [ ]: import matplotlib.pyplot as plt
   ...: gs = plt.GridSpec(3,3)
   ...: fig = plt.figure(figsize=(6,6))
   ...: fig.add_subplot(gs[1,:2])
   ...: fig.add_subplot(gs[0,:2])
   ...: fig.add_subplot(gs[2,0])
   ...: fig.add_subplot(gs[:2,2])
   ...: fig.add_subplot(gs[2,1:])
Out[97]: <matplotlib.axes._subplots.AxesSubplot at 0x12717438>
```

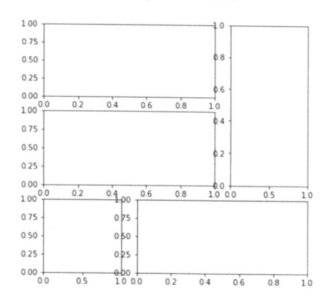

图 7-61　在由子区域组成的网格中，可以绘制大小不同的子图

前面介绍了如何把不同的区域分配给子图，下面介绍这些子图的使用方法。实际上，可以在 add_subplot() 函数返回的 Axes 对象上调用 plot() 函数，绘制相应的图形（见图 7-62）。

```
In [ ]: import matplotlib.pyplot as plt
   ...: import numpy as np
   ...: gs = plt.GridSpec(3,3)
   ...: fig = plt.figure(figsize=(6,6))
   ...: x1 = np.array([1,3,2,5])
   ...: y1 = np.array([4,3,7,2])
   ...: x2 = np.arange(5)
```

```
...: y2 = np.array([3,2,4,6,4])
...: s1 = fig.add_subplot(gs[1,:2])
...: s1.plot(x,y,'r')
...: s2 = fig.add_subplot(gs[0,:2])
...: s2.bar(x2,y2)
...: s3 = fig.add_subplot(gs[2,0])
...: s3.barh(x2,y2,color='g')
...: s4 = fig.add_subplot(gs[:2,2])
...: s4.plot(x2,y2,'k')
...: s5 = fig.add_subplot(gs[2,1:])
...: s5.plot(x1,y1,'b^',x2,y2,'yo')
```

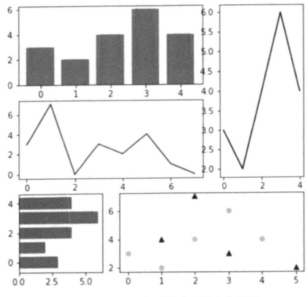

图 7-62   子图网格可同时显示多个图形

7.19   小结

本章介绍了了 matplotlib 库的所有基础功能。通过一系列例子介绍了数据可视化所需的基础工具，以及用几行代码就能生成各种图表的方法。

至此，介绍完了为数据分析工作提供基础工具的所有库。下一章将介绍跟数据分析联系更为紧密的内容。

## 第 8 章

用 scikit-learn 库实现机器学习

数据分析由一连串步骤组成，对于其中预测模型的创建和验证这一步，可用 scikit-learn 这个功能强大的库来完成。本章通过示例讲解几种预测模型的创建方法。

8.1 scikit-learn 库

Python 库 scikit-learn 整合了多种机器学习算法。2007 年，Cournapeu 开始开发这个库，但直到 2010 年才发布它的第一个版本。

这个库是 SciPy（Scientific Python，Python 科学计算）工具集的一部分，该工具集包含多个为科学计算尤其是数据分析而开发的库，其中不少库都在本书讨论范围之列。通常这些库被称作 SciKits，库名 scikit-learn 的前半部分正是来源于此，而后半部分则来自该库所面向的应用领域——机器学习——的英文名"machine learning"。

8.2 机器学习

机器学习这门学科研究的是识别作为数据分析对象的数据集中模式的方法，尤其指研发算法，从数据中学习，并做出预测。所有的机器学习方法都是以建立特定的模型为基础。

要建立能学习的机器，方法有多种，但各有各的特点，选用哪种方法取决于数据的特点和预测模型的类型。选用哪种方法这个问题被称作**学习问题**。

在学习阶段，遵从某种模式的数据可以是数组形式，其中每个元素只包含单个值或多个值。这些值常被称作**特征**（feature）或**属性**（attribute）。

8.2.1 有监督学习和无监督学习

根据数据和所要创建的模型的类型，学习问题可以分为两大类。

1. 有监督学习

训练集包含作为预测结果（**目标值**）的额外的属性信息。这些信息可以指导模型对新数据（**测**

试集）做出跟已有数据类似的预测。

❏ **分类**：训练集数据属于两种或以上类别。已标注的数据可指导系统学习能识别每个类别的特征。预测系统未见过的新数据时，系统将根据新数据的特征，评估它的类别。

❏ **回归**：被预测结果为连续型变量。最易于理解的应用场景是，在散点图中找出能描述一系列数据点趋势的直线。

2. 无监督学习

训练集数据由一系列输入值 x 组成，其目标值未知。

❏ **聚类**：发现数据集中由相似的个体组成的群组。

❏ **降维**：将高维数据集的维数减少到两维或三维，这样不仅便于数据可视化，而且大幅降低维度后，每一维所传达的信息还会更多。

除了上述两大类别的方法之外，还有一类方法，它们以验证、评估模型为目的。

8.2.2　训练集和测试集

机器学习方法使得我们可以用数据集创建模型，识别模型的特性（property）之后，再用来处理新数据。在机器学习过程中，经常要评估算法的好坏。评估算法需要把算法分为**训练集**和**测试集**两部分，从前者学习数据的特性，再用后者测试得到的特性。

8.3　用 scikit-learn 实现有监督学习

本章将讲解以下几个**有监督学习**的例子。

❏ 用 Iris 数据集讲解分类

    ■ K-近邻分类器

    ■ 支持向量分类（SVC）

❏ 用 Diabetes 数据集介绍回归算法

    ■ 线性回归

    ■ 支持向量回归（SVR）

有监督学习方法从数据集读取数据，学习两个或以上特征之间可能的模式。因为训练集结果（目标或标签）已知，所以学习是可行的。scikit-learn 的所有模型都被称作**有监督估计器**，训练估计器要用到 fit(x,y)函数：其中 x 指观察到的特征，y 指的是目标。估计器经过训练后，就能预测任何标签未知的新数据 x 的 y 值。预测是由 predict(x)函数完成的。

8.4　Iris 数据集

Iris 数据集（鸢尾花数据集）很特别。早在 1936 年，Sir Ronald Fisher 就第 1 次将它用于数据挖掘实验。因为这些数据是安德森通过直接测量鸢尾花的各个部分得到的，所以为了纪念他，该数据集也常被称作安德森鸢尾花数据集。该数据集的数据采自 3 种鸢尾花（山鸢尾、变色鸢尾和维吉尼亚鸢尾），具体而言，这些数据表示的是萼片和花瓣的长宽（见图 8-1）。

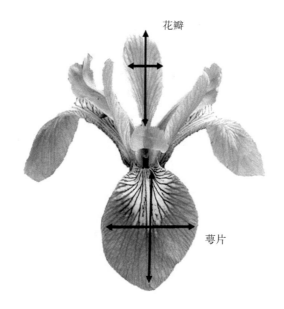

图 8-1 变色鸢尾花瓣和萼片的长与宽

目前，人们常用该数据集讲解多种分析方法，尤其是可以用机器学习方法解决的**分类**问题。由此可见，scikit-learn 库以 150x4 NumPy 数组形式内置了该数据集也并非出于偶然。

下面深入探究该数据集。在 IPython QtConsole 或 Python 会话中导入它。

```
In [ ]: from sklearn import datasets
   ...: iris = datasets.load_iris()
```

这样就把鸢尾花数据集的所有数据和元数据都加载到 iris 变量中。因此使用 iris 变量的 data 属性，就能查看它所包含的数据。

```
In [ ]: iris.data
Out[ ]:
array([[ 5.1, 3.5, 1.4, 0.2],
       [ 4.9, 3. , 1.4, 0.2],
       [ 4.7, 3.2, 1.3, 0.2],
       [ 4.6, 3.1, 1.5, 0.2],
       ...
```

输出结果为一个包含 150 个元素的数组，每个元素又包含 4 个数值：分别为萼片和花瓣的数据。

想知道花的种类，访问 iris 的 target 属性即可。

```
In [ ]: iris.target
Out[ ]:
array([0, 0, 0, 0, 0, 0, 0, 0, 0, 0, 0, 0, 0, 0, 0, 0, 0, 0, 0, 0, 0, 0, 0,
```

```
0, 0, 0, 0, 0, 0, 0, 0, 0, 0, 0, 0, 0, 0, 0, 0, 0, 0, 0, 0, 0, 0,
0, 0, 0, 0, 1, 1, 1, 1, 1, 1, 1, 1, 1, 1, 1, 1, 1, 1, 1, 1, 1, 1,
1, 1, 1, 1, 1, 1, 1, 1, 1, 1, 1, 1, 1, 1, 1, 1, 1, 1, 1, 1, 1, 1,
1, 1, 1, 1, 1, 1, 1, 1, 2, 2, 2, 2, 2, 2, 2, 2, 2, 2, 2, 2, 2, 2,
2, 2, 2, 2, 2, 2, 2, 2, 2, 2, 2, 2, 2, 2, 2, 2, 2, 2, 2, 2, 2, 2,
2, 2, 2, 2, 2, 2, 2, 2, 2, 2, 2, 2])
```

输出结果包含 150 个数值，其中共有 3 种可能的取值（0、1 和 2），分别代表 3 种鸢尾花。调用 iris 的 target_names 属性可了解每个值所代表的类别。

```
In [ ]: iris.target_names
Out[ ]:
array(['setosa', 'versicolor', 'virginica'],
      dtype='|S10')
```

为了更好地理解这个数据集，可以使用 matplotlib 库。运用第 7 章介绍的技巧，用 3 种颜色表示 3 种花，绘制一幅散点图。x 轴表示萼片的长度，y 轴表示萼片的宽度。

```
In [ ]: import matplotlib.pyplot as plt
  ...: import matplotlib.patches as mpatches
  ...: from sklearn import datasets
  ...:
  ...: iris = datasets.load_iris()
  ...: x = iris.data[:,0] #X-Axis - sepal length
  ...: y = iris.data[:,1] #Y-Axis - sepal length
  ...: species = iris.target      #Species
  ...:
  ...: x_min, x_max = x.min() - .5,x.max() + .5
  ...: y_min, y_max = y.min() - .5,y.max() + .5
  ...:
  ...: #SCATTERPLOT
  ...: plt.figure()
  ...: plt.title('Iris Dataset - Classification By Sepal Sizes')
  ...: plt.scatter(x,y, c=species)
  ...: plt.xlabel('Sepal length')
  ...: plt.ylabel('Sepal width')
  ...: plt.xlim(x_min, x_max)
  ...: plt.ylim(y_min, y_max)
  ...: plt.xticks(())
  ...: plt.yticks(())
  ...: plt.show()
```

上述代码将生成如图 8-2 所示的散点图。蓝、绿和红分别代表山鸢尾、变色鸢尾和维吉尼亚鸢尾。

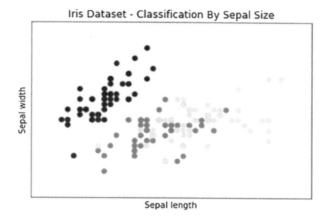

图 8-2　用不同颜色表示的不同鸢尾花种类

　　由图 8-2 可见，山鸢尾跟另外两种花不同，表示山鸢尾的蓝色数据点形成一簇，与其他点区分开来。

　　仿照上述步骤，改用花瓣的长和宽这两个变量绘制图表。上述代码只需改动几处，就可以继续使用。

```
In [ ]: import matplotlib.pyplot as plt
   ...: import matplotlib.patches as mpatches
   ...: from sklearn import datasets
   ...:
   ...: iris = datasets.load_iris()
   ...: x = iris.data[:,2]  #X-Axis - petal length
   ...: y = iris.data[:,3]  #Y-Axis - petal length
   ...: species = iris.target     #Species
   ...:
   ...: x_min, x_max = x.min() - .5,x.max() + .5
   ...: y_min, y_max = y.min() - .5,y.max() + .5
   ...: #SCATTERPLOT
   ...: plt.figure()
   ...: plt.title('Iris Dataset - Classification By Petal Sizes', size=14)
   ...: plt.scatter(x,y, c=species)
   ...: plt.xlabel('Petal length')
   ...: plt.ylabel('Petal width')
   ...: plt.xlim(x_min, x_max)
   ...: plt.ylim(y_min, y_max)
   ...: plt.xticks(())
   ...: plt.yticks(())
```

　　上述代码得到的散点图如图 8-3 所示。用花瓣的长和宽作为特征时，三类之间的区别更明显。由图可见，这次得到了 3 簇。

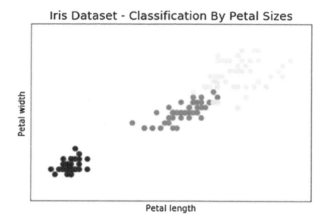

图 8-3 用不同颜色表示的不同鸢尾花种类

主成分分解

前面尝试用花瓣、萼片的 4 项测量数据来描述 3 种花的特点。两幅散点图是分别用萼片和花瓣的测量数据制作的，那么怎样才能把 4 项测量数据整合到一起呢？即使是 3D 散点图也无法整合四个维度。

关于这个问题，早已有现成的解决方法——**主成分分析法**（Principal Component Analysis，PCA）。该方法可以减少系统的维数，保留足以描述各数据点特征的信息，其中新生成的各维叫作**主成分**。对于这个例子，将系统从四维降到三维后，就把结果绘制为 3D 散点图了。这样就可以使用萼片和花瓣的测量数据来描述数据集中各种鸢尾花的特点了。

scikit-learn 库的 `fit_transform()`函数就是用来降维的，属于 PCA 对象。使用前，要先导入 PCA 模块 sklearn.decomposition，然后使用 PCA()构造函数，用 n_components 选项指定要降到几维（主成分）。这里为三维。最后，调用 `fit_transform()`函数，传入四维的 Iris 数据集作为参数。

```
from sklearn.decomposition import PCA
x_reduced = PCA(n_components=3).fit_transform(iris.data)
```

此外，绘制 3D 散点图要用到 matplotlib 的 mpl_toolkits.mplot3d 模块。如果不记得怎么用，请见 7.16.2 节。

```
import matplotlib.pyplot as plt
from mpl_toolkits.mplot3d import Axes3D
from sklearn import datasets
from sklearn.decomposition import PCA

iris = datasets.load_iris()
species = iris.target     #Species
x_reduced = PCA(n_components=3).fit_transform(iris.data)

#SCATTERPLOT 3D
```

```
fig = plt.figure()
ax = Axes3D(fig)
ax.set_title('Iris Dataset by PCA', size=14)
ax.scatter(x_reduced[:,0],x_reduced[:,1],x_reduced[:,2], c=species)
ax.set_xlabel('First eigenvector')
ax.set_ylabel('Second eigenvector')
ax.set_zlabel('Third eigenvector')
ax.w_xaxis.set_ticklabels(())
ax.w_yaxis.set_ticklabels(())
ax.w_zaxis.set_ticklabels(())
```

上述代码将生成如图 8-4 所示的散点图。3 种鸢尾花被恰当地表示出来了，各成一簇。

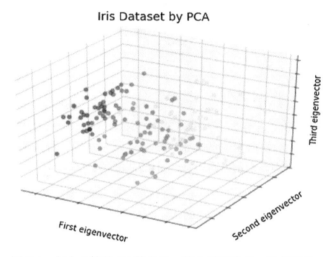

图 8-4　包含 3 簇的 3D 散点图，其中每簇代表一种鸢尾花

8.5　K-近邻分类器

现下面处理一个**分类**任务。需要用到 scikit-learn 库的**分类器**对象。

分类器要完成的任务是，给定一种鸢尾花的测量数据，把这种花分类。最简单的分类器是**近邻分类器**。近邻算法搜索训练集，寻找与用作测试的新个体最相似的观测记录。

讲到这里，弄清楚**训练集**和**测试集**这两个概念很重要（第 1 章提过）。如果确实只有一个数据集，这也没关系，重要的是不要使用相同的数据进行训练和测试。鉴于此，把数据集分成两份：一份专门用于训练算法，另一份用于验证算法。

因此在讲解后面的内容之前，先把 Iris 数据集分为两部分。最好先打乱数组各元素的顺序，然后切分，因为数据往往是按特定顺序采集来的，比如 Iris 数据集就是按照种类进行排序的。用 NumPy 的 random.permutation() 函数打乱数据集的所有元素。打乱后的数据集依旧包含 150 条观测数据，其中前 140 条用作训练集，剩余 10 条用作测试集。

```
import numpy as np
from sklearn import datasets
np.random.seed(0)
iris = datasets.load_iris()
x = iris.data
y = iris.target
i = np.random.permutation(len(iris.data))
x_train = x[i[:-10]]
y_train = y[i[:-10]]
x_test = x[i[-10:]]
y_test = y[i[-10:]]
```

这样就可以使用 K-近邻算法了。导入 KNeighborsClassifier，调用分类器的构造函数，然后用 fit() 函数对其进行训练。

```
from sklearn.neighbors import KNeighborsClassifier
knn = KNeighborsClassifier()
knn.fit(x_train,y_train)
Out[86]:
KNeighborsClassifier(algorithm='auto', leaf_size=30, metric='minkowski',
        metric_params=None, n_neighbors=5, p=2, weights='uniform')
```

用 140 条观测数据训练 knn 分类器，得到了预测模型。稍后将验证其效果。分类器应该能正确预测测试集中 10 条观测数据所对应的类别。要获取预测结果，可直接在预测模型 knn 上调用 predict() 函数。最后，比较预测结果与 y_test 中的实际值。

```
knn.predict(x_test)
Out[100]: array([1, 2, 1, 0, 0, 0, 2, 1, 2, 0])
y_test
Out[101]: array([1, 1, 1, 0, 0, 0, 2, 1, 2, 0])
```

由上可知，错误率为 10%。可以在用萼片测量数据绘制的 2D 散点图中，画出**决策边界**（decision boundary）。

```
import numpy as np
import matplotlib.pyplot as plt
from matplotlib.colors import ListedColormap
from sklearn import datasets
from sklearn.neighbors import KNeighborsClassifier
iris = datasets.load_iris()
x = iris.data[:,:2]      #X-Axis - sepal length-width
y = iris.target          #Y-Axis - species

x_min, x_max = x[:,0].min() - .5,x[:,0].max() + .5
y_min, y_max = x[:,1].min() - .5,x[:,1].max() + .5

#MESH
cmap_light = ListedColormap(['#AAAAFF','#AAFFAA','#FFAAAA'])
h = .02
xx, yy = np.meshgrid(np.arange(x_min, x_max, h), np.arange(y_min, y_max, h))
knn = KNeighborsClassifier()
knn.fit(x,y)
Z = knn.predict(np.c_[xx.ravel(),yy.ravel()])
```

```
Z = Z.reshape(xx.shape)
plt.figure()
plt.pcolormesh(xx,yy,Z,cmap=cmap_light)

#Plot the training points
plt.scatter(x[:,0],x[:,1],c=y)
plt.xlim(xx.min(),xx.max())
plt.ylim(yy.min(),yy.max())

Out[120]: (1.5, 4.900000000000003)
```

如图 8-5 所示，散点图中，有小块区域伸入其他决策边界之中。

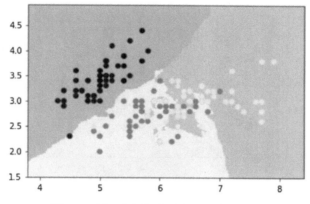

图 8-5　用 3 种颜色表示的 3 个决策边界

在用花瓣数据绘制的散点图中，也可以画出决策边界。

```
import numpy as np
import matplotlib.pyplot as plt
from matplotlib.colors import ListedColormap
from sklearn import datasets
from sklearn.neighbors import KNeighborsClassifier
iris = datasets.load_iris()
x = iris.data[:,2:4]     #X-Axis - petals length-width
y = iris.target          #Y-Axis - species

x_min, x_max = x[:,0].min() - .5,x[:,0].max() + .5
y_min, y_max = x[:,1].min() - .5,x[:,1].max() + .5

#MESH
cmap_light = ListedColormap(['#AAAAFF','#AAFFAA','#FFAAAA'])
h = .02
xx, yy = np.meshgrid(np.arange(x_min, x_max, h), np.arange(y_min, y_max, h))
knn = KNeighborsClassifier()
knn.fit(x,y)
Z = knn.predict(np.c_[xx.ravel(),yy.ravel()])
Z = Z.reshape(xx.shape)
plt.figure()
```

```
plt.pcolormesh(xx,yy,Z,cmap=cmap_light)

#Plot the training points
plt.scatter(x[:,0],x[:,1],c=y)
plt.xlim(xx.min(),xx.max())
plt.ylim(yy.min(),yy.max())
```

Out[126]: (-0.40000000000000002, 2.9800000000000031)

如图 8-6 所示，用花瓣数据描述鸢尾花的特征，得到了相应的决策边界。

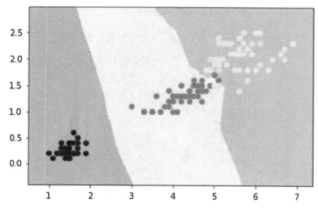

图 8-6 描述花瓣大小的 2D 散点图中的决策边界

8.6 Diabetes 数据集

scikit-learn 提供了多个数据集，其中就有 Diabetes（糖尿病）数据集。人们首次使用它是在 2004 年（《统计年刊》，Efron、Hastie、Johnston 和 Tibshirani 合著的一篇文章中用到了它）[①]。从那时起，人们拿它作为例子，广泛用于各种预测模型的研究和评估。

从这个数据集加载数据前，先要从 scikit-learn 库导入 datasets 模块。然后调用 load_diabetes() 函数加载数据集，并将其保存到 diabetes 变量中。

```
In [ ]: from sklearn import datasets
   ...: diabetes = datasets.load_diabetes()
```

该数据集包含 442 位病人的生理数据以及一年以后的病情发展情况，后者即为目标值。前 10 列数值为生理数据，分别表示以下特征：

❏ 年龄

❏ 性别

[①]《统计年刊》（*Annals of Statistics*），国际公认的统计学顶级期刊。Efron 等人的论文 "Least Angle Regression" 见于该期刊 2004 年 4 月第 32 卷。

❑ 体质指数

❑ 血压

❑ S1、S2、S3、S4、S5、S6（六种血清的化验数据）

调用 **data** 属性，可以获取测量数据。查看数据集，就会发现这些数据跟想象中的差别很大。例如第 1 位病人的 10 项数据。

```
diabetes.data[0]
Out[ ]:
array([ 0.03807591, 0.05068012, 0.06169621, 0.02187235, -0.0442235 ,
        -0.03482076, -0.04340085, -0.00259226, 0.01990842, -0.01764613])
```

这些数据其实是经过特殊处理得到的。项其中每项数据都做了中心化处理，然后又用标准差乘以个体数量调整了数值范围。验证就会发现任何一列的所有数值的平方和为 1，比如对年龄这一列求平方和，所得结果非常接近 1。

```
np.sum(diabetes.data[:,0]**2)
Out[143]: 1.0000000000000746
```

即使这些数据因为经过规范化处理，所以难以读懂，但它们仍然表示 10 个生理特征，因而没有失去其价值或丢失统计信息。

表明疾病进展的数据，用 **target** 属性就能获取。接下来得到的预测结果必须与之相符。

```
diabetes.target
Out[146]:
array([ 151.,  75., 141., 206., 135.,  97., 138.,  63., 110.,
        310., 101.,  69., 179., 185., 118., 171., 166., 144.,
         97., 168.,  68.,  49.,  68., 245., 184., 202., 137
         ...
```

这样就得到了 442 个介于 25 到 346 之间的整数。

8.7　线性回归：最小平方回归

线性回归指的是用训练集数据创建线性模型的过程。最简单的形式则是基于下面这个用参数 a 和 c 刻画的直线方程。在计算参数 a 和 c 时，以最小化残差平方和为前提。

$$y = a * x + c$$

上述表达式中，x 为训练集，y 为目标值，a 为斜率，c 为模型所对应的直线的截距。如果要用 scikit-learn 库的线性回归预测模型，必须导入 linear_model 模块，然后用 LinearRegression() 构造函数创建预测模型，这里将其命名为 linreg。

```
from sklearn import linear_model
linreg = linear_model.LinearRegression()
```

下面使用前面介绍的 Diabetes 数据集作为练习。首先，把包含 442 位病人病情的数据集分为训练集（前 422 位病人的数据）和测试集（剩余 20 位病人的数据）。

```
from sklearn import datasets
diabetes = datasets.load_diabetes()
```

```
x_train = diabetes.data[:-20]
y_train = diabetes.target[:-20]
x_test = diabetes.data[-20:]
y_test = diabetes.target[-20:]
```

在预测模型上调用 fit() 函数，使用训练集进行训练。

```
linreg.fit(x_train,y_train)
Out[ ]: LinearRegression(copy_X=True, fit_intercept=True, normalize=False)
```

训练完模型之后，调用预测模型的 coef_ 属性，就可以得到每种（共 10 种）生理数据的回归系数 b。

```
linreg.coef_
Out[164]:
array([ 3.03499549e-01, -2.37639315e+02, 5.10530605e+02,
        3.27736980e+02, -8.14131709e+02, 4.92814588e+02,
        1.02848452e+02,  1.84606489e+02, 7.43519617e+02,
        7.60951722e+01])
```

在预测模型 linreg 上调用 predict() 函数，传入测试集作为参数，将得到一列可以拿来与实际目标值相比较的预测目标值。

```
linreg.predict(x_test)
Out[ ]:
array([ 197.61846908, 155.43979328, 172.88665147, 111.53537279,
        164.80054784, 131.06954875, 259.12237761, 100.47935157,
        117.0601052 , 124.30503555, 218.36632793,  61.19831284,
        132.25046751, 120.3332925 ,  52.54458691, 194.03798088,
        102.57139702, 123.56604987, 211.0346317 ,  52.60335674])
y_test
Out[ ]:
array([ 233.,  91., 111., 152., 120., 67., 310., 94., 183.,
         66., 173.,  72.,  49.,  64., 48., 178., 104., 132.,
        220.,  57.])
```

方差是评价预测结果好坏的一个不错的指标。方差越接近 1，说明预测结果越准确。

```
linreg.score(x_test, y_test)
Out[ ]: 0.58507530226905713
```

这样就可以用线性回归方法分析单个生理因素与目标值之间的关系了，比如可以从年龄看起。

```
import numpy as np
import matplotlib.pyplot as plt
from sklearn import linear_model
from sklearn import datasets
diabetes = datasets.load_diabetes()
x_train = diabetes.data[:-20]
y_train = diabetes.target[:-20]
x_test = diabetes.data[-20:]
y_test = diabetes.target[-20:]

x0_test = x_test[:,0]
```

```
x0_train = x_train[:,0]
x0_test = x0_test[:,np.newaxis]
x0_train = x0_train[:,np.newaxis]
linreg = linear_model.LinearRegression()
linreg.fit(x0_train,y_train)
y = linreg.predict(x0_test)
plt.scatter(x0_test,y_test,color='k')
plt.plot(x0_test,y,color='b',linewidth=3)
```

```
Out[230]: [<matplotlib.lines.Line2D at 0x380b1908>]
```

图 8-7 的蓝色直线表示病人的年龄和病情进展之间的相关性。

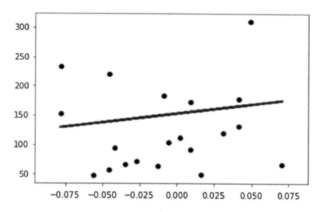

图 8-7　表示一个特征和目标值之间相关性的线性回归图

Diabetes 数据集实际上有 10 个生理因素。为了对训练集有个全面的认识，可以对每个生理特征进行回归分析，创建 10 个模型，并将结果作成 10 幅图表。

```
import numpy as np
import matplotlib.pyplot as plt
from sklearn import linear_model
from sklearn import datasets
diabetes = datasets.load_diabetes()
x_train = diabetes.data[:-20]
y_train = diabetes.target[:-20]
x_test = diabetes.data[-20:]
y_test = diabetes.target[-20:]
plt.figure(figsize=(8,12))
for f in range(0,10):
    xi_test = x_test[:,f]
    xi_train = x_train[:,f]
    xi_test = xi_test[:,np.newaxis]
    xi_train = xi_train[:,np.newaxis]
    linreg.fit(xi_train,y_train)
    y = linreg.predict(xi_test)
    plt.subplot(5,2,f+1)
    plt.scatter(xi_test,y_test,color='k')
    plt.plot(xi_test,y,color='b',linewidth=3)
```

图 8-8 为 10 幅线性回归图表，分别表示一个生理因素跟糖尿病病情进展之间的相关性。

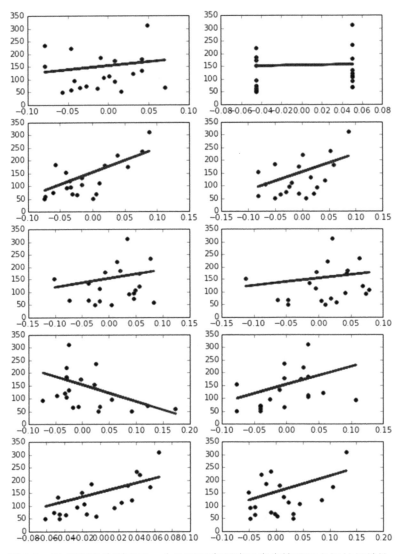

图 8-8　10 幅图表分别表示一个生理因素跟糖尿病病情进展之间的相关性

8.8　支持向量机

支持向量机（Support Vector Machines，SVM）指的是一系列机器学习方法，最初是在 20 世纪 90 年代初期由美国电话电报公司（AT&T）的 Vapnik 和同事一起开发的。这类方法的基础其实是**支持向量**算法,该算法是对广义肖像算法(Generalized Portrait)的扩展,后者是 1963 年 Vapnik 在苏联开发的。

简言之,SVM 分类器是二元或判别模型,对两类数据进行区分。它最基本的任务是判断新观测数据属于两个类别中的哪一个。在学习阶段,这类分类器把训练数据映射到叫作**决策空间**(decision space)的多维空间,创建叫作**决策边界**的分离面,把决策空间分为两个区域。在最简单的线性可分的情况下,决策边界可以用平面(3D)或直线(2D)表示。在更复杂的情况中,分离面为曲面,形状更为复杂。

SVM 算法既可用于回归问题,比如 SVR(Support Vector Regression,支持向量回归),也可用于分类,比如 SVC(Support Vector Classification,支持向量分类)。

8.8.1 支持向量分类

研究二维空间线性分类问题有助于理解该算法的工作原理,其决策边界为一条直线,它把决策区域一分为二。以一个简单的训练集为例,它里面的数据点分属两类。训练集共包含 11 个数据点(观测到的数据),有取值范围均为 0 到 4 的两个属性。这些数据点的属性值存放在叫作 x 的 NumPy 数组中。数据点所属的类别用 0 或 1 表示,类别信息存储在数组 y 中。

把这些数据点绘制成散点图,观察它们在空间上的分布情况,该空间可以称作决策空间(见图 8-9)。

```
import numpy as np
import matplotlib.pyplot as plt
from sklearn import svm
x = np.array([[1,3],[1,2],[1,1.5],[1.5,2],[2,3],[2.5,1.5],
    [2,1],[3,1],[3,2],[3.5,1],[3.5,3]])
y = [0]*6 + [1]*5
plt.scatter(x[:,0],x[:,1],c=y,s=50,alpha=0.9)
Out[360]: <matplotlib.collections.PathCollection at 0x545634a8>
```

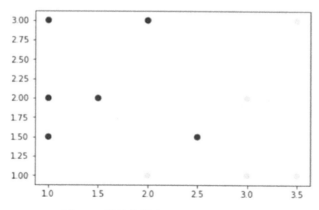

图 8-9　训练集散点图展示了决策空间

　　定义好了训练集，就可以使用 SVC 算法进行训练了。该算法将会创建一条直线（决策边界），把决策区域分成两部分（见图 8-10），直线所处的位置应该使得训练集中距离直线最近的几个数据点到直线的距离最大化。使用该条件，应该能将数据点分成两部分，每一部分中所有数据点的类别相同。

　　用训练集训练 SVC 算法之前，先用 SVC() 构造函数定义模型，可使用线性内核。（内核指用于模式分析的一类算法。）然后调用 fit() 函数，传入训练集作为参数。模型训练完成后，用 decision_function() 函数绘制决策边界。绘制散点图时，注意决策空间的两部分使用不同颜色。

```
import numpy as np
import matplotlib.pyplot as plt
from sklearn import svm
x = np.array([[1,3],[1,2],[1,1.5],[1.5,2],[2,3],[2.5,1.5],
    [2,1],[3,1],[3,2],[3.5,1],[3.5,3]])
y = [0]*6 + [1]*5
svc = svm.SVC(kernel='linear').fit(x,y)
X,Y = np.mgrid[0:4:200j,0:4:200j]
Z = svc.decision_function(np.c_[X.ravel(),Y.ravel()])
Z = Z.reshape(X.shape)
plt.contourf(X,Y,Z > 0,alpha=0.4)
plt.contour(X,Y,Z,colors=['k'], linestyles=['-'],levels=[0])
plt.scatter(x[:,0],x[:,1],c=y,s=50,alpha=0.9)
```

```
Out[363]: <matplotlib.collections.PathCollection at 0x54acae10>
```

　　如图 8-10 所示，两块决策区域各包一个类别。可以说分类是比较成功的，除了有个蓝点被分到了红色区域。

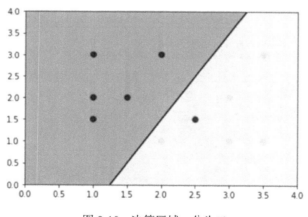

图 8-10　决策区域一分为二

　　模型一旦训练完成，理解模型的预测机制就很容易了。就图而言，新观察到的数据点该分到哪一部分，取决于数据点在图中的位置。

　　反之，从偏程序设计的角度来说，predict() 函数将会以数值形式返回数据点所属的类别（0 为用蓝色表示的那一类，1 为用红色表示的类）。

```
svc.predict([[1.5,2.5]])
Out[56]: array([0])

svc.predict([[2.5,1]])
Out[57]: array([1])
```

正则化是一个与 SVC 算法相关的概念，用参数 C 来设置：C 值较小，表示计算间隔时，将分界线两侧的许多甚至全部数据点都考虑在内（泛化能力强）；C 值较大，表示只考虑分界线附近的数据点（泛化能力弱）。若不指定 C 值，默认它的值为 1。可以通过 support_vectors 数组获取参与计算间隔的数据点，为其添加高亮效果。

```
import numpy as np
import matplotlib.pyplot as plt
from sklearn import svm
x = np.array([[1,3],[1,2],[1,1.5],[1.5,2],[2,3],[2.5,1.5],
    [2,1],[3,1],[3,2],[3.5,1],[3.5,3]])
y = [0]*6 + [1]*5
svc = svm.SVC(kernel='linear',C=1).fit(x,y)
X,Y = np.mgrid[0:4:200j,0:4:200j]
Z = svc.decision_function(np.c_[X.ravel(),Y.ravel()])
Z = Z.reshape(X.shape)
plt.contourf(X,Y,Z > 0,alpha=0.4)
plt.contour(X,Y,Z,colors=['k','k','k'], linestyles=['--','-','--'],levels=[-1,0,1])
plt.scatter(svc.support_vectors_[:,0],svc.support_vectors_[:,1],s=120,facecolors='r')
plt.scatter(x[:,0],x[:,1],c=y,s=50,alpha=0.9)
```

```
Out[23]: <matplotlib.collections.PathCollection at 0x177066a0>
```

这些点在散点图中用镶边的圆圈来表示。具体而言，它们处于分界线（图 8-11 中的虚线）附近的评价区域之内。

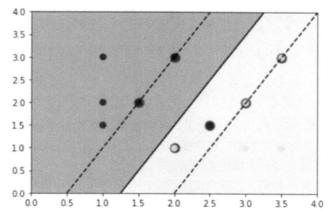

图 8-11 参与计算间隔的数据点数量取决于参数 C

为了理解参数 C 对决策边界的影响，可以给 C 赋一个很小的值，比如 0.1。下面看一下计算间隔用到了多少个数据点。

```
import numpy as np
import matplotlib.pyplot as plt
from sklearn import svm
x = np.array([[1,3],[1,2],[1,1.5],[1.5,2],[2,3],[2.5,1.5],
        [2,1],[3,1],[3,2],[3.5,1],[3.5,3]])
y = [0]*6 + [1]*5
svc = svm.SVC(kernel='linear',C=0.1).fit(x,y)
X,Y = np.mgrid[0:4:200j,0:4:200j]
Z = svc.decision_function(np.c_[X.ravel(),Y.ravel()])
Z = Z.reshape(X.shape)
plt.contourf(X,Y,Z > 0,alpha=0.4)
plt.contour(X,Y,Z,colors=['k','k','k'], linestyles=['--','-','--'],levels=[-1,0,1])
plt.scatter(svc.support_vectors_[:,0],svc.support_vectors_[:,1],s=120,facecolors='w')
plt.scatter(x[:,0],x[:,1],c=y,s=50,alpha=0.9)
```

Out[24]: <matplotlib.collections.PathCollection at 0x1a01ecc0>

所使用的数据点数量增加了不少，分界线（决策边界）的位置也随之改变。但是现在有两个数据点处于错误的决策区域（见图 8-12）。

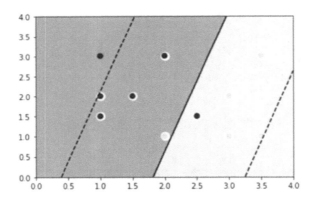

图 8-12　随着 C 值的变小，计算间隔所考虑的数据点的数量逐渐增加

8.8.2　非线性 SVC

前面介绍了 SVC 线性算法，它旨在定义一条把数据分为两类的分界线。还有一些更为复杂的 SVC 算法，它们能建立曲线（2D）或曲面（3D），所依据的原则依旧是最大化离表面最近的数据点之间的距离。下面介绍一个使用多项式内核的系统。

如名所示，可以定义一条多项式曲线把决策空间分成两块。多项式的次数可用 degree 选项指定。即使是非线性 SVC，C 依旧是正则化回归系数。下面使用内核为三次多项式、回归系数 C 取 1 的 SVC 算法来实现。

```
import numpy as np
import matplotlib.pyplot as plt
from sklearn import svm
x = np.array([[1,3],[1,2],[1,1.5],[1.5,2],[2,3],[2.5,1.5],
```

```
    [2,1],[3,1],[3,2],[3.5,1],[3.5,3]])
y = [0]*6 + [1]*5
svc = svm.SVC(kernel='poly',C=1, degree=3).fit(x,y)
X,Y = np.mgrid[0:4:200j,0:4:200j]
Z = svc.decision_function(np.c_[X.ravel(),Y.ravel()])
Z = Z.reshape(X.shape)
plt.contourf(X,Y,Z > 0,alpha=0.4)
plt.contour(X,Y,Z,colors=['k','k','k'], linestyles=['--','-','--'],levels=[-1,0,1])
plt.scatter(svc.support_vectors_[:,0],svc.support_vectors_[:,1],s=120,facecolors='w')
plt.scatter(x[:,0],x[:,1],c=y,s=50,alpha=0.9)
```

Out[34]: <matplotlib.collections.PathCollection at 0x1b6a9198>

分类情况请见图 8-13。

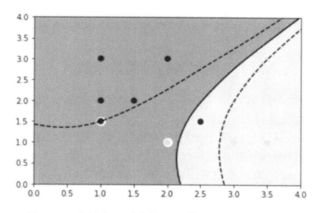

图 8-13　内核为多项式的 SVC 算法生成的决策空间

另外一种非线性内核为**径向基函数**（Radial Basis Function，RBF）。这种内核生成的分隔面尝试把数据集的各个数据点分到沿径向方向分布的不同区域。

```
import numpy as np
import matplotlib.pyplot as plt
from sklearn import svm
x = np.array([[1,3],[1,2],[1,1.5],[1.5,2],[2,3],[2.5,1.5],
    [2,1],[3,1],[3,2],[3.5,1],[3.5,3]])
y = [0]*6 + [1]*5
svc = svm.SVC(kernel='rbf', C=1, gamma=3).fit(x,y)
X,Y = np.mgrid[0:4:200j,0:4:200j]
Z = svc.decision_function(np.c_[X.ravel(),Y.ravel()])
Z = Z.reshape(X.shape)
plt.contourf(X,Y,Z > 0,alpha=0.4)
plt.contour(X,Y,Z,colors=['k','k','k'], linestyles=['--','-','--'],levels=[-1,0,1])
plt.scatter(svc.support_vectors_[:,0],svc.support_vectors_[:,1],s=120,facecolors='w')
plt.scatter(x[:,0],x[:,1],c=y,s=50,alpha=0.9)
```

Out[43]: <matplotlib.collections.PathCollection at 0x1cb8d550>

图 8-14 包含两类决策区域，训练集所有数据点均处于正确的位置。

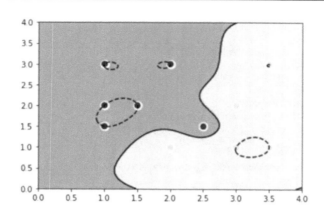

图 8-14　用内核为 RBF 的 SVC 算法得到的决策区域

8.8.3　绘制 SVM 分类器对 Iris 数据集的分类效果图

前面的 SVM 例子使用的数据集非常简单。本节讨论 SVC 算法对更复杂的数据集的分类情况，会使用之前用过的 Iris 数据集。

前面用过的 SVC 算法从仅包含两个类别的训练集中学习。下面把它扩展到 3 个类别，因为 Iris 数据集包含 3 个类别，对应 3 种花。

对于这个数据集，决策边界相互交叉，把决策空间（2D）或决策体（3D）分成多个部分。

两个线性模型均有线性决策边界（相交的超平面），而使用非线性内核的模型（多项式或高斯 RBF）有非线性决策边界，后者在处理依赖内核和参数的数据时更为灵活。

```python
import numpy as np
import matplotlib.pyplot as plt
from sklearn import svm, datasets

iris = datasets.load_iris()
x = iris.data[:,:2]
y = iris.target
h = .05
svc = svm.SVC(kernel='linear',C=1.0).fit(x,y)
x_min,x_max = x[:,0].min() - .5, x[:,0].max() + .5
y_min,y_max = x[:,1].min() - .5, x[:,1].max() + .5

h = .02
X, Y = np.meshgrid(np.arange(x_min, x_max, h), np.arange(y_min,y_max,h))

Z = svc.predict(np.c_[X.ravel(),Y.ravel()])
Z = Z.reshape(X.shape)
plt.contourf(X,Y,Z,alpha=0.4)
plt.contour(X,Y,Z,colors='k')
plt.scatter(x[:,0],x[:,1],c=y)

Out[49]: <matplotlib.collections.PathCollection at 0x1f2bd828>
```

在图 8-15 中，决策边界把决策空间分为 3 部分。

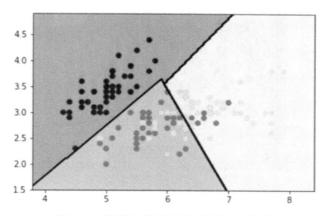

图 8-15 决策边界把决策区域分为三部分

下面介绍如何用非线性内核，比如多项式内核，生成非线性决策边界。

```
import numpy as np
import matplotlib.pyplot as plt
from sklearn import svm, datasets

iris = datasets.load_iris()
x = iris.data[:,:2]
y = iris.target
h = .05

svc = svm.SVC(kernel='poly',C=1.0,degree=3).fit(x,y)
x_min,x_max = x[:,0].min() - .5, x[:,0].max() + .5
y_min,y_max = x[:,1].min() - .5, x[:,1].max() + .5

h = .02
X, Y = np.meshgrid(np.arange(x_min, x_max, h), np.arange(y_min,y_max,h))
Z = svc.predict(np.c_[X.ravel(),Y.ravel()])
Z = Z.reshape(X.shape)
plt.contourf(X,Y,Z,alpha=0.4)
plt.contour(X,Y,Z,colors='k')
plt.scatter(x[:,0],x[:,1],c=y)
```

Out[50]: <matplotlib.collections.PathCollection at 0x1f4cc4e0>

由图 8-16 可见，跟之前用线性内核得到的区域相比，用多项式内核得到的决策边界划分的决策区域差别较大。

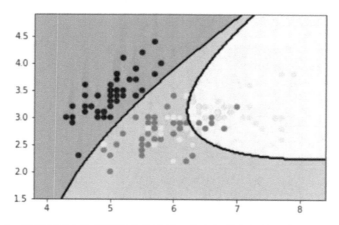

图 8-16　用多项式内核得到的决策区域，蓝色部分和红色未直接连接在一起

接着可以换用 RBF 内核，观察分区结果会有什么不同。

```
svc = svm.SVC(kernel='rbf', gamma=3, C=1.0).fit(x,y)
```

图 8-17 为用 RBF 内核生成的**径向决策区域**。

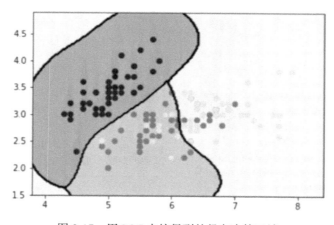

图 8-17　用 RBF 内核得到的径向决策区域

8.8.4　支持向量回归

SVC 方法经扩展甚至可用来解决回归问题，这种方法称作**支持向量回归**（Support Vector Regression，SVR）。

SVC 生成的模型实际上没有使用全部训练集数据，而只是使用其中一部分，也就是离决策边界最近的数据点。类似地，SVR 生成的模型也只依赖部分训练数据。

下面介绍 SVR 算法是如何使用 Diabetes 数据集的，本章前面也用过该数据集。作为实例，将只考虑第 3 项生理数据。我们使用 3 种回归算法：线性和两个非线性（多项式）。使用线性内核的 SVR 算法将生成一条直线作为线性预测模型，非常类似于前面讲过的线性回归算法，而使用多项式内核的 SVR 算法生成二次和三次曲线。SVR() 函数几乎与前面见过的 SVC() 函数完全相同。

唯一需要考虑的就是测试集数据必须按升序形式排列。

```python
import numpy as np
import matplotlib.pyplot as plt
from sklearn import svm
from sklearn import datasets
diabetes = datasets.load_diabetes()
x_train = diabetes.data[:-20]
y_train = diabetes.target[:-20]
x_test = diabetes.data[-20:]
y_test = diabetes.target[-20:]

x0_test = x_test[:,2]
x0_train = x_train[:,2]
x0_test = x0_test[:,np.newaxis]
x0_train = x0_train[:,np.newaxis]

x0_test.sort(axis=0)
x0_test = x0_test*100
x0_train = x0_train*100

svr = svm.SVR(kernel='linear',C=1000)
svr2 = svm.SVR(kernel='poly',C=1000,degree=2)
svr3 = svm.SVR(kernel='poly',C=1000,degree=3)
svr.fit(x0_train,y_train)
svr2.fit(x0_train,y_train)
svr3.fit(x0_train,y_train)
y = svr.predict(x0_test)
y2 = svr2.predict(x0_test)
y3 = svr3.predict(x0_test)
plt.scatter(x0_test,y_test,color='k')
plt.plot(x0_test,y,color='b')
plt.plot(x0_test,y2,c='r')
plt.plot(x0_test,y3,c='g')
```

```
Out[155]: [<matplotlib.lines.Line2D at 0x262e10b8>]
```

3 条回归曲线分别用 3 种颜色来表示。线性回归使用蓝色；二次曲线也就是抛物线，使用红色；三次曲线使用绿色（见图 8-18）。

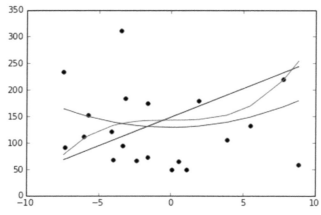

图 8-18   用训练集数据生成的 3 条趋势极为不同的回归曲线

8.9   小结

本章介绍了如何用 scikit-learn 库解决最简单的回归和分类问题，通过几个实例子介绍了预测模型的验证过程涉及的多个概念。

下一章将通过一个简单实用的例子，全面介绍数据分析的各个步骤。所有这一切都将在集交互性和创新性于一身的 IPython Notebook 中实现，它非常适合以交互式文档的形式分享数据分析的每一步。这种交互式文档可用作报告，也可以用来以网页形式展示数据分析成果。

## 第 9 章

用 TensorFlow 库实现深度学习

2017 年对**深度学习**而言意义非凡。得益于算法的发展，深度学习取得了很好的实验结果。此外，多个框架的发布促成了无数项目的开发，深度学习迎来了辉煌。你肯定知道机器学习的这一分支，或听别人提起过。鉴于深度学习吸纳了数据处理和分析方法，因此这一版新增了这么一章。

本章将概述深度学习领域和深度学习技术的基础——人工神经网络的基础知识，介绍 Python 深度学习框架 TensorFlow。实践证明 TensorFlow 是研究和开发深度学习分析技术的绝佳工具。本章会用该库开发不同的神经网络模型，它们是深度学习的基础。

9.1　人工智能、机器学习和深度学习

对于从事数据分析工作的人来说，这三个术语在相关的 Web、文本和研讨会上频繁出现。但它们之间是什么关系？它们实际上是由什么组成的？

本节将详述这三个术语的定义，介绍近几十年来对开发复杂算法、高效预测和高效数据分类的需求是如何催生出机器学习的，以及由于技术创新，尤其由 GPU 带来的计算能力提升，深度学习技术是如何基于神经网络发展而来的。

9.1.1　人工智能

1956 年，麦卡锡（John McCarthy）首次使用术语**人工智能**。当时人们对技术领域充满希望和兴趣。电子元器件和计算机发展的初期，计算机有几间屋子那么大，而且只能进行一些简单的计算，但比人算得准且快。就在这样的情况下，他们已窥到未来电子智能的发展潜力。

不管科幻小说怎么描绘，当前人工智能（AI）最贴切的定义可概括如下：

计算机能自动处理似乎只与人类智能相关的运算。

因此，人工智能是一个动态的概念，随着机器的进步和"与人类独有智能相关"的概念而变化。20 世纪六七十年代，人们将人工智能视为计算机对"只与伟大科学家的智能相关"的复杂

问题进行计算并寻找数学解决方案的能力。到了 20 世纪八九十年代，计算机评估风险和资源并做出决策的能力已然成熟。进入 21 世纪，计算机的计算能力持续增长，计算系统用机器学习方法进行学习被纳入了 AI 的定义。

近几年，人工智能的概念聚焦于视觉和听觉识别运算，而在不久前这两项还被视为"与人类独有智能相关"。

这些运算包括：

- ❑ 图像识别
- ❑ 目标检测
- ❑ 目标分割
- ❑ 语言翻译
- ❑ 自然语言理解
- ❑ 语音识别

深度学习技术有助于这些问题的研究。

9.1.2 机器学习是人工智能的分支

上一章详细介绍了机器学习，举了多个数据分类和预测的例子。

机器学习是人工智能的分支，其所有方法和算法都可归入人工智能的范畴。用能学习的系统（学习系统）解决不久前还被认为"与人类独有智能相关"的各种问题，实际上用的就是机器学习系统，并未超出人工智能的范畴。

9.1.3 深度学习是机器学习的分支

深度学习是机器学习的子类。第 8 章讲过，机器学习用的是能学习的系统，而学习是通过系统（由各种参数定义的固定模型）内部的特征来完成的，系统则根据输入的学习数据（训练集）来调整其参数。

深度学习技术更进一步。实际上，构建深度学习系统无须在模型中人工构造特征，因为系统可将其作为学习结果，自动检测并抽取这些特征。一些系统能自己学习特征，这里特指**人工神经网络**。

9.1.4 人工智能、机器学习和深度学习的关系

总结一下，如前文所述，机器学习和深度学习实际是人工智能的子类。三者的关系如图 9-1所示。

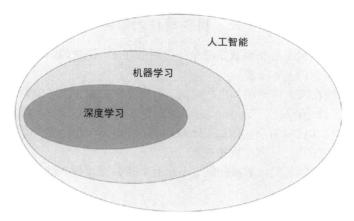

图 9-1　人工智能、机器学习和深度学习的关系

9.2　深度学习

下面介绍推动深度学习发展的一些重要因素，并解释深度学习为什么最近几年才取得重大进步。

9.2.1　神经网络和 GPU

前面讲过，在人工智能领域，深度学习技术是最近几年为了解决视觉和听觉识别问题才流行起来的。

深度学习的大量计算方法和算法最近几年才得到发展，充分发挥了 Python 语言的潜力。但深度学习背后的理论可追溯到多年以前。神经网络的概念于 1943 年提出，神经网络的初始理论研究和应用诞生于 20 世纪 60 年代。

最近几年，神经网络及由其驱动的深度学习技术解决多种人工智能问题的能力才得到验证，因为直到今天才能以实用且高效的方式来实现这些技术。

实际上，在应用层面，深度学习需要非常复杂的数学运算，参数有百万级甚至十亿级之多。20 世纪 90 年代的 CPU，即使已经很强大了，仍无法高效执行这类运算。即使用当今的 CPU 处理这类运算，尽管速度已大幅提升，但处理时间仍然很长。其效率低下的一个原因是 CPU 的特殊架构虽可高效执行数学运算，但并不是针对神经网络设计的。

但近几十年来，在电子游戏市场巨大商业利润的驱动下，GPU 这种新型硬件横空出世。实际上，这种处理器的设计初衷是高效处理越来越多的向量计算，比如 3D 仿真和渲染所需的矩阵乘法。

基于这项技术创新，很多深度学习技术得以实现。实际上，实现神经网络及其学习要用张量（多维矩阵）执行大量数学运算，而这正是 GPU 可胜任的。GPU 将深度学习的处理速度提升了多个数量级（模型训练时间从数月缩短至几天）。

9.2.2 数据可用：开源数据资源、物联网和大数据

推动深度学习发展的另一重要因素是海量的可用数据。不论学习阶段还是验证阶段，数据都是神经网络发挥作用所需的基本要素。

互联网普及后，现在人人可使用和生产数据。而在几年之前，仅有少数机构提供分析所用的数据。如今，物联网（Internet of Things，IoT）中的很多传感器和设备获取数据，并将其上传至网络。此外，社交网络和搜索引擎（例如 Facebook 和 Google）亦会收集海量数据，实时分析数以百万计连接至其服务的用户（称作**大数据**）。

因此，如今想用深度学习技术解决问题，不仅有大量数据可用，且易于获取，其中有的需要付费，有的则免费（开源数据）。

9.2.3 Python

深度学习技术取得巨大成功，应用广泛，Python 编程语言功不可没。

过去，设计神经网络系统非常复杂。唯一能胜任该任务的语言是 C++，这门语言极其复杂，非常难用，只有少数专业人士掌握。而且用 GPU 的话（该类运算所需），还得懂 CUDA，即 NVIDIA 显卡的硬件开发架构及其所有技术规范。

而有了 Python，神经网络和深度学习技术的代码实现成为抽象程度较高的任务。实际上，程序员无须考虑显卡（GPU）的架构和技术规范，只需关注深度学习相关部分。此外，借助 Python 语言的很多特性，程序员可编写出简单直观的代码。前面介绍了用 Python 处理机器学习任务，而用 Python 也能实现深度学习。

9.2.4 Python 深度学习框架

过去几年，很多开发者组织和社区一直致力于开发 Python 框架，以简化深度学习技术的计算和应用。这些框架各有亮眼之处，其中很多框架执行相同的运算，且性能不相上下，但每种框架的内部机制不同。接下来几年，谁将胜出，我们拭目以待。

其中几个免费框架表现不俗，值得一提。

❑ TensorFlow 框架是一个开源数值计算库，基于数据流图。图的顶点表示数学运算，边表示张量（多维数组）。其架构非常灵活，可将计算分发到多个 CPU 和多个 GPU 上。

❑ Caffe2 是个易于操作的深度学习框架。它支持用云端 GPU 测试模型和完成算法计算。

❑ PyTorch 科学计算框架完全用 GPU 进行计算，非常高效，但它刚面世不久，还不太稳定，但仍不失为有力的科研工具。

❑ Theano 是科学领域开发、定义和求解数学表达式及物理模型最常用的 Python 库，然而其开发团队已宣布不再发布新版本。但文献中和网上有很多用该库开发的程序，因此仍可将其作为参考。

9.3　人工神经网络

人工神经网络是深度学习的基本要素，其应用构成了许多深度学习技术的基础。实际上，这些系统的特殊结构参考了生物神经回路，因此具有学习能力。

下面详细介绍人工神经网络的实质和结构。

9.3.1　人工神经网络的结构

人工神经网络的结构很复杂，是通过连接简单的基础组件创建的，并在结构内部复用这些组件。采用不同的基础组件数量和连接类型，可以创建出不同架构的复杂网络，每种网络在学习和解决不同的深度学习问题上各有所长。

图 9-2 展示了一个普通的人工神经网络的结构。

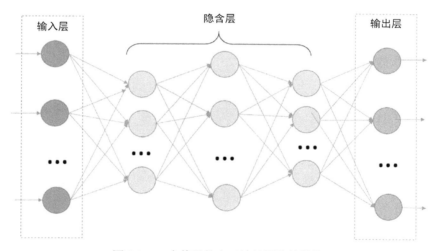

图 9-2　一个普通的人工神经网络的结构

人工神经网络的基础单元叫作**节点**（图 9-2 中的圆圈），它模拟了生物模型的神经网络中神经元的功能。这些人工神经元执行非常简单的运算，类似于生物神经元。如果接收的输入信号总和超出激活阈值，它们就会被激活。

这些节点通过其间被称作**边**的连接传输信号，边模拟的是生物神经突触（图 9-2 中的箭头）的功能。神经元发出的信号通过这些边传输到下一个神经元，边的作用就像过滤器。换言之，边将神经元的输出信息转化为抑制信号或兴奋信号，并根据事先确定的规则（通常为每条边赋予不同的**权重**）增减其强度。

神经网络具有一定数量的节点，负责接收外界信号（见图 9-2）。在神经网络的示意图中，这组节点通常表示为最左侧的一列，代表神经网络的第 1 层（**输入层**）。根据接收的输入信号的不同，激活第 1 层的部分（或全部）神经元，它们会处理信号并将结果通过边传输到另一组神经元。

第 2 组神经元称作**隐含层**，位于神经网络中间。该组神经元不通过输入或输出与外界进行通信，因此相当于隐身于网络中。如图 9-2 所示，该组中的神经元都有大量输入边，往往与前一层的所有神经元相连。这些隐含神经元甚至不管输入信号总和是否超出特定阈值，都会被激活。一旦被激活，它们将处理信号，并将其传输到另一组神经元（图 9-2 中网络结构的右侧）。这组神经元可以是另一隐含层或**输出层**，即最后一层将结果直接输出到外界。

因此，通常为神经网络注入数据流（从左往右），根据网络结构的不同，数据流将经过简单或复杂的处理，最终生成输出结果。

神经网络的行为、能力和效率取决于节点的连接方式、网络层数和分配给每一层的神经元。所有这些因素共同定义了**神经网络架构**。

9.3.2 单层感知器

单层感知器（single-layer perceptron，SLP）是最简单的神经网络模型，由 Frank Rosenblatt 于 1958 年设计出来，其架构如图 9-3 所示。

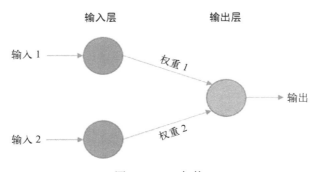

图 9-3 SLP 架构

SLP 的结构很简单。它是一个双层神经网络，无隐含层，一些输入神经元通过权重不同的连接传送信号至输出神经元。图 9-4 详细地阐释了该类神经网络的内部工作原理。

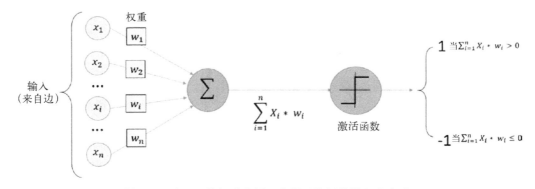

图 9-4 对 SLP 的细致介绍，内部运算用数学方法表示

SLP 结构中的边在上述数学模型中表示为权重向量，权重向量由神经元的局部记忆组成。

$$W = (w_1, w_2, \cdots, w_n)$$

输出神经元接收一个输入向量信号 X，X 的每个分量来自不同神经元。

$$X = (x_1, x_2, \cdots, x_n)$$

然后输出神经元计算输入信号的加权和。

$$\sum_{i=0}^{n} w_i x_i = w_1 x_1 + w_2 x_2 + \cdots + w_n x_n = s$$

输出神经元可感知总信号 S。若该信号超出神经元的激活阈值，它将激活，发送 1 作为输出值，否则它仍处于未激活状态，发送 -1。

$$输出 = \begin{cases} 1 & s > 0 \\ -1 & s \leqslant 0 \end{cases}$$

这是最简单的**激活函数**（见图 9-5 的函数 A）。当然也可以用其他更复杂的函数，比如 sigmoid 函数（见图 9-5 的函数 D）。

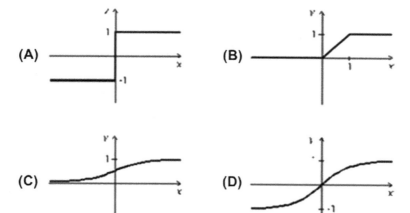

图 9-5　激活函数示例

介绍过了 SLP 神经网络的结构，下面探讨它们的学习方式。

神经网络的学习过程称作**学习阶段**。学习是以迭代方式进行的，即神经网络按照预定次数执行多轮运算，每轮运算稍稍调整突触 w_i 的权重。学习需要使用合适的输入数据，即**训练集**（第 8 章使用过）。

训练集的每个输入值都能得到期望的输出值。对比神经网络的输出值跟期望值，可以分析两者的差距，调整权重以减少差距。实际操作中，这是通过最小化深度学习问题的一个**特定代价**（损失）**函数**来实现的。实际上，每轮学习中，不同连接的权重都将被调整，以最小化代价（损失）。

综上，有监督学习适用于神经网络。

学习阶段结束后，将进入**评估阶段**：必须用训练好的 SLP 分析另一组输入（测试集），其结果也是已知的。评估感知器的结果和期望结果的差距，就能了解所训练的神经网络解决深度学习问题的能力如何，常用正确率（accuracy）来表示，即输出正确结果的个数与结果总数的百分比。

9.3.3　多层感知器

多层感知器（multi-layer perceptron，MLP）是一种更复杂也更高效的神经网络架构。该网络架构的输入层和输出层之间插入了一个或多个隐含层。MLP 的架构如图 9-6 所示。

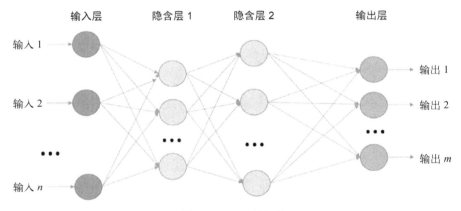

图 9-6　MLP 的架构

尽管 MLP 神经网络模型更复杂，其基本概念仍与 SLP 神经网络模型一致。在 MLP 中，每个连接同样被赋予了权重。必须根据训练集来最小化这些权重，这一点非常像 SLP。MLP 的每个节点必须用激活函数处理所有输入信号。MLP 具有多个隐含层，神经网络学习能力更强，能针对深度学习尝试解决的问题类型更有效地做出调整。

另一方面，实践中，该系统越复杂，学习阶段和评估阶段需要的算法也就越复杂。其中，有个名为**反向传播**（back propagation）的算法，可以高效地调整各个连接的权重，最小化代价，从而快速、渐进地将输出值收敛到期望值。

代价（或误差）函数最小化阶段的算法通常采用**梯度下降**技术。

本书不会详细研究和分析这些算法，只做入门介绍，尽量保持深度学习这个主题简洁清晰。如果你对此感兴趣，建议阅读相关图书和网上资料来深入研究。

9.3.4　人工神经网络和生物神经网络的一致性

至此，已经介绍了深度学习如何用人工神经网络这种基础结构来模拟人脑的功能，尤其是模拟人脑处理信息的方式。

在最高的读取层，这两类系统还存在真正的一致性。实际上，前面讲过神经网络的结构是基于神经元层的。第 1 层处理完输入信号后，将其传输到下一层进行处理，下一层处理后再交给更下一层，以此类推，直至得到最终结果。每层神经元以特定方式处理输入信息，为同一信息生成**不同层级的表示**。

实际上，人工神经网络的全部运算虽纷繁复杂，但也只是将信息转换至更抽象的层级。

大脑皮层的功能与之类似。例如眼睛接收图像输入后，图像信号会经过多个传输阶段（就像神经网络的各层）。在此过程中，首先识别出来的是图像的轮廓（边缘检测），接着是几何形状（形状知觉），最后是物体的性质和名称。因而，在不同的概念性层次，大脑皮层对输入信息进行转换，先将图像转换为线条，再转换为几何图形，最后得到一个单词。

9.4　TensorFlow

本章前面介绍了多个 Python 深度学习框架，它们均可用于开发相关项目。下面详细介绍 TensorFlow 框架，讲解其工作原理，以及如何用其构建神经网络，实现深度学习。

9.4.1　TensorFlow：Google 开发的框架

TensorFlow 由 Google Brain Team 开发。该团队是 Google 的一个研究机构，专攻机器学习智能。Google 开发 TensorFlow 库旨在为机器学习和深度学习研究提供一个得力的工具。

2017 年 2 月，Google 发布了 TensorFlow 的第一版，随后一年半内版本多次更新，该库的潜力、稳定性和易用性大幅提升。这主要归功于大量专家和研究者对该框架的充分使用。目前，TensorFlow 已是成熟的深度学习框架，网上有很多相关文档、教程和项目。

除了主要的包，这几年还发布了其他很多库，包括：

❏ TensorBoard——TensorFlow 内部图的可视化工具；
❏ TensorFlow Fold——可生成漂亮的动态计算图表；
❏ TensorFlow Transform——可生成和管理输入数据管道。

9.4.2　TensorFlow：数据流图

TensorFlow 完全基于图的组织和使用以及数据在图中的流动，充分利用该结构实现数学运算。

在 TensorFlow 运行时系统内部创建的图称为**数据流图**，它是根据运行时的数学模型构建的，数学模型是待执行计算的基础。TensorFlow 支持编写代码执行一系列指令来定义任意数学模型。TensorFlow 负责将模型转换为内部数据流图。

因此，搭建的深度学习神经网络模型将转换为数据流图。由于神经网络的结构和图的数学表示极其相似，该库适于开发深度学习项目也就很容易理解了。

但 TensorFlow 的应用并不局限于深度学习领域，还可用于表示人工神经网络。鉴于任何物理系统都可表示为数学模型，其他很多计算和分析方法都可用 TensorFlow 实现。该库还可用于实现其他机器学习技术和通过计算偏导来研究复杂物理系统，等等。

数据流图的节点表示数学运算,其边表示张量(多维数组)。TensorFlow 这个名字源自张量表示数据在图中流动这一事实。数据流图可用作人工神经网络的模型。

9.5　开始 TensorFlow 编程

前面介绍了 TensorFlow 框架的核心组件,下面使用该框架。首先介绍如何安装该框架,在模型中定义和使用张量,并用会话①(session)获取内部数据流图。

9.5.1　安装 TensorFlow

动工之前,需要在计算机上安装该库。

对于 Ubuntu Linux(版本 16 或更新的版本)系统,可用 pip 安装该包:

```
pip3 install tensorflow
```

对于 Windows 系统,可用 Anaconda 安装该包:

```
conda install tensorflow
```

TensorFlow 框架相对较新,一些 Linux 发行版和几年前发布的版本可能没有 TensorFlow 包。遇到这类情况,必须手动安装,安装指南请见 TensorFlow 官网。

如果计算机上安装了 Python 发行版 Anaconda 软件(包括 Linux 版本和 OS 版本),用它的包管理器安装 TensorFlow 更简单。

9.5.2　Jupyter QtConsole 编程

安装好 TensorFlow 库后,就可以开始编程了。本章示例代码用 IPython 编写,而打开一个普通的 Python 会话(或者用 Jupyter Notebook)也能编写和运行示例代码。在终端输入以下命令,打开一个 IPython 会话。

```
jupyter qtconsole
```

打开 IPython 会话,输入以下代码,导入该库:

```
In [ ]: import tensorflow as tf
```

说明　若要输入多行命令,命令之间必须用 Ctrl+Enter 换行。若要执行代码,则只按 Enter。

9.5.3　TensorFlow 的模型和会话

编写代码前,需要了解 TensorFlow 的内部操作,包括它如何在 Python 中解释命令,其内部又是如何执行的。TensorFlow 采用**模型**和**会话**概念,以一系列特定命令定义程序的结构。

---

① 注意区别于 Python 终端会话。

TensorFlow 项目的基础是模型，它包括定义系统的全部变量。可直接定义变量或用常量组成的数学表达式将变量参数化。

```
In [ ]: c = tf.constant(2,name='c')
   ...: x = tf.Variable(3,name='x')
   ...: y = tf.Variable(c*x,name='y')
   ...:
```

下面用 print()函数查看 y 的内部值（期望输出 6），但输出的是对象而非数值。

```
In [3]: print(x)
   ...: print(y)
   ...:
<tf.Variable 'x:0' shape=() dtype=int32_ref>
<tf.Variable 'y:0' shape=() dtype=int32_ref>
```

实际上，定义的变量属于 TensorFlow 的数据流图，该图由节点及连接节点的边组成，它表示数学模型。稍后将介绍用会话获取这些值的方法。

深度学习计算直接用到的变量用**占位符**（placeholder）表示，即这些张量直接参与数据的流动和每个神经元的处理。

占位符用于构建神经网络对应的数据流图，即使不完全了解要计算的数据，也可在内部创建运算，因此可以构建图（和神经网络）的结构。

在实际应用中，给定包含待分析数据 x（一个张量）的训练集和期望值 y（一个张量），可定义两个占位符 X 和 Y，它们是张量，用于存放整个神经网络所需的数据。

例如用 tf. placeholder()函数定义两个存放整数的占位符。

```
In [ ]: X = tf.placeholder("int32")
   ...: X = tf.placeholder("int32")
   ...:
```

定义了所有相关变量即定义了作为神经网络系统基础的数学模型，接下来需要执行适当的处理，并用 tf.global_variables_initializer()函数初始化模型。

```
In [ ]: model = tf.global_variables_initializer()
```

至此，模型完成了初始化，并加载到了内存，下面可以开始计算了，但计算之前需要先跟 TensorFlow runtime 系统通信。为此需要创建 TensorFlow 会话，会话期间可以执行一系列命令，跟创建的模型对应的基础数据流图进行交互。

可以用 tf.Session()构造器新建一个会话。

在会话中，可以执行计算，接收所获取的变量值作为结果，即可以在处理过程中检查数据流图的状态。

前面讲过 TensorFlow 的操作是以创建内部图结构为基础的，图中的节点能处理沿图中连接流动的张量的内部数据。

因此，开始一个会话其实是实例化数据流图。

会话主要有两个方法。

❑ 使用 session.extend()在计算过程中更改图，比如新增节点或连接。

❑ 通过 session.run() 执行图，获取输出结果。

一些运算是在同一会话中执行的，因此最好使用 with 结构体：tf.Session() 方法的所有调用都传给会话。

例如只查看在模型中定义的变量的值并将其输出到终端。

```
In [ ]: with tf.Session() as session:
   ...: session.run(model)
   ...: print(session.run(y))
   ...:
6
```

在上述会话中，可以访问数据流图中的变量，包括之前定义的变量 y。

9.5.4 张量

TensorFlow 库的基本元素为张量。数据流图中流动的数据正是张量（见图 9-7）。

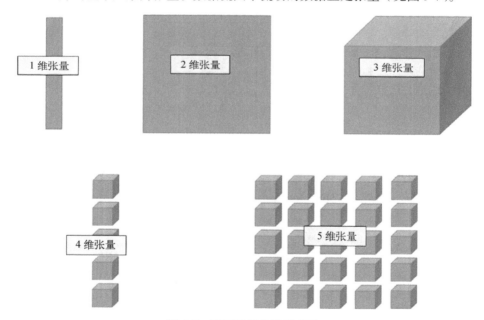

图 9-7 不同维度的张量表示

一个张量由 3 个参数确定：

❑ 阶（rank）——张量的维度（矩阵的阶为 2，向量的阶为 1）；

❑ 形状（shape）——行和列的数量（比如(3.3)为 3×3 矩阵）；

❑ 类型——张量元素的类型。

张量即多维数组。前面展示了用 NumPy 库可轻松创建多维数组。下面用该库定义一个多维数组。

```
In [ ]: import numpy as np
   ...: t = np.arange(9).reshape((3,3))
   ...: print(t)
   ...:
[[0 1 2]
 [3 4 5]
 [6 7 8]]
```

接着将这个多维数组转换为 TensorFlow 张量，用 tf.convert_to_tensor() 函数易于实现。该函数有两个参数，第 1 个是待转换的数组 t，第 2 个是要将其转换成的数据类型，该例为 int32。

```
In [ ]: tensor = tf.convert_to_tensor(t, dtype=tf.int32)
```

若想查看张量的内容，需要创建一个 TensorFlow 会话并运行它，用 print() 函数将结果输出到终端。

```
In [ ]: with tf.Session() as sess:
   ...: print(sess.run(tensor))
   ...:
[[0 1 2]
 [3 4 5]
 [6 7 8]]
```

输出结果包含一个张量，其元素和维度跟用 NumPy 定义的多维数组相同。该方法非常适于深度学习的计算任务，因为很多输入数据都是 NumPy 数组形式的。

其实可以直接用 TensorFlow 创建张量，而不必用 NumPy 库。借助一些函数，可快速创建张量，非常简便。

例如用 tf.zeros() 方法初始化一个元素全为 0 的张量。

```
In [10]: t0 = tf.zeros((3,3),'float64')

In [11]: with tf.Session() as session:
   ...: print(session.run(t0))
   ...:
[[ 0.  0.  0.]
 [ 0.  0.  0.]
 [ 0.  0.  0.]]
```

类似地，可以用 tf.ones() 方法初始化一个元素全为 1 的张量。

```
In [12]: t1 = tf.ones((3,3),'float64')

In [13]: with tf.Session() as session:
   ...: print(session.run(t1))
   ...:
[[ 1.  1.  1.]
 [ 1.  1.  1.]
 [ 1.  1.  1.]]
```

还可以用 tf.random_uniform() 函数创建一个元素呈均匀分布（取值范围内的所有数出现的可能性相同）含随机数的张量。

例如创建一个元素为浮点型、在 0 到 1 之间取值的 3×3 张量，代码如下：

```
In [ ]: tensorrand = tf.random_uniform((3, 3), minval=0, maxval=1,
dtype=tf.float32)

In [ ]: with tf.Session() as session:
   ...: print(session.run(tensorrand))
   ...:
[[ 0.63391674      0.38456023 0.13723993]
 [ 0.7398864       0.44730318 0.95689237]
 [ 0.48043406      0.96536028 0.40439832]]
```

但通常创建元素呈正态分布（给定均值和标准差）的张量，可用 tf.random_normal() 实现。
例如创建一个 3×3、元素呈正态分布（均值为 0，标准差为 3）的张量，代码如下：

```
In [ ]: norm = tf.random_normal((3, 3), mean=0, stddev=3)

In [ ]: with tf.Session() as session:
   ...: print(session.run(norm))
   ...:
[[-1.51012492      2.52284908      1.10865617]
 [-5.08502769      1.92598009      -4.25456524]
 [ 4.85962772      -6.69154644      5.32387066]]
```

9.5.5　张量运算

定义了张量后，就需要对其执行运算。张量的大多数数学运算基于张量间的加法和乘法。
定义两个张量 t1 和 t2，用它们来进行张量运算。

```
In [ ]: t1 = tf.random_uniform((3, 3), minval=0, maxval=1, dtype=tf.
        float32)
   ...: t2 = tf.random_uniform((3, 3), minval=0, maxval=1, dtype=tf.
        float32)
   ...:

In [ ]: with tf.Session() as sess:
   ...: print('t1 = ',sess.run(t1))
   ...: print('t2 = ',sess.run(t2))
   ...:
t1 = [[ 0.22056699  0.15718663      0.11314452]
 [ 0.43978345      0.27561605      0.41013181]
 [ 0.58318019      0.3019532       0.04094303]]
t2 = [[ 0.16032183  0.32963789      0.30250323]
 [ 0.02322233      0.79547286      0.01091838]
 [ 0.63182664      0.64371264      0.06646919]]
```

两个张量相加，用 tf.add() 函数。两个向量相乘，用 tf.matmul() 函数。

```
In [ ]: sum = tf.add(t1,t2)
   ...: mul = tf.matmul(t1,t2)
   ...:
In [ ]: with tf.Session() as sess:
   ...: print('sum =', sess.run(sum))
   ...: print('mul =', sess.run(mul))
   ...:
sum = [[ 0.78942883      0.73469722      1.0990597 ]
```

```
[ 0.42483664      0.62457812    0.98524892]
[ 1.30883813      0.75967956    0.19211888]]
mul = [[ 0.26865649      0.43188229    0.98241472]
[ 0.13723138      0.25498611    0.49761111]
[ 0.32352239      0.48217845    0.80896515]]
```

张量的另一种常见运算是计算行列式,对此 TensorFlow 提供了 tf.matrix_determinant()方法。

```
In [ ]: det = tf.matrix_determinant(t1)
   ...: with tf.Session() as sess:
   ...: print('det =', sess.run(det))
   ...:
det = 0.101594
```

基于这些基本运算,就能用张量构造很多数学表达式了。

9.6　用 TensorFlow 实现 SLP

为了更好地讲解如何用 TensorFlow 开发神经网络,下面实现一个非常简单的 SLP 网络,会用到 TensorFlow 库现成的工具和本章提到的概念。开发过程中会逐步引入新概念。

本节将介绍构建神经网络的通用方法,循序渐进地介绍不同的命令。稍后将用这些命令构建 MLP 神经网络。

这两节的示例简单却不失完整,没有太多技术性很强或复杂的细节,而会重点讲解如何用 TensorFlow 实现神经网络的核心部分。

9.6.1　开始之前

开始之前,启动一个新内核,打开一个新 IPython 会话,然后导入所需的全部模块。

```
In [ ]: import numpy as np
   ...: import matplotlib.pyplot as plt
   ...: import tensorflow as tf
   ...:
```

9.6.2　待分析的数据

本章示例将使用 8.8.节使用的数据。

要研究的数据集是一组被分作两类、分布在笛卡儿坐标系的 11 个数据点。前 6 个点属于第 1 类,另外 5 个点属于第 2 类。这些点的坐标(x, y)存放在 NumPy 数组 inputX,其类别存放在 inputY 数组。每个类别列表包含两个元素,每个元素代表一个类别,类别位置上的元素为 1 表示数据点所属类别。

元素为[1., 0.]表示点属于第 1 类,元素为[0., 1.]表示点属于第 2 类。元素值为浮点数,是出于深度学习算法优化的需要。神经网络的结果会是浮点数,表示元素属于第 1 类或第 2 类。

例如神经网络给出某元素的结果为:

```
[0.910, 0.090]
```

该结果表明神经网络认为待分类元素属于第 1 类的概率为 91%,属于第 2 类的概率为 9%。

本节末会有实际操作，但掌握相关概念有助于更好地理解一些值的意义。

根据 8.8 节所用数据，可定义以下输入数据。

```
In [2]: # 测试集
   ...: inputX = np.arr
ay([[1.,3.],[1.,2.],[1.,1.5],[1.5,2.],[2.,3.],[2.5,1.5]
,[2.,1.],[3.,1.],[3.,2.],[3.5,1.],[3.5,3.]])
   ...: inputY = [[1.,0.]]*6+ [[0.,1.]]*5
   ...: print(inputX)
   ...: print(inputY)
   ...:
[[ 1.  3. ]
 [ 1.  2. ]
 [ 1.  1.5]
 [ 1.5 2. ]
 [ 2.  3. ]
 [ 2.5 1.5]
 [ 2.  1. ]
 [ 3.  1. ]
 [ 3.  2. ]
 [ 3.5 1. ]
 [ 3.5 3. ]]
[[1.0, 0.0], [1.0, 0.0], [1.0, 0.0], [1.0, 0.0], [1.0, 0.0],
 [1.0, 0.0], [0.0, 1.0], [0.0, 1.0], [0.0, 1.0], [0.0, 1.0], [0.0, 1.0]]
```

为了更好地观察这些数据点的空间分布及其所属类别，可用 matplotlib 库将其绘制成图。

```
In [3]: yc = [0]*6 + [1]*5
   ...: print(yc)
...: import matplotlib.pyplot as plt
   ...: %matplotlib inline
   ...: plt.scatter(inputX[:,0],inputX[:,1],c=yc, s=50, alpha=0.9)
   ...: plt.show()
   ...:
[0, 0, 0, 0, 0, 0, 1, 1, 1, 1, 1]
```

上述代码的运行结果如图 9-8 所示。

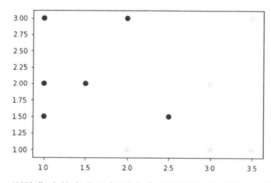

图 9-8　训练集为笛卡儿坐标系中分成两类的点（浅色和深色）[①]

---

① 详见本书配套文件中的彩图。

　　编写数据点的可视化代码时，为了正确分配数据点的颜色（见图 9-8），用 yc 数组替换 inputY 数组。

　　如图所示，两类数据点分布在两个相对的区域，很容易识别。第 1 块区域位于左上部分，第 2 块区域位于右下部分。这两块区域基本上可用一条对角线隔开，但为了让系统更复杂，数据点 6 是个例外，它位于另一类点的内部。

　　观察实现的神经网络能否以及如何把数据点正确分类，是非常有意思的。

9.6.3　SLP 模型定义

　　本章示例还是使用 8.8.节的数据。

　　进行深度学习分析，首先要定义想实现的神经网络模型。因此，应提前确定要实现什么结构、用多少神经元和层、集成多少网络（该类只有一个）、连接的权重大小，以及用哪种代价函数。

　　根据 TensorFlow 的基本用法，要先定义一系列必要的参数，学习阶段用其指定计算的执行方式。**学习率**调节神经网络的学习速度。该参数非常重要，它在学习阶段起着调整神经网络效率的重要作用。预先为学习速率设定最优值是不可能的，因为它在很大程度上取决于神经网络的结构和所分析数据的类型。因此，应通过不同的学习测试调整该参数的值，选择能保证正确率最高的值。

　　可以从通用值 0.01 开始，将其赋给参数 learning_rate。

```
In [ ]: learning_rate = 0.01
```

　　定义另一个参数 training_epochs。它设定的是学习阶段神经网络训练的轮数（学习的遍数）。

```
In [ ]: training_epochs = 2000
```

　　程序执行过程中，需要以某种方式监控学习进展，比如输出变量值到终端。用 display_step 参数设定每学习多少遍显示一次输出结果。该参数的合理取值为每 50 步或每 100 步。

```
In [ ]: display_step = 50
```

　　为了提高代码的可复用性，可添加参数，指定训练集的元素数量和所需批次。该例的训练集非常小，只有 11 个元素，因此不用分批，将它们全部用于训练即可。

```
In [ ]: n_samples = 11
   ...: batch_size = 11
   ...: total_batch = int(n_samples/batch_size)
   ...:
```

　　也可以再添加两个参数，描述输入数据的长度和类别总数。

```
In [ ]: n_input = 2 # size data input (# size of each element of x)
   ...: n_classes = 2 # n of classes
   ...:
```

　　定义了神经网络的参数后，开始构建网络。首先用**占位符**定义神经网络的输入和输出。

```
In [ ]: # tf 图表输出
   ...: x = tf.placeholder("float", [None, n_input])
   ...: y = tf.placeholder("float", [None, n_classes])
   ...:
```

这样就**隐式**定义了一个 SLP 神经网络，其输入层和输出层各有两个神经元（见图 9-9），定义输入占位符 x 和输出占位符 y，它们各有两个值。上面还**显式**定义了两个张量，张量 x 存储输入数据点的坐标值，张量 y 存储每个元素分属每个类别的概率。

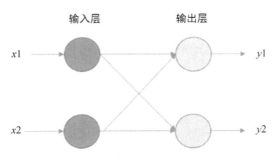

图 9-9　该例使用的 SLP 模型

下一个例子处理 MLP 网络时，这些操作的作用将更加明了。前面定义的权重和偏置（bias）的占位符用于定义神经网络的连接。张量 W 和 b 是用构造器 Variable() 定义的变量，并用 tf.zeros() 函数将所有值初始化为 0。

```
In [ ]: # 设置模型权重
   ...: W = tf.Variable(tf.zeros([n_input, n_classes]))
   ...: b = tf.Variable(tf.zeros([n_classes]))
   ...:
```

刚刚定义的权重和偏置变量将用于定义凭据（evidence）$x * W + b$，它用数学公式描述神经网络。tf.matmul() 函数执行两个张量的乘法 $x * W$，tf.add() 函数把结果与偏置 b 的值相加。

```
In [ ]: evidence = tf.add(tf.matmul(x, W), b)
```

根据凭据的值，可直接用 tf.nn.softmax() 函数计算输出值的概率。

```
In [ ]: y_ = tf.nn.softmax(evidence)
```

tf.nn.softmax() 函数执行以下两步。
- ❏ 计算一个特定的、用笛卡儿坐标表示的数据点属于某一类别的凭据。
- ❏ 将凭据转换为分属两个类别的概率，将其赋给 y_。

下面继续构建模型，这里必须确定最小化这些参数的规则，即定义代价（或损失）函数。对此有很多备选函数，最常用的是均方误差损失函数。

```
In [ ]: cost = tf.reduce_sum(tf.pow(y-y_,2))/ (2 * n_samples)
```

也可以用你认为更易用的任何其他函数。一旦定义了代价（或损失）函数，必须实现一个算法，在每轮学习（优化）执行最小化代价函数值的操作。可将 tf.train.GradientDescentOptimizer() 函数作为优化器，它的操作基于梯度下降算法。

```
In [ ]: optimizer =tf.train.GradientDescentOptimizer(learning_
rate=learning_rate).minimize(cost)
```

定义了代价优化方法（最小化），就完成了神经网络模型的定义。下面开始实现其学习阶段。

9.6.4 学习阶段

开始之前，先定义两个列表，用于存放学习阶段所得结果。用 avg_set 存放每轮（学习循环）的所有代价，用 epoch_set 存放相应的轮数。最后可视化神经网络学习阶段的代价趋势时会用到这些数据，代价趋势非常有助于了解神经网络所用学习方法的效率。

```
In [ ]: avg_set = []
   ...: epoch_set=[]
   ...:
```

启动会话之前，用前面讲过的函数 tf.global_variables_initializer()初始化所有变量。

```
In [ ]: init = tf.global_variables_initializer()
```

然后准备启动会话（代码末尾不要按 Enter，之后还要在会话中输入其他命令）。

```
In [ ]: with tf.Session() as sess:
   ...:     sess.run(init)
   ...:
```

每个学习步骤叫作一轮，用 for 循环扫描 training_epochs 的所有值，可以干预每轮。

每轮循环内部，用 sess.run (optimizer)命令进行优化。具体而言，每经历 50 轮，就会满足条件 if i % display_step == 0。然后用 sess.run(cost)抽取代价值，将其赋给变量 c，用 print()函数将 c 输出到终端，用 append()方法将 c 存储到 avg_set 列表。当 for 循环结束后，输出一条消息到终端，表明学习阶段结束。（先不要按 Enter，因为还要增加其他命令。）

```
In [ ]: with tf.Session() as sess:
   ...:     sess.run(init)
   ...:
   ...:     for i in range(training_epochs):
   ...:         sess.run(optimizer, feed_dict = {x: inputX, y: inputY})
   ...:         if i % display_step == 0:
   ...:             c = sess.run(cost, feed_dict = {x: inputX, y: inputY})
   ...:             print("Epoch:", '%04d' % (i), "cost=", "{:.9f}".
   ...:             format(c))
   ...:             avg_set.append(c)
   ...:             epoch_set.append(i + 1)
   ...:
   ...:     print("Training phase finished")
```

学习阶段结束后，在终端输出代价总表，展示学习阶段代价的变化趋势，这有助于调整算法。可以借助学习阶段维护的 avg_set 列表和 epoch_set 列表。

将最后几行代码加入会话后，就可以按下 Enter 键了，启动会话，执行学习阶段的代码。

```
In [ ]: with tf.Session() as sess:
   ...:     sess.run(init)
   ...:
   ...:     for i in range(training_epochs):
   ...:         sess.run(optimizer, feed_dict = {x: inputX, y: inputY})
   ...:         if i % display_step == 0:
   ...:             c = sess.run(cost, feed_dict = {x: inputX, y: inputY})
   ...:             print("Epoch:", '%04d' % (i), "cost=", "{:.9f}".
```

```
                          format(c))
   ...:                   avg_set.append(c)
   ...:                   epoch_set.append(i + 1)
   ...:
   ...:          print("Training phase finished")
   ...:
   ...:          training_cost = sess.run(cost, feed_dict = {x: inputX, y:
                 inputY})
   ...:          print("Training cost =", training_cost, "\nW=", sess.run(W),
                 "\nb=", sess.run(b))
   ...:          last_result = sess.run(y_, feed_dict = {x:inputX})
   ...:          print("Last result =",last_result)
   ...:
```

神经网络学习阶段的会话结束后，输出如下结果。

```
Epoch: 0000 cost= 0.249360308
Epoch: 0050 cost= 0.221041128
Epoch: 0100 cost= 0.198898271
Epoch: 0150 cost= 0.181669712
Epoch: 0200 cost= 0.168204829
Epoch: 0250 cost= 0.157555178
Epoch: 0300 cost= 0.149002746
Epoch: 0350 cost= 0.142023861
Epoch: 0400 cost= 0.136240512
Epoch: 0450 cost= 0.131378993
Epoch: 0500 cost= 0.127239138
Epoch: 0550 cost= 0.123672642
Epoch: 0600 cost= 0.120568059
Epoch: 0650 cost= 0.117840447
Epoch: 0700 cost= 0.115424201
Epoch: 0750 cost= 0.113267884
Epoch: 0800 cost= 0.111330733
Epoch: 0850 cost= 0.109580085
Epoch: 0900 cost= 0.107989430
Epoch: 0950 cost= 0.106537104
Epoch: 1000 cost= 0.105205171
Epoch: 1050 cost= 0.103978693
Epoch: 1100 cost= 0.102845162
Epoch: 1150 cost= 0.101793952
Epoch: 1200 cost= 0.100816071
Epoch: 1250 cost= 0.099903718
Epoch: 1300 cost= 0.099050261
Epoch: 1350 cost= 0.098249927
Epoch: 1400 cost= 0.097497642
Epoch: 1450 cost= 0.096789025
Epoch: 1500 cost= 0.096120209
Epoch: 1550 cost= 0.095487759
Epoch: 1600 cost= 0.094888613
Epoch: 1650 cost= 0.094320126
Epoch: 1700 cost= 0.093779817
Epoch: 1750 cost= 0.093265578
Epoch: 1800 cost= 0.092775457
Epoch: 1850 cost= 0.092307687
```

```
Epoch: 1900 cost= 0.091860712
Epoch: 1950 cost= 0.091433071
Training phase finished
Training cost = 0.0910315
W= [[-0.70927787 0.70927781]
 [ 0.62999243 -0.62999237]]
b= [ 0.34513065 -0.34513068]
Last result = [[ 0.95485419 0.04514586]
 [ 0.85713255 0.14286745]
 [ 0.76163834 0.23836163]
 [ 0.74694741 0.25305259]
 [ 0.83659446 0.16340555]
 [ 0.27564839 0.72435158]
 [ 0.29175714 0.70824283]
 [ 0.090675  0.909325 ]
 [ 0.26010245 0.73989749]
 [ 0.04676624 0.95323378]
 [ 0.37878013 0.62121987]]
```

从输出结果可见，随着轮数的增加，代价不断下降，最后达到 0.091。输出神经网络的权重 W 和偏置的值也很有意义。这些值代表模型的参数，这里神经网络按照指示分析数据点并将其分类。

这些参数非常重要，因为一旦得到它们的值和神经网络的结构，就能复用它们而不必重复学习。别看该示例只用一分钟就完成了计算，实际应用中，可能要用数天，而且往往需要反复尝试，调整和校准不同参数，才能开发出高效的神经网络，确保完成类别识别等任务。

将结果呈现为图表会更便于理解。可用 matplotlib 将输出结果可视化。

```
In [ ]: plt.plot(epoch_set,avg_set,'o',label = 'SLP Training phase')
   ...: plt.ylabel('cost')
   ...: plt.xlabel('epochs')
   ...: plt.legend()
   ...: plt.show()
   ...:
```

分析神经网络学习阶段的代价趋势，见图 9-10。

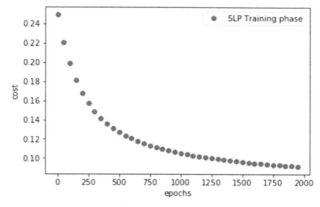

图 9-10　学习阶段（代价优化）代价呈下降趋势

下面查看学习阶段最后一步的分类结果。

```
In [ ]: yc = last_result[:,1]
   ...: plt.scatter(inputX[:,0],inputX[:,1],c=yc, s=50, alpha=1)
   ...: plt.show()
   ...:
```

用上述代码在笛卡儿平面绘制数据点，如图 9-11 所示。

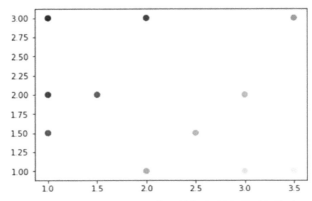

图 9-11　学习阶段最后一轮对数据点所属类别的估计

上图表示笛卡儿平面的数据点（见图 9-11），颜色从深色（100% 属于第 1 类）变至浅色（100% 属于第 2 类）。如图所示，两类数据点的区分非常理想，中间对角线上的 4 个点的类别不确定。

该图展现了神经网络的学习能力。尽管神经网络在训练集上学习了多轮，仍未能判断出点 6 (x = 2.5, y = 1.5) 属于第 1 类。这符合预期，因为该点代表的是例外情况，是为了增加第 2 类点的不确定性。

9.6.5　测试阶段和正确率估计

神经网络训练好后，可以创建评估机制，计算其正确率。

首先准备测试集，其数据点要有别于训练集。方便起见，这些示例都用 11 个元素。

```
In [ ]: # 测试集
   ...: testX = np.arr
ay([[1.,2.25],[1.25,3.],[2,2.5],[2.25,2.75],[2.5,3.],
[2.,0.9],[2.5,1.2],[3.,1.25],[3.,1.5],[3.5,2.],[3.5,2.5]])
   ...: testY = [[1.,0.]]*5 + [[0.,1.]]*6
   ...: print(testX)
   ...: print(testY)
   ...:
[[ 1.  2.25]
 [ 1.25 3. ]
 [ 2.  2.5 ]
 [ 2.25 2.75]
 [ 2.5  3. ]
 [ 2.  0.9 ]
```

```
[ 2.5 1.2 ]
[ 3.  1.25]
[ 3.  1.5 ]
[ 3.5 2.  ]
[ 3.5 2.5 ]]
[[1.0, 0.0], [1.0, 0.0], [1.0, 0.0], [1.0, 0.0], [1.0, 0.0],
[0.0, 1.0], [0.0, 1.0], [0.0, 1.0], [0.0, 1.0], [0.0, 1.0], [0.0, 1.0]]
```

为了更好地理解测试数据及其类别，用 matplotlib 将这些点可视化。

```
In [ ]: yc = [0]*5 + [1]*6
   ...: print(yc)
   ...: plt.scatter(testX[:,0],testX[:,1],c=yc, s=50, alpha=0.9)
   ...: plt.show()
   ...:
[0, 0, 0, 0, 0, 1, 1, 1, 1, 1, 1]
```

上述代码在笛卡儿平面生成数据点，如图 9-12 所示。

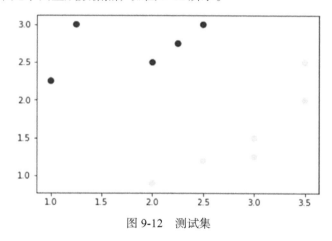

图 9-12   测试集

然后用该测试集评估 SLP 神经网络，计算其正确率。

```
In [ ]: init = tf.global_variables_initializer()
   ...: with tf.Session() as sess:
   ...:     sess.run(init)
   ...:
   ...:     for i in range(training_epochs):
   ...:         sess.run(optimizer, feed_dict = {x: inputX, y: inputY})
   ...:
   ...:     pred = tf.nn.softmax(evidence)
   ...:     result = sess.run(pred, feed_dict = {x: testX})
   ...:     correct_prediction = tf.equal(tf.argmax(pred, 1),
   ...:     tf.argmax(testY, 1))
   ...:
   ...:     # 计算正确率
   ...:     accuracy = tf.reduce_mean(tf.cast(correct_prediction, "float"))
   ...:     print("Accuracy:", accuracy.eval({x: testX, y: testY}))
   ...:
Accuracy: 1.0
```

显然，神经网络能将这 11 个数据点正确分类。如前所示，用从深色到浅色的颜色区间在笛卡儿平面表示数据点，代码如下。

```
In [ ]: yc = result[:,1]
   ...: plt.scatter(testX[:,0],testX[:,1],c=yc, s=50, alpha=1)
   ...: plt.show()
```

这样就在笛卡儿平面生成了数据点，如图 9-13 所示。

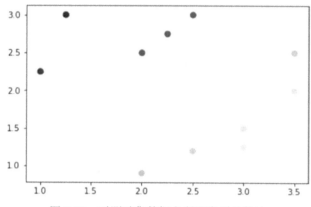

图 9-13　对测试集数据点所属类别的估计

考虑到所用模型很简单，且训练集数据量很小，可以认为估计结果是最优的。下一节要用更复杂的神经网络 MLP 来处理相同问题。

9.7　用 TensorFlow 实现 MLP（含一个隐含层）

本节的深度学习任务跟上一节相同，但会使用 MLP 神经网络来解决。

重置内核，打开一个新 IPython 会话。第 1 部分代码与上个示例相同。

```
In [1]: import tensorflow as tf
   ...: import numpy as np
   ...: import matplotlib.pyplot as plt
   ...:
   ...: # 训练集
   ...: inputX = np.arr
ay([[1.,3.],[1.,2.],[1.,1.5],[1.5,2.],[2.,3.],[2.5,1.5],
[2.,1.],[3.,1.],[3.,2.],[3.5,1.],[3.5,3.]])
   ...: inputY = [[1.,0.]]*6+ [[0.,1.]]*5
   ...:
   ...: learning_rate = 0.001
   ...: training_epochs = 2000
   ...: display_step = 50
   ...: n_samples = 11
   ...: batch_size = 11
   ...: total_batch = int(n_samples/batch_size)
```

9.7.1　MLP 模型的定义

本章前面讲过，MLP 神经网络与 SLP 神经网络的区别是，MLP 神经网络有一个或多个隐含层。

因此，编写的代码必须是参数化的，以尽可能通用，支持灵活定义神经网络隐含层的数量和隐含层神经元数量。

通过定义两个新参数指定两个隐含层的神经元数。n_hidden_1 参数表示第 1 个隐含层的神经元数量，n_hidden_2 参数表示第 2 个隐含层的神经元数量。

从一个简单示例入手，首先定义仅有一个隐含层且它由两个神经元组成的 MLP 神经网络，把第 2 个隐含层的相关部分先注释掉。

至于参数 n_input 和 n_classes，跟前一个例子 SLP 神经网络所用的值相同。

```
In [2]: # 网络参数
   ...: n_hidden_1 = 2 # 1st layer number of neurons
   ...: #n_hidden_2 = 0 # 2nd layer number of neurons
   ...: n_input = 2 # size data input
   ...: n_classes = 2 # classes
   ...:
```

占位符的定义也跟上个例子相同。

```
In [3]: # tf 图表输出
   ...: X = tf.placeholder("float", [None, n_input])
   ...: Y = tf.placeholder("float", [None, n_classes])
   ...:
```

下面为不同的连接定义不同的权重 W 和偏置 b。该神经网络更复杂，需要考虑多层。高效的做法是如下所示将其参数化，注释掉第 2 个隐含层的权重和偏置参数（针对该示例的单隐含层 MLP）。

```
In [4]: # 存储层的权重和偏置
   ...: weights = {
   ...:     'h1': tf.Variable(tf.random_normal([n_input, n_hidden_1])),
   ...:     #'h2': tf.Variable(tf.random_normal([n_hidden_1, n_hidden_2])),
   ...:     'out': tf.Variable(tf.random_normal([n_hidden_1, n_classes]))
   ...: }
   ...: biases = {
   ...:     'b1': tf.Variable(tf.random_normal([n_hidden_1])),
   ...:     #'b2': tf.Variable(tf.random_normal([n_hidden_2])),
   ...:     'out': tf.Variable(tf.random_normal([n_classes]))
   ...: }
   ...:
```

要创建变量参数化神经网络模型，需要定义一个易用的函数 multilayer_perceptron()。

```
In [5]: # 创建模型
   ...: def multilayer_perceptron(x):
   ...:     layer_1 = tf.add(tf.matmul(x, weights['h1']), biases['b1'])
   ...:     #layer_2 = tf.add(tf.matmul(layer_1, weights['h2']), biases['b2'])
   ...:     # Output fully connected layer with a neuron for each class
   ...:     out_layer = tf.matmul(layer_1, weights['out']) + biases['out']
   ...:     return out_layer
   ...:
```

然后调用刚刚定义的函数，构建模型。

```
In [6]: # 构建模型
   ...: evidence = multilayer_perceptron(X)
   ...: y_ = tf.nn.softmax(evidence)
   ...:
```

接着定义代价函数，选择优化方法，可用 tf.train.AdamOptimizer()。

```
In [7]: # 定义代价函数和优化方法
   ...: cost = tf.reduce_sum(tf.pow(Y-y_,2))/ (2 * n_samples)
   ...: optimizer = tf.train.AdamOptimizer(learning_rate=learning_rate).
        minimize(cost)
   ...:
```

输入上面的代码，就完成了 MLP 神经网络模型的构建。下面创建会话，实现学习阶段。

9.7.2 学习阶段

与前例类似，定义两个列表变量，存放轮数和每轮的代价。同样，启动会话前要初始化所有变量。

```
In [8]: avg_set = []
   ...: epoch_set = []
   ...: init = tf.global_variables_initializer()
   ...:
```

下面开始实现用于学习的会话。用以下指令开启会话（输入命令后切记不要按 Enter，而是按 Ctrl+Enter 以便输入后续命令）。

```
In [9]: with tf.Session() as sess:
   ...:     sess.run(init)
   ...:
```

然后编写代码，执行每轮学习。每轮会扫描每个批次的训练集。该例所用训练集只有一个批次，因此只需一次迭代，直接将 inputX 和 inputY 分别赋给 batch_x 和 batch_y。对于其他情况，需要实现一个函数，比如 next_batch(batch_size)，将整个训练集（例如 inputdata）分成多个批次，按顺序返回。

在每个批次的循环中，用 sess.run([optimizer, cost])最小化代价函数，该代价函数值对应局部代价。对所有批次的局部代价求均值 avg_cost，得到平均代价。由于该示例只有一个批次，avg_cost 等同于整个训练集的代价。

```
In [9]: with tf.Session() as sess:
   ...:     sess.run(init)
   ...:
   ...:     for epoch in range(training_epochs):
   ...:         avg_cost = 0.
   ...:         # 循环所有批次
   ...:         for i in range(total_batch):
   ...:             #batch_x, batch_y = inputdata.next_batch(batch_size)
                    TO BE IMPLEMENTED
```

```
      ...:              batch_x = inputX
      ...:              batch_y = inputY
      ...:              _, c = sess.run([optimizer, cost], feed_dict={X:
                        batch_x, Y: batch_y})
      ...:              # 计算平均损失
      ...:              avg_cost += c / total_batch
```

每隔几轮，可将当前代价输出到终端，并将这些局部代价及相应轮数追加到 avg_set 列表和 epoch_set 列表，操作跟之前的 SLP 示例类似。

```
In [9]: with tf.Session() as sess:
   ...:         sess.run(init)
   ...:
   ...:         for epoch in range(training_epochs):
   ...:         avg_cost = 0.
   ...:         # 循环所有批次
   ...:         for i in range(total_batch):
   ...:             #batch_x, batch_y = inputdata.next_batch(batch_size)
                    TO BE IMPLEMENTED
   ...:             batch_x = inputX
   ...:             batch_y = inputY
   ...:             _, c = sess.run([optimizer, cost], feed_dict={X:
                    batch_x, Y: batch_y})
   ...:             # 计算平均损失
   ...:             avg_cost += c / total_batch
   ...:         if epoch % display_step == 0:
   ...:             print("Epoch:", '%04d' % (epoch+1), "cost={:.9f}".
                    format(avg_cost))
   ...:             avg_set.append(avg_cost)
   ...:             epoch_set.append(epoch + 1)
   ...:
   ...:         print("Training phase finished")
```

运行会话前，添加几行指令以查看学习阶段的结果。

```
In [9]: with tf.Session() as sess:
   ...:         sess.run(init)
   ...:
   ...:         for epoch in range(training_epochs):
   ...:             avg_cost = 0.
   ...:             # 循环所有批次
   ...:             for i in range(total_batch):
   ...:                 #batch_x, batch_y = inputdata.next
                        _batch(batch_size) TO BE IMPLEMENTED
   ...:                 batch_x = inputX
   ...:                 batch_y = inputY
   ...:                 _, c = sess.run([optimizer, cost], feed
                        _dict={X: batch_x, Y: batch_y})
   ...:                 # 计算平均损失
   ...:                 avg_cost += c / total_batch
   ...:             if epoch % display_step == 0:
   ...:                 print("Epoch:", '%04d' % (epoch+1), "cost={:.9f}".
                        format(avg_cost))
   ...:                 avg_set.append(avg_cost)
```

```
...:                    epoch_set.append(epoch + 1)
...:
...:        print("Training phase finished")
...:        last_result = sess.run(y_, feed_dict = {X: inputX})
...:        training_cost = sess.run(cost, feed_dict = {X:
            inputX, Y: inputY})
...:        print("Training cost =", training_cost)
...:        print("Last result =", last_result)
...:
```

最后，执行会话，学习阶段的输出结果如下。

```
Epoch: 0001 cost=0.454545379
Epoch: 0051 cost=0.454544961
Epoch: 0101 cost=0.454536706
Epoch: 0151 cost=0.454053283
Epoch: 0201 cost=0.391623020
Epoch: 0251 cost=0.197094142
Epoch: 0301 cost=0.145846367
Epoch: 0351 cost=0.121205062
Epoch: 0401 cost=0.106998600
Epoch: 0451 cost=0.097896501
Epoch: 0501 cost=0.091660112
Epoch: 0551 cost=0.087186322
Epoch: 0601 cost=0.083868250
Epoch: 0651 cost=0.081344165
Epoch: 0701 cost=0.079385243
Epoch: 0751 cost=0.077839941
Epoch: 0801 cost=0.076604150
Epoch: 0851 cost=0.075604357
Epoch: 0901 cost=0.074787453
Epoch: 0951 cost=0.074113965
Epoch: 1001 cost=0.073554687
Epoch: 1051 cost=0.073086999
Epoch: 1101 cost=0.072693743
Epoch: 1151 cost=0.072361387
Epoch: 1201 cost=0.072079219
Epoch: 1251 cost=0.071838818
Epoch: 1301 cost=0.071633331
Epoch: 1351 cost=0.071457185
Epoch: 1401 cost=0.071305975
Epoch: 1451 cost=0.071175829
Epoch: 1501 cost=0.071063705
Epoch: 1551 cost=0.070967078
Epoch: 1601 cost=0.070883729
Epoch: 1651 cost=0.070811756
Epoch: 1701 cost=0.070749618
Epoch: 1751 cost=0.070696011
Epoch: 1801 cost=0.070649780
Epoch: 1851 cost=0.070609920
Epoch: 1901 cost=0.070575655
Epoch: 1951 cost=0.070546091
Training phase finished
Training cost = 0.0705207
```

```
Last result = [[ 0.994959 0.00504093]
[ 0.97760069 0.02239927]
[ 0.95353836 0.04646158]
[ 0.91986829 0.0801317 ]
[ 0.93176246 0.06823757]
[ 0.27190316 0.7280969 ]
[ 0.40035316 0.59964687]
[ 0.04414944 0.9558506 ]
[ 0.17278962 0.82721037]
[ 0.01200284 0.98799717]
[ 0.19901533 0.80098462]]
```

查看 avg_set 列表和 epoch_set 列表收集的数据，分析学习阶段模型在减少代价方面的进展。

```
In [10]: plt.plot(epoch_set,avg_set,'o',label = 'MLP Training phase')
    ...: plt.ylabel('cost')
    ...: plt.xlabel('epochs')
    ...: plt.legend()
    ...: plt.show()
    ...:
```

根据图 9-14 所示的代价趋势，分析神经网络的学习阶段。

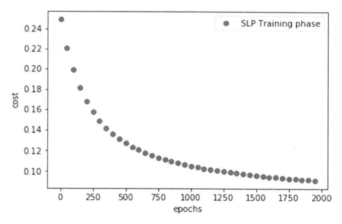

图 9-14　学习阶段（代价优化）代价呈下降趋势

　图 9-14 显示了学习阶段刚开始时，模型在代价优化方面提升明显，到学习阶段末，每轮代价优化变得越来越小，直至收敛到 0。

　　分析上图可以确定神经网络在指定轮数内完成了学习，因此可以认为该神经网络学有所成。下面步入评估阶段。

9.7.3　测试阶段和正确率计算

　　前面训练了一个能执行任务的神经网络，下面进入评估阶段，计算模型的正确率。

　　测试 MLP 神经网络模型所用的测试数据集跟 SLP 神经网络示例相同。

```
In [11]: # 测试集
    ...: testX = np.arr
ay([[1.,2.25],[1.25,3.],[2,2.5],[2.25,2.75],[2.5,3.],
[2.,0.9],[2.5,1.2],[3.,1.25],[3.,1.5],[3.5,2.],[3.5,2.5]])
    ...: testY = [[1.,0.]]*5 + [[0.,1.]]*6
    ...:
```

前面介绍过该测试集，这里不再赘述（读者可自行回顾）。

启动会话，使用测试集，计算模型输出结果的正确率，评估其性能。

```
In [12]: with tf.Session() as sess:
    ...:     sess.run(init)
    ...:
    ...:     for epoch in range(training_epochs):
    ...:         for i in range(total_batch):
    ...:             batch_x = inputX
    ...:             batch_y = inputY
    ...:             _, c = sess.run([optimizer, cost],
                         feed_dict={X: batch_x, Y: batch_y})
    ...:
    ...:     # 测试模型
    ...:     pred = tf.nn.softmax(evidence)
    ...:     result = sess.run(pred, feed_dict = {X: testX})
    ...:     correct_prediction = tf.equal(tf.argmax(pred, 1),
                 tf.argmax(Y, 1))
    ...:
    ...:     # 计算正确率
    ...:     accuracy = tf.reduce_mean(tf.cast(correct_prediction, "float"))
    ...:     print("Accuracy:", accuracy.eval({X: testX, Y: testY}))
    ...:     print(result)
```

运行整个会话，输出结果如下。

```
Accuracy: 1.0
Result = [[ 0.98507893 0.0149211 ]
 [ 0.99064976 0.00935023]
 [ 0.86788082 0.13211915]
 [ 0.83086801 0.16913196]
 [ 0.78604239 0.21395761]
 [ 0.36329603 0.63670397]
 [ 0.19036612 0.80963391]
 [ 0.06203776 0.93796223]
 [ 0.0883315  0.91166848]
 [ 0.05140254 0.94859749]
 [ 0.10417036 0.89582968]]
```

MLP 神经网络的正确率为 100%（11 个数据点都正确分类了）。在笛卡儿平面上绘制数据点，展示分类结果。

```
In [13]: yc = result[:,1]
    ...: print(yc)
    ...: plt.scatter(testX[:,0],testX[:,1],c=yc, s=50, alpha=1)
    ...: plt.show()
    ...:
```

```
[ 0.0149211 0.00935023 0.13211915 0.16913196 0.21395761 0.63670397
0.80963391 0.93796223 0.91166848 0.94859749 0.89582968]
```

图 9-15 展示了数据点在笛卡儿平面上的分布，数据点颜色有深有浅，表示数据点属于某个类别的概率。

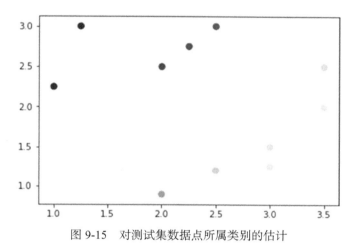

图 9-15　对测试集数据点所属类别的估计

9.8　用 TensorFlow 实现多层感知器（含两个隐含层）

下面扩展上节实现的感知器，在其基础上为隐含层增加两个神经元，再增加一个含有两个神经元的隐含层。

启动一个新 IPython 会话，重写上个示例的代码，除一些参数外，其余相同（详见代码）。

之前编写的代码使用了参数化方法，因此便于扩展和修改 MLP 神经网络的结构。对于该示例，只需修改以下参数，并再次运行全部代码。

```
In [1]: import tensorflow as tf
   ...: import numpy as np
   ...: import matplotlib.pyplot as plt
   ...:
   ...: # 训练集
   ...: inputX = np.arr
ay([[1.,3.],[1.,2.],[1.,1.5],[1.5,2.],[2.,3.],[2.5,1.5],
[2.,1.],[3.,1.],[3.,2.],[3.5,1.],[3.5,3.]])
   ...: inputY = [[1.,0.]]*6+ [[0.,1.]]*5
   ...:
   ...: learning_rate = 0.001
   ...: training_epochs = 2000
   ...: display_step = 50
   ...: n_samples = 11
   ...: batch_size = 11
   ...: total_batch = int(n_samples/batch_size)
   ...:
```

```
...: # 网络参数
...: n_hidden_1 = 4 # 1st layer number of neurons
...: n_hidden_2 = 2 # 2nd layer number of neurons
...: n_input = 2 # size data input
...: n_classes = 2 # classes
...:
...: # tf 图像输出
...: X = tf.placeholder("float", [None, n_input])
...: Y = tf.placeholder("float", [None, n_classes])
...:
...: # 存储层的权重和偏置
...: weights = {
...:     'h1': tf.Variable(tf.random_normal([n_input, n_hidden_1])),
...:     'h2': tf.Variable(tf.random_normal([n_hidden_1, n_hidden_2])),
...:     'out': tf.Variable(tf.random_normal([n_hidden_2, n_classes]))
...: }
...: biases = {
...:     'b1': tf.Variable(tf.random_normal([n_hidden_1])),
...:     'b2': tf.Variable(tf.random_normal([n_hidden_2])),
...:     'out': tf.Variable(tf.random_normal([n_classes]))
...: }
...:
...: # 创建模型
...: def multilayer_perceptron(x):
...:     layer_1 = tf.add(tf.matmul(x, weights['h1']), biases['b1'])
...:     layer_2 = tf.add(tf.matmul(layer_1, weights['h2']),
        biases['b2'])
...:     # Output fully connected layer with a neuron for each class
...:     out_layer = tf.add(tf.matmul(layer_2, weights['out']),
        biases['out'])
...:     return out_layer
...:
...: # 构建模型
...: evidence = multilayer_perceptron(X)
...: y_ = tf.nn.softmax(evidence)
...:
...: # 定义代价函数和优化方法 ·
...: cost = tf.reduce_sum(tf.pow(Y-y_,2))/ (2 * n_samples)
...: optimizer = tf.train.AdamOptimizer(learning_rate=learning_rate).
        minimize(cost)
...:
...: avg_set = []
...: epoch_set = []
...: init = tf.global_variables_initializer()
...:
...: with tf.Session() as sess:
...:     sess.run(init)
...:
...:     for epoch in range(training_epochs):
...:         avg_cost = 0.
...:         # 循环所有批次
...:         for i in range(total_batch):
...:             #batch_x, batch_y = inputdata.next_batch(batch_size)
                TO BE IMPLEMENTED
```

```
   ...:                    batch_x = inputX
   ...:                    batch_y = inputY
   ...:                    _, c = sess.run([optimizer, cost],
                               feed_dict={X: batch_x, Y: batch_y})
   ...:                    # 计算平均损失
   ...:                    avg_cost += c / total_batch
   ...:                if epoch % display_step == 0:
   ...:                    print("Epoch:", '%04d' % (epoch+1), "cost={:.9f}".
                               format(avg_cost))
   ...:                    avg_set.append(avg_cost)
   ...:                    epoch_set.append(epoch + 1)
   ...:
   ...:        print("Training phase finished")
   ...:        last_result = sess.run(y_, feed_dict = {X: inputX})
   ...:        training_cost = sess.run(cost, feed_dict = {X: inputX, Y:
                    inputY})
   ...:        print("Training cost =", training_cost)
   ...:        print("Last result =", last_result)
   ...:
```

运行会话，得到如下结果。

```
Epoch: 0001 cost=0.545502067
Epoch: 0051 cost=0.545424163
Epoch: 0101 cost=0.545238674
Epoch: 0151 cost=0.540347397
Epoch: 0201 cost=0.439834774
Epoch: 0251 cost=0.137688771
Epoch: 0301 cost=0.093460977
Epoch: 0351 cost=0.082653232
Epoch: 0401 cost=0.077882372
Epoch: 0451 cost=0.075265951
Epoch: 0501 cost=0.073665120
Epoch: 0551 cost=0.072624505
Epoch: 0601 cost=0.071925417
Epoch: 0651 cost=0.071447782
Epoch: 0701 cost=0.071118690
Epoch: 0751 cost=0.070890851
Epoch: 0801 cost=0.070732787
Epoch: 0851 cost=0.070622921
Epoch: 0901 cost=0.070546582
Epoch: 0951 cost=0.070493549
Epoch: 1001 cost=0.070456795
Epoch: 1051 cost=0.070431381
Epoch: 1101 cost=0.070413873
Epoch: 1151 cost=0.070401885
Epoch: 1201 cost=0.070393734
Epoch: 1251 cost=0.070388250
Epoch: 1301 cost=0.070384577
Epoch: 1351 cost=0.070382126
Epoch: 1401 cost=0.070380524
Epoch: 1451 cost=0.070379473
Epoch: 1501 cost=0.070378840
Epoch: 1551 cost=0.070378408
```

```
Epoch: 1601 cost=0.070378155
Epoch: 1651 cost=0.070378013
Epoch: 1701 cost=0.070377886
Epoch: 1751 cost=0.070377827
Epoch: 1801 cost=0.070377797
Epoch: 1851 cost=0.070377767
Epoch: 1901 cost=0.070377775
Epoch: 1951 cost=0.070377789
Training phase finished
Training cost = 0.0703778
Last result = [[ 0.99683338 0.00316658]
 [ 0.98408335 0.01591668]
 [ 0.96478891 0.0352111 ]
 [ 0.93620235 0.06379762]
 [ 0.94662082 0.05337923]
 [ 0.26812935 0.73187065]
 [ 0.40619871 0.59380126]
 [ 0.03710628 0.96289372]
 [ 0.16402677 0.83597326]
 [ 0.0090636  0.99093646]
 [ 0.19166829 0.80833173]]
```

再次可视化学习阶段代价的变化趋势。

```
In [2]: plt.plot(epoch_set,avg_set,'o',label = 'MLP Training phase')
   ...: plt.ylabel('cost')
   ...: plt.xlabel('epochs')
   ...: plt.legend()
   ...: plt.show()
   ...:
```

根据图 9-16 所示的代价变化趋势，分析神经网络的学习阶段。

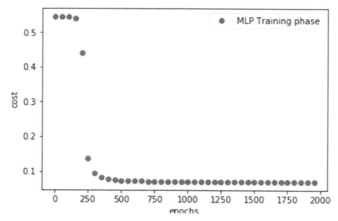

图 9-16 有两个隐含层的 MLP 学习阶段代价的变化趋势

从图 9-16 可见，该示例的模型的学习速度比上个示例更快（1000 轮后便见成果）。优化代价几乎跟上个神经网络相同（该示例的优化代价为 0.0703778，上个示例为 0.0705207）。

9.8.1 测试阶段和正确率计算

再次用之前的测试集评估 MLP 神经网络对数据点分类的正确率。

```
In [3]: # 测试集
   ...: testX = np.array([[1.,2.25],[1.25,3.],[2,2.5],[2.25,2.75],[2.5,3.],
[2.,0.9],[2.5,1.2],[3.,1.25],[3.,1.5],[3.5,2.],[3.5,2.5]])
   ...: testY = [[1.,0.]]*5 + [[0.,1.]]*6
   ...:
In [4]: with tf.Session() as sess:
   ...:     sess.run(init)
   ...:
   ...:     for epoch in range(training_epochs):
   ...:         for i in range(total_batch):
   ...:             batch_x = inputX
   ...:             batch_y = inputY
   ...:             _, c = sess.run([optimizer, cost],
                        feed_dict={X: batch_x, Y: batch_y})
   ...:
   ...:     # 测试模型
   ...:     pred = tf.nn.softmax(evidence) # 对 logits 使用 softmax
   ...:     result = sess.run(pred, feed_dict = {X: testX})
   ...:     correct_prediction = tf.equal(tf.argmax(pred, 1), tf.argmax(Y, 1))

   ...:     # 计算正确率
   ...:     accuracy = tf.reduce_mean(tf.cast(correct_prediction, "float"))
   ...:     print("Accuracy:", accuracy.eval({X: testX, Y: testY}))
   ...:     print("Result = ", result)
```

执行会话，结果如下所示。

```
Accuracy: 1.0
Result = [[ 0.98924851 0.01075149]
 [ 0.99344641 0.00655352]
 [ 0.88655776 0.11344216]
 [ 0.85117978 0.14882027]
 [ 0.8071683 0.19283174]
 [ 0.36805421 0.63194579]
 [ 0.18399802 0.81600195]
 [ 0.05498539 0.9450146 ]
 [ 0.08029026 0.91970974]
 [ 0.04467025 0.95532972]
 [ 0.09523712 0.90476292]]
```

正确率仍是 100%。用 matplotlib 和之前的颜色渐变方案，在笛卡儿平面绘制测试集数据点，结果与上个示例非常类似（见图 9-17）。

```
In [5]: yc = result[:,1]
   ...: plt.scatter(testX[:,0],testX[:,1],c=yc, s=50, alpha=1)
   ...: plt.show()
   ...:
```

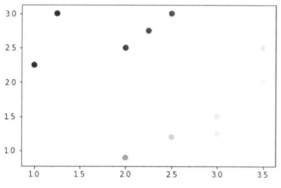

图 9-17　对测试集数据点所属类别的估计

9.8.2　实验数据评估

前面创建了神经网络新模型，并完成了学习阶段，还介绍了如何将特定类型的数据分类。

基于训练集和测试集的数据，可以生成估计值（变量 y 存放的值），该示例中该值对应数据的类别，因此使用的其实是**有监督学习方法**。

最后，在测试阶段计算分类的正确率，以此评估神经网络模型的性能。

接下来是更实际的分类任务。向神经网络传入大量类别未知的数据（笛卡儿平面的数据点），利用神经网络判断数据点的可能类别。

为了达到该目的，可用程序模拟生成实验数据，创建完全随机的笛卡儿平面数据点。例如生成包含 1000 个随机数据点的数组。

```
In [ ]: test = 3*np.random.random((1000,2))
```

然后将这些数据点交由神经网络处理，以确定其类别。

```
In [7]: with tf.Session() as sess:
   ...:     sess.run(init)
   ...:
   ...:     for epoch in range(training_epochs):
   ...:         for i in range(total_batch):
   ...:             batch_x = inputX
   ...:             batch_y = inputY
   ...:             _, c = sess.run([optimizer, cost],
                        feed_dict={X: batch_x, Y: batch_y})
   ...:
   ...: # 测试模型
   ...: pred = tf.nn.softmax(evidence)
   ...: result = sess.run(pred, feed_dict = {X: test})
   ...:
```

最后，根据神经网络计算得出的数据点属于某个类别的概率，将实验数据可视化。

```
In [8]: yc = result[:,1]
   ...: plt.scatter(test[:,0],test[:,1],c=yc, s=50, alpha=1)
```

```
...: plt.show()
...:
```

你将得到如图 9-18 所示的图。

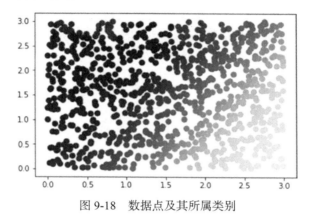

图 9-18　数据点及其所属类别

从上图的明暗度来看，平面大致分成了两个类别区域，颜色过渡部分[1]为不确定地带。

根据数据点属于某类的概率是否大于特定阈值来分类，结果更易于理解，也更清晰。如果某数据点属于某类的概率大于 0.5，它便归于该类。

```
In [9]: yc = np.round(result[:,1])
   ...: plt.scatter(test[:,0],test[:,1],c=yc, s=50, alpha=1)
   ...: plt.show()
   ...:
```

你将得到如图 9-19 所示的图。

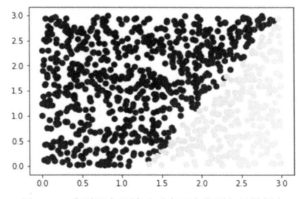

图 9-19　分到两个区域（对应两个类别）的数据点

从图 9-19 中可清楚地看到笛卡儿平面分成了两个区域，每个区域对应一个类别。

①详见本书配套文件中的彩图。

9.9 小结

本章介绍了以神经网络为计算结构的机器学习分支——深度学习,以及相关的神经网络及结构,还用 TensorFlow 库实现了不同类型的神经网络,比如 SLP 和 MLP。

深度学习的各种技术和算法都非常复杂,一章无法尽述。但是,基于本章对深度学习的介绍,你可以着手实现更复杂的神经网络了。

## 第 10 章

数据分析实例——气象数据

气象数据在网上很容易找到。很多网站都提供以往的气压、气温、湿度和降雨量等气象数据。只需指定位置和日期，就能获取一个气象数据文件。这些测量数据是由气象站收集的。气象数据这类数据源涵盖的信息范围较广。第 1 章讲过，数据分析的目的是把原始数据转化为信息，再把信息转化为知识，因此拿气象数据作为数据分析的对象来讲解数据分析全过程再合适不过。

这一章通过简单的例子讲解如何使用气象数据，以及如何运用前几章所讲的技术。

10.1 待检验的假设：靠海对气候的影响

写作本章时，虽正值夏初，却已酷热难耐，住在大城市的人感受更为强烈。于是周末很多人到山村或海滨城市去游玩，放松一下身心，远离内陆城市的闷热天气。这种现象困扰我好久了，我一直想知道靠海对气候的影响。

这个问题可以作为数据分析的一个不错的出发点。我不想把本章写成科学类读物，只是想借助这样一种方式，让数据分析爱好者能把所学用于实践，解决如果海洋对一个地区的气候有影响，那会是怎样的影响这个问题。

研究系统：亚得里亚海和波河流域

既然已定义好问题，就需要寻找适合研究数据的系统，提供适合回答这个问题的环境。

首先，需要找到一片海域以供研究。我住在意大利，可选择的海域有很多，因为意大利国土大部是被海洋包围的半岛。为什么要把选择局限在意大利呢？因为本章要研究的问题和意大利人的一种典型行为相关——夏天喜欢去海边，以躲避内陆的酷热。我不清楚在其他国家这种行为是否也很普遍，因此只把自己熟悉的意大利作为一个系统进行研究。

但是研究意大利的哪个地区呢？如何衡量海洋对距其远近不同的地方的影响呢？这就引出了大问题。意大利其实多山地，且各地离海都差不多远，可以彼此作为参照的内陆区域较少。为了衡量海洋对气候的影响，我排除了山地，因为山地也许会引入其他很多因素，比如海拔。

意大利波河流域这块区域就很适合研究海洋对气候的影响。这片平原东起亚得里亚海，向内陆延伸数百公里。虽群山环绕，但它的宽广削弱了群山的影响。此外，该区域城镇密集，也便于选取一组距海远近不同的城市。选定的几个城市中，两个城市间的最大距离约为 400 公里。

第 1 步，选 10 个城市作为参照组。选择城市时，注意它们要能代表整个平原地区。

选取 10 个城市后，分析它们的天气数据，其中 5 个城市在距海 100 公里范围内，其余 5 个距海 100 ~ 400 公里。

选作样本的城市列表如下：

❑ Ferrara（费拉拉）

❑ Torino（都灵）

❑ Mantova（曼托瓦）

❑ Milano（米兰）

❑ Ravenna（拉文纳）

❑ Asti（阿斯蒂）

❑ Bologna（博洛尼亚）

❑ Piacenza（皮亚琴察）

❑ Cesena（切塞纳）

❑ Faenza（法恩莎）

下面需要弄清楚这些城市离海的距离。有多种方法可用，这里使用 TheTimeNow 网站提供的服务，它支持多种语言（见图 10-1）。

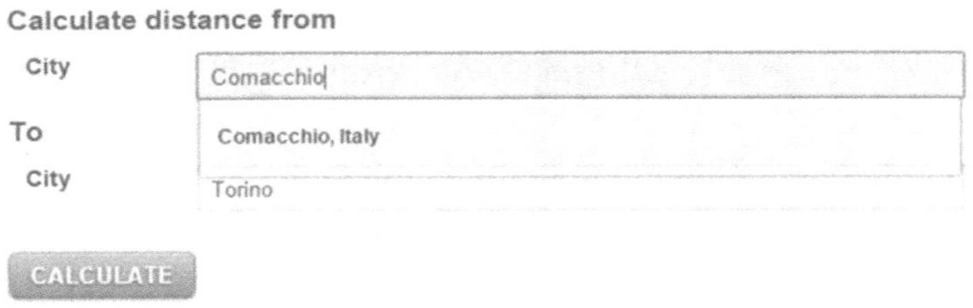

图 10-1   TheTimeNow 网站提供的计算两个城市间距离的服务

有了计算两城市间距离这样的服务，就可以计算每个城市与海的大致距离。可以选择海滨城市 Comacchio 作为基点，以此计算其他城市与海之间的距离。使用上述服务计算完所有距离后，结果如表 10-1 所示。

表 10-1   10 个城市与海之间的距离

城　　市	距离（公里）	备　　注
Ravenna	8	用谷歌地图测量
Cesena	14	用谷歌地图测量
Faenza	37	Faenza-Ravenna 的距离，再加 8 公里
Ferrara	47	Ferrara-Comacchio 的距离
Bologna	71	Bologna-Comacchio 的距离

（续）

城 市	距离（公里）	备 注
Mantova	121	Mantova-Comacchio 的距离
Piacenza	200	Piacenza-Comacchio 的距离
Milano	250	Milano-Comacchio 的距离
Asti	315	Asti-Comacchio 的距离
Torino	357	Torino-Comacchio 的距离

10.2 数据源

定义好要研究的系统之后，就需要创建数据源，以获取研究所需的数据。上网浏览一番，就会发现很多网站提供世界各地的气象数据，其中就有 Open Weather Map（见图 10-2）。

图 10-2　Open Weather Map 网站

注册 Open Weather Map 网站，获取 appid。在请求的 URL 中指定城市可获取其气象数据，例如 http://api.openweathermap.org/data/2.5/weather?q=Atlanta,US&appid=5807ad2a45eb6bf4e81d137dafe74e15。

该请求返回一个 JSON 文件，文件内容为所请求城市的当前天气状况（见图 10-3）。稍后将把该 JSON 文件交由 Python 的 pandas 库处理。

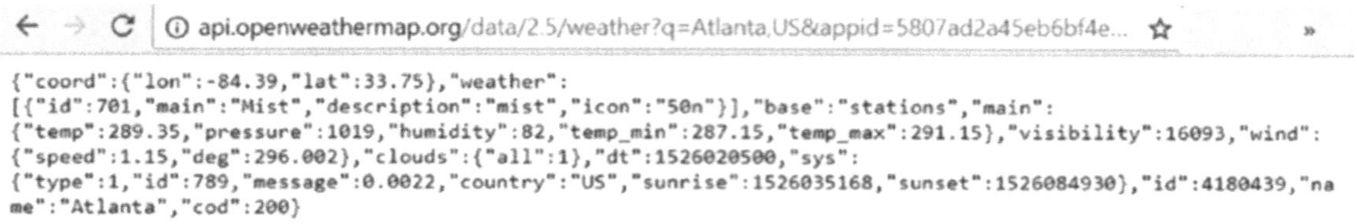

```
← → C  ① api.openweathermap.org/data/2.5/weather?q=Atlanta,US&appid=5807ad2a45eb6bf4e...  ☆  »
```

{"coord":{"lon":-84.39,"lat":33.75},"weather":
[{"id":701,"main":"Mist","description":"mist","icon":"50n"}],"base":"stations","main":
{"temp":289.35,"pressure":1019,"humidity":82,"temp_min":287.15,"temp_max":291.15},"visibility":16093,"wind":
{"speed":1.15,"deg":296.002},"clouds":{"all":1},"dt":1526020500,"sys":
{"type":1,"id":789,"message":0.0022,"country":"US","sunrise":1526035168,"sunset":1526084930},"id":4180439,"na
me":"Atlanta","cod":200}

图 10-3　包含城市气象数据的 JSON 文件

10.3　用 Jupyter Notebook 分析数据

本章用 Jupyter Notebook 分析数据，便于逐段输入和研究代码。

在命令行输入并运行以下代码，启动 Jupyter Notebook 应用：

```
jupyter notebook
```

服务启动后，新建一个 Notebook 文件。

在新建的 Notebook 文件中，先导入以下库：

```
import numpy as np
import pandas as pd
import datetime
```

第 1 步，请求某样本城市的气象数据，研究返回数据的结构。

从研究样本中选择一个城市，比如 Ferrara，按网站要求构造 URL，请求其当前的气象数据。这次不用浏览器，而用 request.get() 函数获取网页的文本内容。由于得到的内容是 JSON 格式的，因此可以直接用 json.load() 函数读取文本。

```
import json
import requests
ferrara = json.loads(requests.get('http://api.openweathermap.org/data/2.5/
weather?q=Ferrara,IT&appid=5807ad2a45eb6bf4e81d137dafe74e15').text)
```

这样就能看到 Ferrara 的气象数据了，格式为 JSON。

```
Ferrara

{'base': 'stations',
 'clouds': {'all': 40},
 'cod': 200,
 'coord': {'lat': 44.84, 'lon': 11.62},
 'dt': 1525960500,
 'id': 3177090,
 'main': {'humidity': 64,
  'pressure': 1010,
  'temp': 296.58,
  'temp_max': 297.15,
  'temp_min': 296.15},
 'name': 'Ferrara',
 'sys': {'country': 'IT',
```

```
 'id': 5816,
 'message': 0.0051,
 'sunrise': 1525924226,
 'sunset': 1525977007,
 'type': 1},
'visibility': 10000,
'weather': [{'description': 'scattered clouds',
 'icon': '03d',
 'id': 802,
 'main': 'Clouds'}],
'wind': {'deg': 240, 'speed': 3.1}}
```

分析该 JSON 文件的结构，可用如下命令：

```
list(ferrara.keys())
['coord',
 'weather',
 'base',
 'main',
 'visibility',
 'wind',
 'clouds',
 'dt',
 'sys',
 'id',
 'name',
 'cod']
```

用该方法可获取组成该 JSON 内部结构的所有键的列表。有了这些键名，就可以轻松获取内部数据了。

```
print('Coordinates = ', ferrara['coord'])
print('Weather = ', ferrara['weather'])
print('base = ', ferrara['base'])
print('main = ', ferrara['main'])
print('visibility = ', ferrara['visibility'])
print('wind = ', ferrara['wind'])
print('clouds = ', ferrara['clouds'])
print('dt = ', ferrara['dt'])
print('sys = ', ferrara['sys'])
print('id = ', ferrara['id'])
print('name = ', ferrara['name'])
print('cod = ', ferrara['cod'])
Coordinates = {'lon': 11.62, 'lat': 44.84}
Weather = [{'id': 802, 'main': 'Clouds', 'description': 'scattered
clouds', 'icon': '03d'}]
base = stations
main = {'temp': 296.59, 'pressure': 1010, 'humidity': 64, 'temp_min':
296.15, 'temp_max': 297.15}
visibility = 10000
wind = {'speed': 3.1, 'deg': 240}
clouds = {'all': 40}
dt = 1525960500
sys = {'type': 1, 'id': 5816, 'message': 0.0029, 'country': 'IT',
```

```
'sunrise': 1525924227, 'sunset': 1525977006}
id = 3177090
name = Ferrara
cod = 200
```

下面选择对这类分析最有意义或最有用的指标，例如气温。

```
ferrara['main']['temp']
296.58
```

分析内部结构旨在识别 JSON 结构中最重要的数据。这些数据需要处理，即必须从 JSON 结构中抽取这些数据，根据需要对其进行清洗或调整，排序后将其放入一个 DataFrame 中。这样就可以运用本书讲解的各种数据分析技术了。

为了避免重复抽取代码，可以将抽取步骤封装为一个函数，方法如下：

```
def prepare(city,city_name):
    temp = [ ]
    humidity = [ ]
    pressure = [ ]
    description = [ ]
    dt = [ ]
    wind_speed = [ ]
    wind_deg = [ ]
    temp.append(city['main']['temp']-273.15)
    humidity.append(city['main']['humidity'])
    pressure.append(city['main']['pressure'])
    description.append(city['weather'][0]['description'])
    dt.append(city['dt'])
    wind_speed.append(city['wind']['speed'])
    wind_deg.append(city['wind']['deg'])
    headings = ['temp','humidity','pressure','description','dt','wind_
    speed','wind_deg']
    data = [temp,humidity,pressure,description,dt,wind_speed,wind_deg]
    df = pd.DataFrame(data,index=headings)
    city = df.T
    city['city'] = city_name
    city['day'] = city['dt'].apply(datetime.datetime.fromtimestamp)
    return city
```

该函数负责从 JSON 结构中提取有用的气象数据，清洗或调整（比如日期和时间）之后，将数据纳入 DataFrame 的一行中（见图 10-4）。

```
t1 = prepare(ferrara,'ferrara')
t1
```

	temp	humidity	pressure	description	dt	wind_speed	wind_deg	city	day
0	18.39	82	1014	clear sky	1526021700	2.1	280	ferrara	2018-05-11 08:55:00

图 10-4　从 JSON 文件抽取数据并处理，将其纳入 DataFrame 中

DataFrame 各列表示的多个指标中，下面几个最适合研究：

❑ Temperature（气温）

❑ Humidity（湿度）

❑ Pressure（气压）

❑ Description（详情）

❑ Wind Speed（风速）

❑ Wind Degree（风力）

所有这些指标都与 dt 列的观测时间有关，该列数据类型为时间戳格式，可读性较差，因此需要将其转换为更常用的时间格式。转换后生成的新列为 day。

```
city['day'] = city['dt'].apply(datetime.datetime.fromtimestamp)
```

气温用开氏度表示。为了将其转化为摄氏度，每个温度值都要减去 273.15。

添加城市名称作为 prepare() 函数的第 2 个参数。

数据是按照一定间隔在每天的不同时间段采集的。例如可编写程序每小时执行一次请求。每次得到数据，都会在目标城市的 DataFrame（例如 df_ferrara）添加一条气象数据（见图 10-5）。

```
df_ferrara = t1
t2 = prepare(ferrara,'ferrara')
df_ferrara = df_ferrara.append(t2)
df_ferrara
```

	temp	humidity	pressure	description	dt	wind_speed	wind_deg	city	day
0	18.39	82	1014	clear sky	1526021700	2.1	280	ferrara	2018-05-11 08:55:00
0	18.39	82	1014	clear sky	1526021700	2.1	280	ferrara	2018-05-11 08:55:00

图 10-5　一个城市的 DataFrame 结构

数据分析中，单个数据源有时无法提供所有数据。对于这种情况，需要寻找其他数据源，导入缺失数据。该示例中，城市与海洋的距离必不可少。

```
.
df_ravenna['dist'] = 8
df_cesena['dist'] = 14
df_faenza['dist'] = 37
df_ferrara['dist'] = 47
df_bologna['dist'] = 71
df_mantova['dist'] = 121
df_piacenza['dist'] = 200
df_milano['dist'] = 250
df_asti['dist'] = 315
df_torino['dist'] = 357
.
```

10.4　分析预处理过的气象数据

方便起见，我已收集了本次分析要用的所有城市的数据，预处理后，将其纳入 DataFrame，保存为了 CSV 文件。

如果想使用本章的数据，需要加载已保存的 10 个 CSV 文件。

```
df_ferrara=pd.read_csv('ferrara_270615.csv')
df_milano=pd.read_csv('milano_270615.csv')
df_mantova=pd.read_csv('mantova_270615.csv')
df_ravenna=pd.read_csv('ravenna_270615.csv')
df_torino=pd.read_csv('torino_270615.csv')
df_asti=pd.read_csv('asti_270615.csv')
df_bologna=pd.read_csv('bologna_270615.csv')
df_piacenza=pd.read_csv('piacenza_270615.csv')
df_cesena=pd.read_csv('cesena_270615.csv')
df_faenza=pd.read_csv('faenza_270615.csv')
```

借助 pandas 的 read_csv() 函数，只需一步就能将 CSV 文件转换为 DataFrame。
将每个城市的气象数据读取到 DataFrame，以便于查看其内容。

```
df_cesena
```

如图 10-6 所示，Jupyter Notebook 将 DataFrame 输出为图表，更易读。其中每一行数据代表一天每小时的测量值，共约 20 个小时。

	Unnamed: 0	temp	humidity	pressure	description	dt	wind_speed	wind_deg	city	day	dist
0	0	23.34	82	1017	very heavy rain	1435387623	1.91	175.511	Cesena	2015-06-27 08:47:03	14
1	1	24.95	69	1018	very heavy rain	1435390801	2.01	159.500	Cesena	2015-06-27 09:40:01	14
2	2	25.67	73	1017	very heavy rain	1435394204	2.10	100.000	Cesena	2015-06-27 10:36:44	14
3	3	26.17	69	1017	very heavy rain	1435398652	3.10	120.000	Cesena	2015-06-27 11:50:52	14
4	4	27.07	61	1016	very heavy rain	1435402083	3.10	110.000	Cesena	2015-06-27 12:48:03	14
5	5	27.41	69	1016	very heavy rain	1435405721	3.60	110.000	Cesena	2015-06-27 13:48:41	14
6	6	27.38	65	1015	very heavy rain	1435409381	5.70	110.000	Cesena	2015-06-27 14:49:41	14
7	7	26.59	65	1014	very heavy rain	1435416585	5.10	110.000	Cesena	2015-06-27 16:49:45	14
8	8	27.16	65	1014	very heavy rain	1435420195	6.20	120.000	Cesena	2015-06-27 17:49:55	14
9	9	27.10	65	1014	very heavy rain	1435423927	6.70	120.000	Cesena	2015-06-27 18:52:07	14
10	10	26.01	73	1013	very heavy rain	1435427556	6.20	120.000	Cesena	2015-06-27 19:52:36	14
11	11	23.37	94	1015	very heavy rain	1435438070	2.60	90.000	Cesena	2015-06-27 22:47:50	14
12	12	22.48	83	1016	very heavy rain	1435441857	5.70	90.000	Cesena	2015-06-27 23:50:57	14
13	13	21.94	83	1016	very heavy rain	1435445495	2.10	210.000	Cesena	2015-06-28 00:51:35	14
14	14	20.26	94	1016	very heavy rain	1435452847	2.01	107.004	Cesena	2015-06-28 02:54:07	14
15	15	19.65	93	1016	very heavy rain	1435456185	2.10	330.000	Cesena	2015-06-28 03:49:45	14
16	16	19.29	93	1016	very heavy rain	1435459689	1.50	320.000	Cesena	2015-06-28 04:48:09	14
17	17	18.41	93	1016	very heavy rain	1435463462	0.50	300.000	Cesena	2015-06-28 05:51:02	14
18	18	19.48	88	1016	very heavy rain	1435466850	0.50	270.000	Cesena	2015-06-28 06:47:30	14
19	19	22.00	88	1016	very heavy rain	1435470541	2.10	260.000	Cesena	2015-06-28 07:49:01	14

图 10-6　一个城市对应的 DataFrame 结构

请注意，图 10-6 只有 20 行。实际上，查看其他城市也会发现，由于气象观测系统有时会发生故障，导致某些时刻没有观测结果。但是，如果采集到 20 条数据，比如这里，也足以描述当天各气象数据的趋势了。最好查看一下 10 个 DataFrame 的大小，如果哪个城市的气象数据不足以描述当天的气象趋势，可换用其他城市的。

查看这些文件的大小有个简单方法，不用一张张输出表。使用 shape() 函数就能得到每个城市的数据量（行数）。

```
print(df_ferrara.shape)
print(df_milano.shape)
print(df_mantova.shape)
print(df_ravenna.shape)
print(df_torino.shape)
print(df_asti.shape)
print(df_bologna.shape)
print(df_piacenza.shape)
print(df_cesena.shape)
print(df_faenza.shape)
```

输出结果为：

```
(20, 9)
(18, 9)
(20, 9)
(18, 9)
(20, 9)
(20, 9)
(20, 9)
(20, 9)
(20, 9)
(19, 9)
```

如上所示，选用的这 10 个城市很不错，它们为进一步分析数据提供了足够的信息。

通过数据可视化分析收集数据很常见。前面讲过，matplotlib 库提供一系列图表生成工具，能以可视化形式表示数据。数据可视化在数据分析阶段非常有助于发现研究系统的一些特点。

导入以下必要的库。

```
%matplotlib inline
import matplotlib.pyplot as plt
import matplotlib.dates as mdates
```

下面分析一天中气温的变化趋势，以米兰为例。

```
y1 = df_milano['temp']
x1 = df_milano['day']
fig, ax = plt.subplots()
plt.xticks(rotation=70)
hours = mdates.DateFormatter('%H:%M')
ax.xaxis.set_major_formatter(hours)
ax.plot(x1,y1,'r')
```

执行上述代码，将得到如图 10-7 所示的图像。由图可见，气温走势接近正弦曲线，从早上开始气温逐渐升高，最高气温出现在下午两点到六点之间，随后气温逐渐下降，在第二天早上六点时达到最低值。

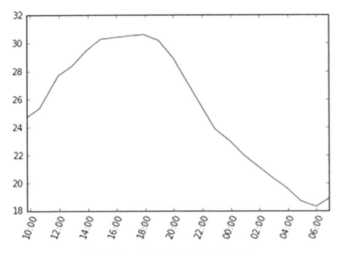

图 10-7　米兰某天的气温趋势图

　　分析数据旨在了解海洋是否影响了气温趋势，以及是如何影响的，因此同时观察几个城市的气温趋势是检验分析方向是否正确的唯一方式。选择 3 个离海最近的城市以及 3 个离海最远的城市。

```
y1 = df_ravenna['temp']
x1 = df_ravenna['day']
y2 = df_faenza['temp']
x2 = df_faenza['day']
y3 = df_cesena['temp']
x3 = df_cesena['day']
y4 = df_milano['temp']
x4 = df_milano['day']
y5 = df_asti['temp']
x5 = df_asti['day']
y6 = df_torino['temp']
x6 = df_torino['day']
fig, ax = plt.subplots()
plt.xticks(rotation=70)
hours = mdates.DateFormatter('%H:%M')
ax.xaxis.set_major_formatter(hours)
plt.plot(x1,y1,'r',x2,y2,'r',x3,y3,'r')
plt.plot(x4,y4,'g',x5,y5,'g',x6,y6,'g')
```

　　上述代码将生成如图 10-8 所示的图表。离海最近的 3 个城市的气温曲线表示为红色，而离海最远的 3 个城市的曲线表示为绿色。

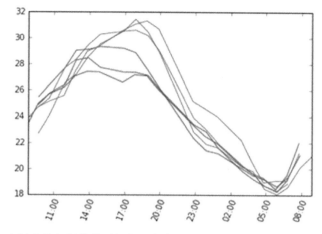

图 10-8　6 个城市的气温趋势（红色：离海最近的城市；绿色：离海最远的城市）

　　如图 10-8 所示，结果看起来不错。离海最近的 3 个城市的最高气温比离海最远的 3 个城市低不少，而最低气温看起来差别较小。

　　沿着这个方向深入研究，收集 10 个城市的最高气温和最低气温，用线性图表示气温最值点和离海远近之间的关系。

```
dist = [df_ravenna['dist'][0],
    df_cesena['dist'][0],
    df_faenza['dist'][0],
    df_ferrara['dist'][0],
    df_bologna['dist'][0],
    df_mantova['dist'][0],
    df_piacenza['dist'][0],
    df_milano['dist'][0],
    df_asti['dist'][0],
    df_torino['dist'][0]
]
temp_max = [df_ravenna['temp'].max(),
    df_cesena['temp'].max(),
    df_faenza['temp'].max(),
    df_ferrara['temp'].max(),
    df_bologna['temp'].max(),
    df_mantova['temp'].max(),
    df_piacenza['temp'].max(),
    df_milano['temp'].max(),
    df_asti['temp'].max(),
    df_torino['temp'].max()
]
temp_min = [df_ravenna['temp'].min(),
    df_cesena['temp'].min(),
    df_faenza['temp'].min(),
    df_ferrara['temp'].min(),
    df_bologna['temp'].min(),
    df_mantova['temp'].min(),
```

```
df_piacenza['temp'].min(),
df_milano['temp'].min(),
df_asti['temp'].min(),
df_torino['temp'].min()
]
```

先把最高气温表示出来。

```
plt.plot(dist,temp_max,'ro')
```

结果如图 10-9 所示。

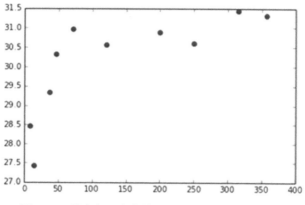

图 10-9 最高气温变化趋势与距海远近之间的关系

如图 10-9 所示，海洋对气候具有一定程度的影响这个假设是正确的（至少这一天如此）。
上图也显示出海洋的影响衰减得很快，离海 60 ~ 70 公里开外，气温就已攀升到了高位。

用线性回归算法可得到两条直线，分别表示两种气温趋势。可以使用 scikit-learn 库的 SVR
方法来实现。

```
x = np.array(dist)
y = np.array(temp_max)
x1 = x[x<100]
x1 = x1.reshape((x1.size,1))
y1 = y[x<100]
x2 = x[x>50]
x2 = x2.reshape((x2.size,1))
y2 = y[x>50]
from sklearn.svm import SVR
svr_lin1 = SVR(kernel='linear', C=1e3)
svr_lin2 = SVR(kernel='linear', C=1e3)
svr_lin1.fit(x1, y1)
svr_lin2.fit(x2, y2)
xp1 = np.arange(10,100,10).reshape((9,1))
xp2 = np.arange(50,400,50).reshape((7,1))
yp1 = svr_lin1.predict(xp1)
yp2 = svr_lin2.predict(xp2)
plt.plot(xp1, yp1, c='r', label='Strong sea effect')
```

```
plt.plot(xp2, yp2, c='b', label='Light sea effect')
plt.axis((0,400,27,32))
plt.scatter(x, y, c='k', label='data')
```

上述代码将生成如图 10-10 所示的图像。

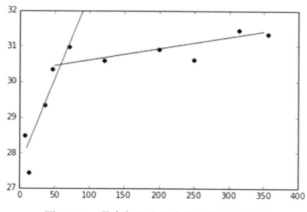

图 10-10　最高气温和距离的相关性趋势图

如上所示，距海 60 公里以内，气温上升速度很快，从 28 度陡升至 31 度，之后增速渐趋缓和（如果还继续增长的话），更长的距离才会有小幅上升。这两种趋势可分别用两条直线来表示，直线的表达式为：

$$x = ax + b$$

其中 a 为斜率，b 为截距。

```
print( svr_lin1.coef_ )
print( svr_lin1.intercept_ )
print( svr_lin2.coef_ )
print( svr_lin2.intercept_ )

[[-0.04794118]]
[ 27.65617647]
[[-0.00317797]]
[ 30.2854661]
```

可以将这两条直线的交点作为受海洋影响和不受海洋影响的区域的分界点，或者至少是海洋影响较弱的分界点。

```
from scipy.optimize import fsolve

def line1(x):
    a1 = svr_lin1.coef_[0][0]
    b1 = svr_lin1.intercept_[0]
    return -a1*x + b1
def line2(x):
    a2 = svr_lin2.coef_[0][0]
    b2 = svr_lin2.intercept_[0]
```

```
    return -a2*x + b2
def findIntersection(fun1,fun2,x0):
 return fsolve(lambda x : fun1(x) - fun2(x),x0)

result = findIntersection(line1,line2,0.0)
print("[x,y] = [ %d , %d ]" % (result,line1(result)))
x = np.linspace(0,300,31)
plt.plot(x,line1(x),x,line2(x),result,line1(result),'ro')
```

执行上述代码可得到交点的坐标

```
[x,y] = [ 58, 30 ]
```

并得到如图 10-11 所示的图表。

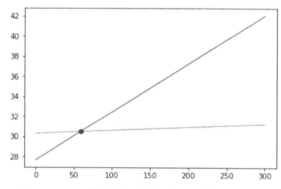

图 10-11 由线性回归所得到的两条直线的交点

可知海洋对气温产生影响的平均距离（该天的情况）为 58 公里。

下面分析最低气温。

```
plt.axis((0,400,15,25))
plt.plot(dist,temp_min,'bo')
```

运行上述代码，将生成如图 10-12 所示的图表。

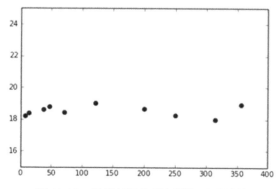

图 10-12 最低气温几乎与距海远近无关

在这个例子中，很明显夜间或早上 6 点左右的最低温与海洋无关。如果没记错的话，老师教授过海洋能缓和低温，或者说夜间海洋会释放白天吸收的热量。但是从得到情况来看并非如此。前面使用的是意大利夏天的气温数据，而验证该假设在冬天或在其他地方是否也成立，将会非常有趣。

10 个 DataFrame 对象中还包含湿度这个气象数据，因此也可以考察当天 3 个近海城市和 3 个内陆城市的湿度趋势。

```python
y1 = df_ravenna['humidity']
x1 = df_ravenna['day']
y2 = df_faenza['humidity']
x2 = df_faenza['day']
y3 = df_cesena['humidity']
x3 = df_cesena['day']
y4 = df_milano['humidity']
x4 = df_milano['day']
y5 = df_asti['humidity']
x5 = df_asti['day']
y6 = df_torino['humidity']
x6 = df_torino['day']
fig, ax = plt.subplots()
plt.xticks(rotation=70)
hours = mdates.DateFormatter('%H:%M')
ax.xaxis.set_major_formatter(hours)
plt.plot(x1,y1,'r',x2,y2,'r',x3,y3,'r')
plt.plot(x4,y4,'g',x5,y5,'g',x6,y6,'g')
```

上述代码将生成如图 10-13 所示的图表。

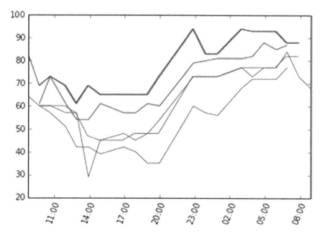

图 10-13　3 个近海城市（红色）和 3 个内陆城市（绿色）一天中的湿度趋势

乍看上去近海城市的湿度好像大于内陆城市，全天湿度差距在 20% 左右。下面看一下湿度的极值和距海远近之间的关系，是否跟第一第印象相符。

```
hum_max = [df_ravenna['humidity'].max(),
    df_cesena['humidity'].max(),
    df_faenza['humidity'].max(),
    df_ferrara['humidity'].max(),
    df_bologna['humidity'].max(),
    df_mantova['humidity'].max(),
    df_piacenza['humidity'].max(),
    df_milano['humidity'].max(),
    df_asti['humidity'].max(),
    df_torino['humidity'].max()
]
plt.plot(dist,hum_max,'bo')
```

把 10 个城市的最大湿度与距海远近之间的关系绘制成图表，如图 10-14 所示。

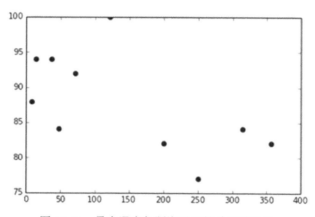

图 10-14　最大湿度与距海远近的关系趋势图

```
hum_min = [df_ravenna['humidity'].min(),
    df_cesena['humidity'].min(),
    df_faenza['humidity'].min(),
    df_ferrara['humidity'].min(),
    df_bologna['humidity'].min(),
    df_mantova['humidity'].min(),
    df_piacenza['humidity'].min(),
    df_milano['humidity'].min(),
    df_asti['humidity'].min(),
    df_torino['humidity'].min()
]
plt.plot(dist,hum_min,'bo')
```

再把 10 个城市的最小湿度与距海远近之间的关系绘制成图表，如图 10-15 所示。

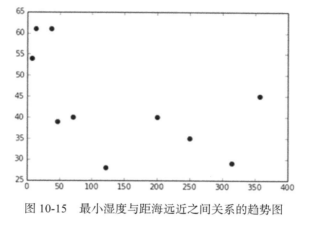

图 10-15　最小湿度与距海远近之间关系的趋势图

　　由图 10-14 和图 10-15 可以确定，近海城市无论最大湿度还是最小湿度都要高于内陆城市。然而还不能断定湿度和距离之间存在线性关系或者其他能用曲线表示的关系。采集的数据点数量（10）太少，不足以描述这类趋势。

10.5　风向频率玫瑰图

　　在采集的每个城市的气象数据中，下面两个与风有关：
- ❑ 风力（风向）
- ❑ 风速

　　分析存放每个城市气象数据的 DataFrame 就会发现，风速不仅跟方向，还与刮风的时段有关。例如每条测量数据也包含风吹来的方向（图 10-16）。

	wind_deg	wind_speed	day
0	159.5000	2.01	2015-06-27 09:42:05
1	100.0000	2.10	2015-06-27 10:37:24
2	80.0000	4.60	2015-06-27 11:57:01
3	90.0000	4.60	2015-06-27 12:53:43
4	80.0000	6.20	2015-06-27 13:54:20
5	80.0000	6.70	2015-06-27 14:55:06
6	90.0000	6.70	2015-06-27 16:55:00
7	90.0000	5.70	2015-06-27 17:55:43
8	90.0000	4.60	2015-06-27 18:58:17
9	97.0000	2.06	2015-06-27 19:58:58
10	89.0000	2.06	2015-06-27 22:52:39
11	88.0147	2.86	2015-06-27 23:57:25
12	107.0040	2.01	2015-06-28 00:57:46
13	107.0040	2.01	2015-06-28 03:00:34
14	132.5030	1.06	2015-06-28 03:54:49
15	132.5030	1.06	2015-06-28 04:54:04
16	132.5030	1.06	2015-06-28 05:58:15
17	251.0000	1.54	2015-06-28 06:52:59

图 10-16　DataFrame 中与风有关的数据

10

为了更好地分析这类数据，需要将其可视化，但是对于风力数据，将其制作成使用笛卡儿坐标系的线性图不再是最佳选择。

如果把一个 DataFrame 中的数据点做成散点图，就会得到图 10-17 这样的图表，但该图的表现力明显不足。

```
plt.plot(df_ravenna['wind_deg'],df_ravenna['wind_speed'],'ro')
```

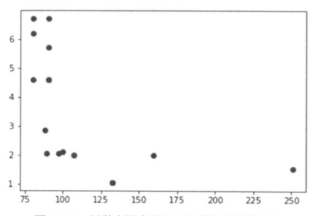

图 10-17　用散点图表示呈 360 度分布的数据点

要表示呈 360 度分布的数据点，最好用另一种可视化方法：极区图，第 7 章讲过这类图。

首先，创建一个直方图，即把 360 度分为 8 个面元，每个面元为 45 度，把所有的数据点分到这 8 个面元中。

```
hist, bins = np.histogram(df_ravenna['wind_deg'],8,[0,360])
print(hist)
print(bins)
```

histogram() 函数返回结果中的数组 hist 为落在每个面元的数据点数量。

```
[ 0  5 11  1  0  1  0  0]
```

返回结果中的数组 bins 定义了 360 度范围内各面元的边界。

```
[  0.  45.  90. 135. 180. 225. 270. 315. 360.]
```

要想正确定义极区图，离不开这两个数组。下面创建一个函数来绘制极区图，其中部分代码在第 7 章已讲过。把这个函数命名为 showRoseWind()，它有 3 个参数：values 数组指的是想为其作图的数据，即这里的 hist 数组；第 2 个参数 city_name 为字符串类型，指定图表标题所用的城市名称；最后一个参数 max_value 为整型，指定最大蓝色值。

定义这样一个函数既能避免重复编写代码，还能增强代码的模块化程度，使我们能专注于与函数内部操作相关的概念。

```
def showRoseWind(values,city_name,max_value):
    N = 8
    theta = np.arange(0.,2 * np.pi, 2 * np.pi / N)
```

```
radii = np.array(values)
plt.axes([0.025, 0.025, 0.95, 0.95], polar=True)
colors = [(1-x/max_value, 1-x/max_value, 0.75) for x in radii]
plt.bar(theta +np.pi/8, radii, width=(2*np.pi/N), bottom=0.0, color=colors)
plt.title(city_name,x=0.2, fontsize=20)
```

需要修改变量 colors 存储的颜色表。这里，扇形的颜色越接近蓝色，值越大。

定义好函数之后，调用它即可：

```
showRoseWind(hist,'Ravenna',max(hist))
```

运行上述函数，将得到如图 10-18 所示的极区图。

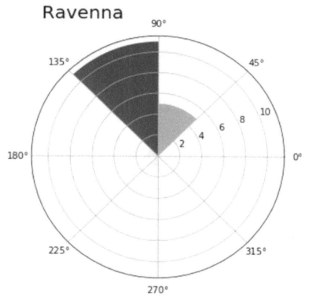

图 10-18　极区图能表示在 360 度范围内分布的数据点

由图 10-18 可见，整个 360 度的范围被分成 8 个区域（面元），每个区域弧长为 45 度。此外，每个区域还有一列呈放射状排列的刻度值。在每个区域中，用半径长度可以改变的扇形表示数值，半径越长，扇形所表示的数值就越大。为了增强图表的可读性，可使用与扇形半径相对应的颜色表。半径越长，扇形跨度越大，颜色越深。

从刚得到的极区图可以得知风向在极坐标系的分布方式。该图表示这一天大部分时间风都吹向西南和正西方向。

定义好 showRoseWind() 函数之后，查看 10 个城市的风向情况也非常简单。

```
hist, bin = np.histogram(df_ferrara['wind_deg'],8,[0,360])
print(hist)
showRoseWind(hist,'Ferrara', 15.0)
```

图 10-19 为 10 个城市风向的极区图。

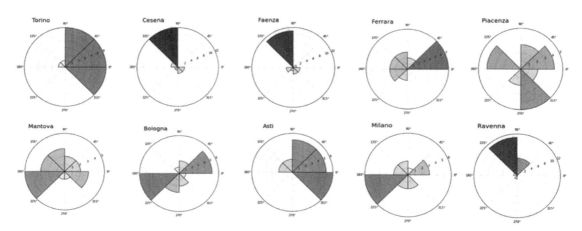

图 10-19   表示风向分布的极区图

计算风速均值的分布情况

即使是跟风速相关的其他数据，也可以用极区图来表示。

定义 RoseWind_Speed 函数，计算将 360 度范围划分成的 8 个面元中每个面元的平均风速。

```python
def RoseWind_Speed(df_city):
    degs = np.arange(45,361,45)
    tmp = []
    for deg in degs:
        tmp.append(df_city[(df_city['wind_deg']>(deg-46)) & (df_city['wind_deg']<deg)]
        ['wind_speed'].mean())
    return np.nan_to_num(tmp)
```

该函数返回 1 个包含 8 个平均风速值的 NumPy 数组。该数组将作为先前定义的 showRose Wind_Speed()函数的第 1 个参数，这个函数是对之前定义的绘制极区图的函数 showRose Wind() 的改进。

```python
def showRoseWind_Speed(speeds,city_name):
    N = 8
    theta = np.arange(0,2 * np.pi, 2 * np.pi / N)
    radii = np.array(speeds)
    plt.axes([0.025, 0.025, 0.95, 0.95], polar=True)
    colors = [(1-x/10.0, 1-x/10.0, 0.75) for x in radii]
    bars = plt.bar(theta+np.pi/8, radii, width=(2*np.pi/N), bottom=0.0,
    color=colors)
    plt.title(city_name,x=0.2, fontsize=20)

showRoseWind_Speed(RoseWind_Speed(df_ravenna),'Ravenna')
```

图 10-20 所示的风向频率玫瑰图表示风速在 360 度范围内的分布情况。

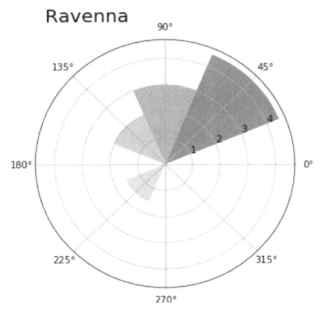

图 10-20   表示风速在 360 度范围内分布情况的极区图

完成上述工作后，用 pandas 库的 to_csv() 函数将 DataFrame 保存为 CSV 文件。

```
df_ferrara.to_csv('ferrara.csv')
df_milano.to_csv('milano.csv')
df_mantova.to_csv('mantova.csv')
df_ravenna.to_csv('ravenna.csv')
df_torino.to_csv('torino.csv')
df_asti.to_csv('asti.csv')
df_bologna.to_csv('bologna.csv')
df_piacenza.to_csv('piacenza.csv')
df_cesena.to_csv('cesena.csv')
df_faenza.to_csv('faenza.csv')
```

10.6   小结

本章旨在演示如何从原始数据获取信息。其中有些信息无法得出重要结论，而有些信息能验证假设，增强我们对系统状态的认识，而找出这种信息便意味着数据分析取得了成功。

下一章仍从开放数据源获取真实数据并进行分析，还将用 JavaScript 库 D3 改善数据可视化效果。尽管这个库不是用 Python 写的，但把它整合到 Python 代码中很容易。

## 第 11 章

Jupyter Notebook 内嵌 JavaScript 库 D3

本章将通过在 Jupyter Notebook 中嵌入 JavaScript 库 D3 来扩展其图像表现力。该库具有多种图像制作功能，甚至可以用它实现 matplotlib 库无法实现的图像效果。

本章的多个例子将展示如何在纯 Python 环境中实现 JavaScript 代码，将使用擅长整合的 Jupyter Notebook 作为开发环境，还将编写 JavaScript 代码，以多种可视化方式展示 pandas DataFrame 中的数据。

11.1 开放的人口数据源

本章数据分析的对象为人口数据集。从 Agustin Barto 在文章 "Embedding Interactive Charts on an IPython Notebook" 所提到的方法入手比较好。这篇文章用到的人口数据来自美国人口调查局网站。

美国人口调查局隶属美国商务部，负责采集美国人口数据，并对其做统计研究。该局网站提供了大量 CSV 格式的数据。前几章讲过，将 CSV 格式的数据导入为 pandas 的 DataFrame 形式很容易。

本章要用到美国各州、郡的人口数据。这些数据存储在文件名为 CO-EST2014- alldata.csv 的 CSV 文件中。

首先，打开一个 Jupyter Notebook 文件，在第 1 个格子导入随后在 Jupyter Notebook 中要用到的所有 Python 库。

```
import numpy as np
import pandas as pd
import matplotlib.pyplot as plt
%matplotlib inline
```

导入所有必要的库之后，接着从 census.gov 网站导入数据。需要把 CO-EST2014-alldata.csv 文件直接加载为 pandas 的 DataFrame 形式。pd.read_csv() 函数能把 CSV 文件的列表格式数据转换为 pandas 的 DataFrame 对象，这里将其命名为 pop2014。同时，指定 dtype 选项，把可能解释为数字的字段强制解释为字符串。

```
url = "https://raw.githubusercontent.com/dwdii/IS608-VizAnalytics/master/
FinalProject/Data/CO-EST2014-alldata.csv"
pop2014 =pd.read_csv(url,encoding='latin-1',dtype={'STATE': 'str',
'COUNTY': 'str'})
```

获取数据后，将其存储到 DataFrame 对象 pop2014，然后输入下述变量名查看其结构：

```
pop2014
```

输出结果见图 11-1。

	SUMLEV	REGION	DIVISION	STATE	COUNTY	STNAME	CTYNAME	CENSUS2010POP	ESTIMATESBASE2010	POPESTIMATE2010	...
0	40	3	6	01	000	Alabama	Alabama	4779736	4780127	4785822	...
1	50	3	6	01	001	Alabama	Autauga County	54571	54571	54684	...
2	50	3	6	01	003	Alabama	Baldwin County	182265	182265	183216	...
3	50	3	6	01	005	Alabama	Barbour County	27457	27457	27336	...
4	50	3	6	01	007	Alabama	Bibb County	22915	22919	22879	...
5	50	3	6	01	009	Alabama	Blount County	57322	57322	57344	...
6	50	3	6	01	011	Alabama	Bullock County	10914	10915	10886	...
	50	3	6	01	013	Alabama	Butler				

图 11-1 DataFrame 对象 pop2014 包含 2010 年至 2014 年所有的人口数据

仔细分析 pop2014 中数据的特点，了解该 DataFrame 对象中各项数据的组织形式。SUMLEV 列表示行政区划级别，例如 40 表示州，50 表示郡。

REGION、DIVISION、STATE 和 COUNTY 列为美国分属于不同行政区划级别的所有区域。STNAME 和 CTYNAME 分别为州和郡的名称。之后的各列为人口数据。CENSUS2010POP 列为实际人口数据，以及美国 2010 年的人口普查数据，这之后是每年的人口估计值。上图列出了 2010 年的人口数据（2011、2012、2013 和 2014 年数据也在 DataFrame 中，只是图 11-1 没有予以显示）。

本章示例将以这些美国人口估计值作为数据。

DataFrame 对象 pop2014 包含了大量无关的行或列，所以应删除这些无用信息，以方便后续操作。由于要研究每个州的人口数据，因此只抽取 SUMLEV 列元素为 40 的行，把它们保存到 DataFrame 对象 pop2014_by_state 之中。

```
pop2014_by_state = pop2014[pop2014.SUMLEV == 40]
pop2014_by_state
```

这样就得到了如图 11-2 所示的 DataFrame 对象。

	SUMLEV	REGION	DIVISION	STATE	COUNTY	STNAME	CTYNAME	CENSUS2010POP	ESTIMATESBASE2010	POPESTIMATE2010	...
0	40	3	6	01	000	Alabama	Alabama	4779736	4780127	4785822	...
68	40	4	9	02	000	Alaska	Alaska	710231	710249	713856	...
98	40	4	8	04	000	Arizona	Arizona	6392017	6392310	6411999	...
114	40	3	7	05	000	Arkansas	Arkansas	2915918	2915958	2922297	...
190	40	4	9	06	000	California	California	37253956	37254503	37336011	...
249	40	4	8	08	000	Colorado	Colorado	5029196	5029324	5048575	...
314	40	1	1	09	000	Connecticut	Connecticut	3574097	3574096	3579345	...
323	40	3	5	10	000	Delaware	Delaware	897934	897936	899731	...
327	40	3	5	11	000	District of Columbia	District of Columbia	601723	601767	605210	...
329	40	3	5	12	000	Florida	Florida	18801310	18804623	18852220	...
397	40	3	5	13	000	Georgia	Georgia	9687653	9688681	9714464	...
557	40	4	9	15	000	Hawaii	Hawaii	1360301	1360301	1363950	...
563	40	4	8	16	000	Idaho	Idaho	1567582	1567652	1570639	...
608	40	2	3	17	000	Illinois	Illinois	12830632	12831587	12840097	...
711	40	2	3	18	000	Indiana	Indiana	6483802	6484192	6490308	...

图 11-2　DataFrame 对象 pop2014_by_state 包含与州相关的所有人口数据

然而刚得到的这个 DataFrame 对象仍包含很多信息冗余的列。考虑到列数很多，比起直接用 drop()函数删除多余的列，仅抽取必要的列更方便。

```
states = pop2014_by_state[['STNAME','POPESTIMATE2011', 'POPESTIMATE2012',
'POPESTIMATE2013','POPESTIMATE2014']]
```

既然得到了必要信息，可以考虑用图形表示这些数据。例如找出美国人口最多的 5 个州。

```
states.sort_values(['POPESTIMATE2014'], ascending=False)[:5]
```

这样将得到如图 11-3 所示的 DataFrame，其中各州按人口多寡降序排列。

	STNAME	POPESTIMATE2011	POPESTIMATE2012	POPESTIMATE2013	POPESTIMATE2014
190	California	37701901	38062780	38431393	38802500
2566	Texas	25657477	26094422	26505637	26956958
329	Florida	19107900	19355257	19600311	19893297
1860	New York	19521745	19607140	19695680	19746227
608	Illinois	12858725	12873763	12890552	12880580

图 11-3　美国人口最多的 5 个州

例如可以制作条状图，按照降序展示人口最多的 5 个州。用 matplotlib 库生成这个图表很简单，但是本章要借助这个小例子，讲解如何用 JavaScript 库 D3 在 Jupyter Notebook 中实现同样的图表。

11.2　JavaScript 库 D3

JavaScript 库 D3 可用来直接查看和操纵 DOM 对象（HTML5），但它完全是为数据可视化而开发的，它确实也很擅长这类工作。D3 这个名字实际上来自英文"data-driven documents"（数据驱动文档）3 个单词的首字母。D3 库全部是由 Mike Bostock 开发的。

这个库内容丰富，功能强大，因为它以 JavaScript、SVG 和 CSS 技术为基础。D3 把强大的可视化组件和由数据驱动的 DOM 操作方法整合在一起，从而充分利用了现代浏览器的功能。

考虑到 Jupyter Notebook 同样是 Web 对象，且它使用的技术也是当代浏览器的基础，因此在 Notebook 文件中使用这个 JavaScript 库乍看可能觉得有点荒谬，但其实并非如此。

不熟悉 JavaScript 库 D3 以及想详细了解它的读者，我建议读读我写的另一本书：*Create Web Charts with D3*。

Jupyter Notebook 文件确实可以用%%javascript 魔术方法把 JavaScript 代码整合到 Python 代码中。

但是，与 Python 代码类似，JavaScript 代码也需要导入一些库才能执行。这些库网上就有，每次执行时必须加载它们。在 HTML 代码中，导入库需要使用下面这种特定的结构：

```
<script src="https://cdnjs.cloudflare.com/ajax/libs/d3/3.5.5/d3.min.js"></script>
```

由于这是一对 HTML 标签，要在 Jupyter Notebook 中执行导入操作，就得换成下面这种不同的结构：

```
%%javascript
require.config({
    paths: {
        d3: '//cdnjs.cloudflare.com/ajax/libs/d3/3.5.5/d3.min'
    }
});
```

使用 require.config()函数，可以导入所有要用到的 JavaScript 库。

此外，熟悉 HTML 代码的读者知道，若要增强 HTML 页面的表现力，就得定义 CSS 样式。同理，也可以在 Jupyter Notebook 中定义一组 CSS 样式。用 IPython.core.display 模块的 HTML() 函数，可以在 Jupyter Notebook 中编写 HTML 代码。CSS 样式的正确定义方法为：

```
from IPython.core.display import display, Javascript, HTML

display(HTML("""
<style>

.bar {
    fill: steelblue;
}

.bar:hover{
    fill: brown;
}

.axis {
    font: 10px sans-serif;
}

.axis path,
```

11

```
.axis line {
  fill: none;
  stroke: #000;
}

.x.axis path {
  display: none;
}

</style>
<div id="chart_d3" />
"""))
```

上述代码的最后有一个 id 为 "chart_d3" 的 HTML 标签<div>，它指定了 D3 图形在页面上的显示位置。

现在需要编写 JavaScript 代码，以使用 D3 库的函数。下面会用到了 Jinja2 库的 Template 对象，这样就可以定义动态的 JavaScript 代码，用 pandas DataFrame 对象的元素替换模板中的变量。

如果系统还没有安装 Jinja2 库，照旧可以用 Anaconda 的包管理器安装。

```
conda install jinja2
```

或用 pip 安装：

```
pip install jinja2
```

安装该库后，就可以定义模板。

```
import jinja2

myTemplate = jinja2.Template("""

require(["d3"], function(d3){

    var data = []

    {% for row in data %}
    data.push({ 'state': '{{ row[1] }}', 'population': {{ row[5] }} });
    {% endfor %}

d3.select("#chart_d3 svg").remove()

    var margin = {top: 20, right: 20, bottom: 30, left: 40},
        width = 800 - margin.left - margin.right,
        height = 400 - margin.top - margin.bottom;

    var x = d3.scale.ordinal()
        .rangeRoundBands([0, width], .25);

    var y = d3.scale.linear()
        .range([height, 0]);
    var xAxis = d3.svg.axis()
        .scale(x)
        .orient("bottom");
```

```
    var yAxis = d3.svg.axis()
        .scale(y)
        .orient("left")
        .ticks(10)
        .tickFormat(d3.format('.1s'));

    var svg = d3.select("#chart_d3").append("svg")
        .attr("width", width + margin.left + margin.right)
        .attr("height", height + margin.top + margin.bottom)
        .append("g")
        .attr("transform", "translate(" + margin.left + "," + margin.top + ")");

    x.domain(data.map(function(d) { return d.state; }));
    y.domain([0, d3.max(data, function(d) { return d.population; })]);

    svg.append("g")
        .attr("class", "x axis")
        .attr("transform", "translate(0," + height + ")")
        .call(xAxis);

    svg.append("g")
        .attr("class", "y axis")
        .call(yAxis)
        .append("text")
        .attr("transform", "rotate(-90)")
        .attr("y", 6)
        .attr("dy", ".71em")
        .style("text-anchor", "end")
        .text("Population");
    svg.selectAll(".bar")
        .data(data)
        .enter().append("rect")
        .attr("class", "bar")
        .attr("x", function(d) { return x(d.state); })
        .attr("width", x.rangeBand())
        .attr("y", function(d) { return y(d.population); })
        .attr("height", function(d) { return height - y(d.population); });
});
""");
```

至此还没有写完，下面要把刚刚定义好的 D3 图表渲染到页面上，还需要编写命令，把 pandas DataFrame 对象中的数据传入模板，以把它们整合到上面所写的 JavaScript 代码中。运行 JavaScript 代码，显示图形或者渲染模板，需要调用 render()函数。

```
display(Javascript(myTemplate.render(
    data=states.sort_values(['POPESTIMATE2014'], ascending=False)[:10].itertuples()
)))
```

运行上述代码后，图 11-4 所示的图表将出现在前面<div>所在的格子里。该图为 2014 年人口估计数据位列前五的州。

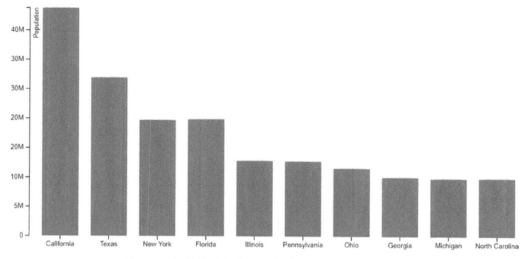

图 11-4　用条状图表示 2014 年美国人口最多的 5 个州

11.3　绘制簇状条状图

至此，本章所讲的内容大体上参照了 Barton 那篇不错的文章。然而，由于抽取的数据给出了美国各州过去 4 年的人口估计数，描述过去几年各州人口变化趋势的数据可视化方法更有用。

这种应用场景用簇状条状图比较好，人口最多的 5 个州每个州为一簇，每一簇有 4 块柱形区域，分别表示每年的人口数。

可以在前面代码的基础上修改或者在 Jupyter Notebook 中重写代码。

```
display(HTML("""
<style>

.bar2011 {
    fill: steelblue;
}

.bar2012 {
    fill: red;
}

.bar2013 {
    fill: yellow;
}

.bar2014 {
    fill: green;
}

.axis {
```

```
      font: 10px sans-serif;
   }

   .axis path,

   .axis line {
      fill: none;
      stroke: #000;
   }

   .x.axis path {
      display: none;
   }

</style>
<div id="chart_d3" />
"""))
```

还需要修改模板，添加 2011、2012 和 2013 年的 3 组人口数据。在簇状条状图中，这 3 个年份的柱形区域分别用不同的颜色来表示。

```
import jinja2


myTemplate = jinja2.Template("""

require(["d3"], function(d3){

   var data = []
   var data2 = []
   var data3 = []
   var data4 = []

   {% for row in data %}
   data.push ({ 'state': '{{ row[1] }}', 'population': {{ row[2] }} });
   data2.push({ 'state': '{{ row[1] }}', 'population': {{ row[3] }} });
   data3.push({ 'state': '{{ row[1] }}', 'population': {{ row[4] }} });
   data4.push({ 'state': '{{ row[1] }}', 'population': {{ row[5] }} });
   {% endfor %}

d3.select("#chart_d3 svg").remove()

   var margin = {top: 20, right: 20, bottom: 30, left: 40},
       width = 800 - margin.left - margin.right,
       height = 400 - margin.top - margin.bottom;

   var x = d3.scale.ordinal()
       .rangeRoundBands([0, width], .25);

   var y = d3.scale.linear()
       .range([height, 0]);

   var xAxis = d3.svg.axis()
       .scale(x)
       .orient("bottom");
```

11

```
var yAxis = d3.svg.axis()
    .scale(y)
    .orient("left")
    .ticks(10)
    .tickFormat(d3.format('.1s'));

var svg = d3.select("#chart_d3").append("svg")
    .attr("width", width + margin.left + margin.right)
    .attr("height", height + margin.top + margin.bottom)
    .append("g")
    .attr("transform", "translate(" + margin.left + "," + margin.top + ")");

x.domain(data.map(function(d) { return d.state; }));
y.domain([0, d3.max(data, function(d) { return d.population; })]);

svg.append("g")
    .attr("class", "x axis")
    .attr("transform", "translate(0," + height + ")")
    .call(xAxis);

svg.append("g")
    .attr("class", "y axis")
    .call(yAxis)
    .append("text")
    .attr("transform", "rotate(-90)")
    .attr("y", 6)
    .attr("dy", ".71em")
    .style("text-anchor", "end")
    .text("Population");

svg.selectAll(".bar2011")
    .data(data)
    .enter().append("rect")
    .attr("class", "bar2011")
    .attr("x", function(d) { return x(d.state); })
    .attr("width", x.rangeBand()/4)
    .attr("y", function(d) { return y(d.population); })
    .attr("height", function(d) { return height - y(d.population); });

svg.selectAll(".bar2012")
    .data(data2)
    .enter().append("rect")
    .attr("class", "bar2012")
    .attr("x", function(d) { return (x(d.state)+x.rangeBand()/4); })
    .attr("width", x.rangeBand()/4)
    .attr("y", function(d) { return y(d.population); })
    .attr("height", function(d) { return height - y(d.population); });

svg.selectAll(".bar2013")
    .data(data3)
    .enter().append("rect")
    .attr("class", "bar2013")
    .attr("x", function(d) { return (x(d.state)+2*x.rangeBand()/4); })
    .attr("width", x.rangeBand()/4)
```

```
        .attr("y", function(d) { return y(d.population); })
        .attr("height", function(d) { return height - y(d.population); });

    svg.selectAll(".bar2014")
        .data(data4)
        .enter().append("rect")
        .attr("class", "bar2014")
        .attr("x", function(d) { return (x(d.state)+3*x.rangeBand()/4); })
        .attr("width", x.rangeBand()/4)
        .attr("y", function(d) { return y(d.population); })
        .attr("height", function(d) { return height - y(d.population); });
});
""");
```

这次从 DataFrame 取 4 个序列的数据传递给模板，因此需要更新数据，重新渲染。此外，还需要加上 render() 函数。

```
display(Javascript(myTemplate.render(
    data=states.sort_values(['POPESTIMATE2014'], ascending=False)[:5].
    itertuples()
)))
```

调用 render() 函数，将得到如图 11-5 所示的条状图。

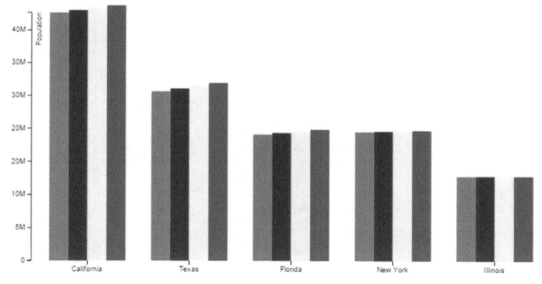

图 11-5　2011 到 2014 年美国人口最多的 5 个州的簇状条状图

11.4　地区分布图

前面介绍了如何使用 JavaScript 代码和 D3 库绘制条状图。其实这点用 matplotlib 库易于实现，甚至效果更好。前面这些代码只为展示 D3。

　　跟 matplotlib 库不同的是，D3 能实现 matplotlib 实现不了的更为复杂的图形。因此下面尝试 D3 库的强大功能。它可以实现**地区分布图**这类非常复杂的图形。

　　地区分布图表示对象的地区分布情况，其中地区分成用不同颜色表示的多个部分。两块区域用不同颜色和边界进行区分，颜色和边界所表示的其实就是数据。

　　这种表示方法适用于人口或经济信息的数据分析结果，也适用于其他跟地理分布相关的数据。

　　地区分布图基于 TopoJSON 这种特殊文件。这种文件包含制作诸如美国地区分布图所需的全部信息。

　　US Atlas TopoJSON 这个链接（https://github.com/mbostock/us-atlas）提供生成各种 TopoJSON 文件的相关资料，此外其他很多网站也提供类似的内容。

　　有了 D3 库，这种图像表示法不仅可以实现，甚至还可以进行个性化处理。可以根据 DataFrame 几列元素的值，为不同地理区域涂上不同颜色。

　　首先从网上已有的例子入手，该例子在 D3 库（http://bl.ocks.org/mbostock/4060606）之中，但它全部是用 HTML 开发的。因此下面会介绍如何把用 HTML 开发的 D3 例子移植到 Jupyter Notebook。

　　查看该例子的代码，就会发现它引入了几个必要的 JavaScript 库。这一次，除了 D3 库，还需要导入 queue 和 TopoJSON 库。

```
<script src="https://cdnjs.cloudflare.com/ajax/libs/d3/3.5.5/d3.min.js"></script>
<script src="https://cdnjs.cloudflare.com/ajax/libs/queue-async/1.0.7/queue.min.js">
</script>
<script src="https://cdnjs.cloudflare.com/ajax/libs/topojson/1.6.19/topojson.min.js">
</script>
```

　　因此需要像前几节那样定义 require.config()函数。

```
%%javascript
require.config({
    paths: {
        d3: '//cdnjs.cloudflare.com/ajax/libs/d3/3.5.5/d3.min',
        queue: '//cdnjs.cloudflare.com/ajax/libs/queue-async/1.0.7/queue.min',
        topojson:  '//cdnjs.cloudflare.com/ajax/libs/topojson/1.6.19/topojson.min'
    }
});
```

　　至于 CSS 部分，仍需将其全部写入 HTML()函数。

```
from IPython.core.display import display, Javascript, HTML

display(HTML("""
<style>

.counties {
  fill: none;
}

.states {
  fill: none;
  stroke: #fff;
  stroke-linejoin: round;
```

```
}
.q0-9 { fill:rgb(247,251,255); }
.q1-9 { fill:rgb(222,235,247); }
.q2-9 { fill:rgb(198,219,239); }
.q3-9 { fill:rgb(158,202,225); }
.q4-9 { fill:rgb(107,174,214); }
.q5-9 { fill:rgb(66,146,198); }
.q6-9 { fill:rgb(33,113,181); }
.q7-9 { fill:rgb(8,81,156); }
.q8-9 { fill:rgb(8,48,107); }

</style>
<div id="choropleth" />
"""))
```

下面是仿照 Bostock 给出的示例代码所写的模板，只不过做了些改动。

```
import jinja2

choropleth = jinja2.Template("""

require(["d3","queue","topojson"], function(d3,queue,topojson){

//    var data = []

//    {% for row in data %}
//    data.push({ 'state': '{{ row[1] }}', 'population': {{ row[2] }} });
//    {% endfor %}

d3.select("#choropleth svg").remove()

var width = 960,
    height = 600;

var rateById = d3.map();

ar quantize = d3.scale.quantize()
    .domain([0, .15])
    .range(d3.range(9).map(function(i) { return "q" + i + "-9"; }));

var projection = d3.geo.albersUsa()
    .scale(1280)
    .translate([width / 2, height / 2]);

var path = d3.geo.path()
    .projection(projection);

//row to modify
var svg = d3.select("#choropleth").append("svg")
    .attr("width", width)
    .attr("height", height);

queue()
    .defer(d3.json, "us.json")
```

```
      .defer(d3.tsv, "unemployment.tsv", function(d) { rateById.set(d.id, +d.rate); })
      .await(ready);

function ready(error, us) {
  if (error) throw error;

  svg.append("g")
      .attr("class", "counties")
    .selectAll("path")
      .data(topojson.feature(us, us.objects.counties).features)
    .enter().append("path")
      .attr("class", function(d) { return quantize(rateById.get(d.id)); })
      .attr("d", path);

  svg.append("path")
      .datum(topojson.mesh(us, us.objects.states, function(a, b) { return a !== b; }))
      .attr("class", "states")
      .attr("d", path);

}
});
""");
```

下面渲染模板，这次不需要为模板指定数据，因为所有数据都存储在 us.json 和 unemployment.tsv 文件里（已放在本书配套文件中）。

```
display(Javascript(choropleth.render()))
```

结果跟 Bostock 例子所示的结果相同。

11.5　2014 年美国人口地区分布图

前面介绍了如何从美国人口调查局网站抽取人口信息，以及如何制作地区分布图，下面把这些知识结合在一起，绘制一幅地区分布图，用深浅不同的颜色表示人口数量。郡人口越多，颜色越深；人口越少，颜色越白。

前面从 pop2014 抽取了各州的人口数据。我们只选择了 SUMLEV 列元素为 40 的那些行。下面这个例子要用到各郡的人口数据，因此只从 pop2014 抽取 SUMLEV 列元素为 50 的行。

用下述代码选择行政区划级别为 50 的郡。

```
pop2014_by_county = pop2014[pop2014.SUMLEV == 50]
pop2014_by_county
```

这样就得到了包含美国各郡信息的 DataFrame，如图 11-6 所示。

	SUMLEV	REGION	DIVISION	STATE	COUNTY	STNAME	CTYNAME	CENSUS2010POP	ESTIMATESBASE2010	POPESTIMATE2010	...
1	50	3	6	01	001	Alabama	Autauga County	54571	54571	54684	...
2	50	3	6	01	003	Alabama	Baldwin County	182265	182265	183216	...
3	50	3	6	01	005	Alabama	Barbour County	27457	27457	27336	...
4	50	3	6	01	007	Alabama	Bibb County	22915	22919	22879	...
5	50	3	6	01	009	Alabama	Blount County	57322	57322	57344	...
6	50	3	6	01	011	Alabama	Bullock County	10914	10915	10886	...
7	50	3	6	01	013	Alabama	Butler County	20947	20946	20945	...

图 11-6　DataFrame 对象 pop2014_by_county 包含美国各郡人口数据

必须使用刚得到的数据而不是前面 tsv 文件之中的数据。pop2014_by_county 对象之中，有一列 ID 代码对应各郡。网上有 ID 代码和郡名称的对应表，有了这份文件就可以知道 ID 代码代表哪个郡。下载该文件，将其转换为 DataFrame 对象。

```
USJSONnames = pd.read_table('us-county-names.tsv')
USJSONnames
```

如前所述，该文件列出了 ID 代码对应的郡名（见图 11-7）。

	id	name
0	1000	Alabama
1	1001	Autauga
2	1003	Baldwin
3	1005	Barbour
4	1007	Bibb
5	1009	Blount
6	1011	Bullock
7	1013	Butler
8	1015	Calhoun
9	1017	Chambers
10	1019	Cherokee
11	1021	Chilton
12	1023	Choctaw
13	1025	Clarke

图 11-7　tsv 文件的 ID 为各郡的代码

如果查看 Baldwin 郡：

```
USJSONnames[USJSONnames['name'] == 'Baldwin']
```

会发现有两个名为 Baldwin 的郡，但它们的郡代码不同（见图 11-8）。

	id	name
2	1003	Baldwin
399	13009	Baldwin

图 11-8　有两个名为 Baldwin 的郡

上表显示有两个郡代码不同而名称相同的郡。前面抽取 census.gov 的数据后，将其保存到一个 DataFrame 对象中，下面看一下该 DataFrame 对象都包含这两个郡的哪些信息（见图 11-9）。

```
pop2014_by_county[pop2014_by_county['CTYNAME'] == 'Baldwin County']
```

	SUMLEV	REGION	DIVISION	STATE	COUNTY	STNAME	CTYNAME	CENSUS2010POP	ESTIMATESBASE2010	POPESTIMATE2010	...
2	50	3	6	01	003	Alabama	Baldwin County	182265	182265	183216	...
402	50	3	5	13	009	Georgia	Baldwin County	45720	45835	45685	...

2 rows × 84 columns

图 11-9　STATE 和 COUNTY 列的两个元素结合起来恰好是 tsv 文件的 ID 代码

可以找到代码的对应关系。TOPOJSON 中的 ID 代码恰好对应 STATE 和 COUNTY 列两个元素的组合，当 STATE 列的第 1 位为 0 时，要删除 0。现在可以用 counties 对象重建 tsv 那个例子的地区分布图所需的数据。记得把数据保存到 population.csv 文件。

```
counties = pop2014_by_county[['STATE','COUNTY','POPESTIMATE2014']]
counties.is_copy = False
counties['id'] = counties['STATE'].str.lstrip('0') + "" +
counties['COUNTY']
del counties['STATE']
del counties['COUNTY']
counties.columns = ['pop','id']
counties = counties[['id','pop']]
counties.to_csv('population.csv')
```

再次改写 HTML() 函数，新增一个<div>标签，指定其 id 为 choropleth2。

```
from IPython.core.display import display, Javascript, HTML

display(HTML("""
<style>

.counties {
  fill: none;
}

.states {
  fill: none;
  stroke: #fff;
  stroke-linejoin: round;
}
```

```
.q0-9 { fill:rgb(247,251,255); }
.q1-9 { fill:rgb(222,235,247); }
.q2-9 { fill:rgb(198,219,239); }
.q3-9 { fill:rgb(158,202,225); }
.q4-9 { fill:rgb(107,174,214); }
.q5-9 { fill:rgb(66,146,198); }
.q6-9 { fill:rgb(33,113,181); }
.q7-9 { fill:rgb(8,81,156); }
.q8-9 { fill:rgb(8,48,107); }

</style>
<div id="choropleth2" />
"""))
```

最后，还需要定义一个新 Template 对象。

```
choropleth2 = jinja2.Template("""

require(["d3","queue","topojson"], function(d3,queue,topojson){

    var data = []

d3.select("#choropleth2 svg").remove()

var width = 960,
    height = 600;

var rateById = d3.map();

var quantize = d3.scale.quantize()
    .domain([0, 1000000])
    .range(d3.range(9).map(function(i) { return "q" + i + "-9"; }));

var projection = d3.geo.albersUsa()
    .scale(1280)
    .translate([width / 2, height / 2]);

var path = d3.geo.path()
    .projection(projection);
var svg = d3.select("#choropleth2").append("svg")
    .attr("width", width)
    .attr("height", height);

queue()
    .defer(d3.json, "us.json")
    .defer(d3.csv,"population.csv", function(d) { rateById.set(d.id, +d.pop); })
    .await(ready);

function ready(error, us) {
  if (error) throw error;

  svg.append("g")
      .attr("class", "counties")
```

11

```
    .selectAll("path")
      .data(topojson.feature(us, us.objects.counties).features)
    .enter().append("path")
      .attr("class", function(d) { return quantize(rateById.get(d.id)); })
      .attr("d", path);

  svg.append("path")
      .datum(topojson.mesh(us, us.objects.states, function(a, b) { return a !== b; }))
      .attr("class", "states")
      .attr("d", path);
}

});

""");
```

执行 render() 函数，生成图表。

```
display(Javascript(choropleth2.render()))
```

生成的地区分布图中，根据各郡人口多寡，不同区域使用深浅不一的颜色。

11.6　小结

本章展示了用 JavaScript 库 D3 能进一步扩展数据表现力。多种高级图表都可以用来表示数据，本章所讲的地区分布图只是其中一种。该例也说明了 Jupyter Notebook 能整合多种技术。换句话说，世界并不仅以 Python 为中心，但是 Python 能整合更多功能以协助完成工作。

下一章讲解如何对图像进行数据分析。届时你将发现建立能识别手写体数字的模型其实很简单。

## 第 12 章

识别手写体数字

12

前面讲解了如何对存有数字或字符串的 pandas DataFrame 对象进行数据分析。实际上，数据分析并不仅限于数字或字符串，还可以分析图像和声音，并将其分类。

本章虽篇幅短小，但重要性丝毫不逊于前。下面讲解手写体文本识别。

12.1 手写体识别

手写体文本识别问题可以追溯到第一代从手写体文档中识别单个字符的自动化机器。设想这样一种情形：邮局里信件堆积如山，因此需要借助自动化手段识别 5 位邮政编码，而只有正确识别，才能实现自动化和高效地分拣邮件。

对于该场景，有多种应用可用，例如 OCR（Optical Character Recognition，光学字符识别）软件，它读入手写体或印刷体文本，识别其中的文字后，生成常用的电子文档。

手写体识别问题还可以再向前追溯，确切地说可以追溯到 20 世纪 20 年代，即 Emanuel Goldberg（1881—1970）开始着手研究这个问题的时候。他当时提出了统计方法可能是最佳的选择。

如果用 Python 解决这个问题，scikit-learn 库提供了一个很好的例子，有助于我们理解手写体识别技术、相关问题以及用机器学习方法识别文本的可行性。

12.2 用 scikit-learn 识别手写体数字

用 scikit-learn 库（http://scikit-learn.org/）分析这类数据所用的方法，跟本书前面一直在用的略有区别。待分析数据不仅涉及数值或字符串类型的处理，还涉及图像或声音文件的处理。

因而，可以将本章要面对的问题看作读取和解释手写体数字图像，预测图像之中的数值。

这类数据分析问题，需要用到**估计器**（estimator）。它借助 fit()函数进行学习，待自己的预测能力（模型足够有效）达到一定水准之后，再用 predict()函数给出预测结果。得到结果之后，还会讨论训练集和验证集。与之前不同，这两个数据集是由一系列图像组成的。

输入以下代码，从命令行运行 Jupyter Notebook：

```
jupyter notebook
```

接着依次点击 New、Python 3 菜单项，新建一个 Notebook 文件，如图 12-1 所示。

图 12-1　Jupyter Notebook（Jupyter）首页

这个例子可以用 sklearn.svm.SVC 估计器，它使用的是 SVC 技术。

因此需要导入 scikit-learn 的 svm 模块。接着，创建 SVC 类型的估计器，并初始化设置。无须为 C 和 gamma 选项设置特殊值，使用一般值即可，分析过程中可再调整。

```
from sklearn import svm
svc = svm.SVC(gamma=0.001, C=100.)
```

12.3　Digits 数据集

第 8 章提过，scikit-learn 库提供了大量数据集，可用于测试数据分析相关的问题和结果预测问题。其中，对于这里要讲的手写体识别问题，可以使用它的 Digits 图像数据集。

该数据集包含 1797 张 8×8 像素大小的灰度图，图像的内容为一个手写体数字（见图 12-2）。

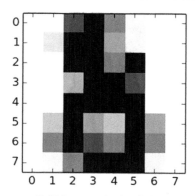

图 12-2　Digits 数据集 1797 张手写体数字图像中的一张

在 Notebook 中，导入 Digits 数据集。

```
from sklearn import datasets
digits = datasets.load_digits()
```

加载数据集后，对它里面的内容略作分析。首先，访问 DESCR 属性，读取数据集自带的大量说明信息。

```
print(digits.DESCR)
```

上述命令将输出数据集的简介、作者以及参考资料，详见图 12-3。

```
print digits.DESCR

Optical Recognition of Handwritten Digits Data Set

Notes
-----
Data Set Characteristics:
    :Number of Instances: 5620
    :Number of Attributes: 64
    :Attribute Information: 8x8 image of integer pixels in the range 0..16.
    :Missing Attribute Values: None
    :Creator: E. Alpaydin (alpaydin '@' boun.edu.tr)
    :Date: July; 1998

This is a copy of the test set of the UCI ML hand-written digits datasets
http://archive.ics.uci.edu/ml/datasets/Optical+Recognition+of+Handwritten+Digits

The data set contains images of hand-written digits: 10 classes where
each class refers to a digit.

Preprocessing programs made available by NIST were used to extract
normalized bitmaps of handwritten digits from a preprinted form. From a
total of 43 people, 30 contributed to the training set and different 13
to the test set. 32x32 bitmaps are divided into nonoverlapping blocks of
4x4 and the number of on pixels are counted in each block. This generates
an input matrix of 8x8 where each element is an integer in the range
0..16. This reduces dimensionality and gives invariance to small
distortions.

For info on NIST preprocessing routines, see M. D. Garris, J. L. Blue, G.
T. Candela, D. L. Dimmick, J. Geist, P. J. Grother, S. A. Janet, and C.
L. Wilson, NIST Form-Based Handprint Recognition System, NISTIR 5469,
1994.
```

图 12-3　scikit-learn 库的每个数据集都有一个存储说明信息的字段

手写体数字图像的数据存储在 digits.images 数组中。数组的每个元素表示一张图像，每个元素为 8×8 形状的矩阵，矩阵各项为数值类型，每个数值对应一种灰度等级，其中 0 对应白色，15 对应黑色。

```
digits.images[0]
```

结果如下：

```
array([[  0.,   0.,   5.,  13.,   9.,   1.,   0.,   0.],
       [  0.,   0.,  13.,  15.,  10.,  15.,   5.,   0.],
       [  0.,   3.,  15.,   2.,   0.,  11.,   8.,   0.],
       [  0.,   4.,  12.,   0.,   0.,   8.,   8.,   0.],
       [  0.,   5.,   8.,   0.,   0.,   9.,   8.,   0.],
       [  0.,   4.,  11.,   0.,   1.,  12.,   7.,   0.],
       [  0.,   2.,  14.,   5.,  10.,  12.,   0.,   0.],
       [  0.,   0.,   6.,  13.,  10.,   0.,   0.,   0.]]])
```

可以借助 matplotlib 库为数组元素生成图像，这样看起来更直观。

```
import matplotlib.pyplot as plt
%matplotlib inline
plt.imshow(digits.images[0], cmap=plt.cm.gray_r, interpolation='nearest')
```

运行上述命令，将得到如图 12-4 所示的灰度图。

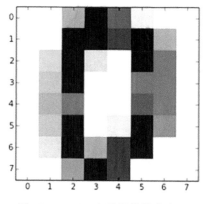

图 12-4　1797 个手写体数字之一

图像所表示的数字，即目标值，则存储在 digits.targets 数组之中。输入以下代码：

```
digits.target
```

结果如下所示：

```
array([0, 1, 2, ..., 8, 9, 8])
```

据说该数据集有 1797 张图像，输入以下代码确认是否确实如此。

```
digits.target.size
```

结果如下：

```
1797
```

12.4　使用估计器学习并预测

既已在 Jupyter Notebook 中加载了 Digits 数据集，且定义好了 SVC 估计器，估计器的学习步骤可就此开始。

第 8 章讲过,定义好预测模型之后,必须用已知各条数据类别的训练集调教它。考虑到 Digits 数据集的数据量较大,用这些数据训练模型,效果会非常好,即模型识别手写体数字准确率高。

Digits 数据集由 1797 个元素组成,可以考虑用前 1791 个作为训练集,用剩余 6 个作为验证集。

可以再次用 matplotlib 生成这 6 个手写体数字的图像,以便查看其细节。

```
import matplotlib.pyplot as plt
%matplotlib inline

plt.subplot(321)
plt.imshow(digits.images[1791], cmap=plt.cm.gray_r, interpolation='nearest')
plt.subplot(322)
plt.imshow(digits.images[1792], cmap=plt.cm.gray_r, interpolation='nearest')
plt.subplot(323)
plt.imshow(digits.images[1793], cmap=plt.cm.gray_r, interpolation='nearest')
plt.subplot(324)
plt.imshow(digits.images[1794], cmap=plt.cm.gray_r, interpolation='nearest')
plt.subplot(325)
plt.imshow(digits.images[1795], cmap=plt.cm.gray_r, interpolation='nearest')
plt.subplot(326)
plt.imshow(digits.images[1796], cmap=plt.cm.gray_r, interpolation='nearest')
```

上述代码将生成 6 个数字的图像,见图 12-5。

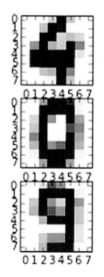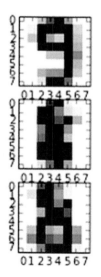

图 12-5　验证集 6 个数字的图像

现在下面训练先前定义的 svc 估计器。

```
svc.fit(digits.data[1:1790], digits.target[1:1790])
```

上述命令运行一小段时间后,输出训练得到的估计器的文本表示。

```
SVC(C=100.0, cache_size=200, class_weight=None, coef0=0.0, degree=3,
  gamma=0.001, kernel='rbf', max_iter=-1, probability=False,
  random_state=None, shrinking=True, tol=0.001, verbose=False)
```

然后用估计器预测验证集的 6 个数字，以测试估计器的效果。

```
svc.predict(digits.data[1791:1976])
```

结果如下所示：

```
array([4, 9, 0, 8, 9, 8])
```

与验证集各图像实际表示的数字相比：

```
digits.target[1791:1976]
```

```
array([4, 9, 0, 8, 9, 8])
```

可见 svc 估计器能正确学习并识别手写体数字。对于验证集的 6 个数字，它全部预测正确。

12.5   用 TensorFlow 识别手写体数字

上个示例介绍了如何用机器学习技术识别手写体数字。本节将用第 9 章的深度学习技术解决该问题。

鉴于 MNIST 数据集很有价值，TensorFlow 库也内置了它的一个副本。用该数据集进行神经网络方面的研究和测试非常简单，无须下载该数据集或从其他数据源导入。

将 MNIST 数据集导入 Jupyter Notebook（在任意 Python 会话中）非常简单，类似于导入其他包：import tensorflow.contrib.learn.python.learn.datasets.mnist。若要将数据集加载到一个变量，必须使用 read_data_sets() 函数。因此，导入该数据集的最佳方式如下。

```
from tensorflow.contrib.learn.python.learn.datasets.mnist import read_data_
sets
import numpy as np
import matplotlib.pyplot as plt
```

由于数据集包含在压缩文件中，因此调用 read_data_sets 函数后，压缩文件将被自动下载到 Python 会话的工作区。可以创建 MNIST_data 目录来存放数据集文件。

```
mnist = read_data_sets ("MNIST_data/", one_hot=False)
```

从 Python 会话的输出信息来看，下载文件如下所示：

```
Extracting MNIST_data/train-images-idx3-ubyte.gz
Extracting MNIST_data/train-labels-idx1-ubyte.gz
Extracting MNIST_data/t10k-images-idx3-ubyte.gz
Extracting MNIST_data/t10k-labels-idx1-ubyte.gz
```

MNIST 数据分成了 3 部分：训练数据（mnist.train）有 55 000 个数据点，测试数据（mnist.test）有 10 000 个数据点，验证数据（mnist.validation）有 5000 个数据点。

该数据集非常大，最好将其切分为更小的批次，尤其在用作训练集时。TensorFlow 的 next_batch(n) 函数能从训练集抽取 n 个元素，协助实现分批操作。可随时调用 next_batch(n) 函数，抽取后续 *n* 个元素，直至训练集末尾。

查看训练集的前 10 个元素的代码如下。

```
pixels,real_values = mnist.train.next_batch(10)
print("list of values loaded",real_values)
list of values loaded [2 6 8 3 4 2 0 9 8 7]
```

复用上述代码，可得到训练集接下来的 10 个元素，以此类推。

```
pixels,real_values = mnist.train.next_batch(10)
print("list of values loaded",real_values)
list of values loaded [6 1 8 5 0 1 8 4 7 3]
```

若想查看 pixels 中存放的某个元素的手写体数字图像（存放灰度图像的数组），用 matplotlib 即可。

```
image = np.reshape(pixels[1,:],[28,28])
plt.imshow(image, cmap=plt.cm.gray_r, interpolation='nearest')
plt.show()
```

这样就会得到如图 12-6 所示的一个手写体数字的黑白图像。

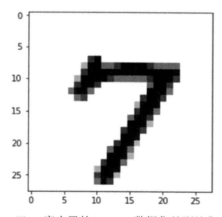

图 12-6　TensorFlow 库内置的 MNIST 数据集的训练集中的一个数字

12.6　使用神经网络学习并预测

介绍了如何用 TensorFlow 获取训练集、测试集和验证集后，下面用类似于第 9 章使用的神经网络分析数字。

```
from tensorflow.examples.tutorials.mnist import input_data
mnist = input_data.read_data_sets("MNIST_data/", one_hot=True)

import tensorflow as tf
import matplotlib.pyplot as plt
# 参数
learning_rate = 0.01
```

```
training_epochs = 25
batch_size = 100
display_step = 1

# tf 图表输出
x = tf.placeholder("float", [None, 784]) # mnist data image of shape
28*28=784
y = tf.placeholder("float", [None, 10]) # 0-9 digits recognition => 10 classes

# 创建模型

# 设置模型参数
W = tf.Variable(tf.zeros([784, 10]))
b = tf.Variable(tf.zeros([10]))

evidence = tf.matmul(x, W) + b

# 构建模型
activation = tf.nn.softmax(evidence) # Softmax

# 使用交叉熵函数最小化误差
cross_entropy = y*tf.log(activation)
cost = tf.reduce_mean(-tf.reduce_sum(cross_entropy,reduction_indices=1))

optimizer = tf.train.GradientDescentOptimizer(learning_rate).minimize(cost)

# plot 设置
avg_set = []
epoch_set=[]

# 初始化变量
init = tf.global_variables_initializer()

# 打开图表
with tf.Session() as sess:
    sess.run(init)

    # 训练循环
    for epoch in range(training_epochs):
    avg_cost = 0.
    total_batch = int(mnist.train.num_examples/batch_size)
    # 循环所有批次
    for i in range(total_batch):
        batch_xs, batch_ys = mnist.train.next_batch(batch_size)
        sess.run(optimizer, feed_dict={x: batch_xs, y: batch_ys})
        avg_cost += sess.run(cost, feed_dict={x: batch_xs, y: batch_
        ys})/total_batch
    if epoch % display_step == 0:
        print("Epoch:", '%04d' % (epoch+1), "cost=", "{:.9f}".
        format(avg_cost))
    avg_set.append(avg_cost)
    epoch_set.append(epoch+1)
print("Training phase finished")
```

```
plt.plot(epoch_set,avg_set, 'o', label='Logistic Regression Training
phase')
plt.ylabel('cost')
plt.xlabel('epoch')
plt.legend()
plt.show()

# 测试模型
correct_prediction = tf.equal(tf.argmax(activation, 1), tf.argmax(y, 1))
# 计算正确率
accuracy = tf.reduce_mean(tf.cast(correct_prediction, "float"))
print("Model accuracy:", accuracy.eval({x: mnist.test.images, y: mnist.
test.labels}))
```

分析可得学习阶段（多轮循环）代价的变化趋势。神经网络训练好后，在测试集 mnist.test 上进行预测。所得正确率是神经网络读取数字和正确解释数字的百分比。

```
Extracting MNIST_data/train-images-idx3-ubyte.gz
Extracting MNIST_data/train-labels-idx1-ubyte.gz
Extracting MNIST_data/t10k-images-idx3-ubyte.gz
Extracting MNIST_data/t10k-labels-idx1-ubyte.gz
Epoch: 0001 cost= 1.176361134
Epoch: 0002 cost= 0.662538510
Epoch: 0003 cost= 0.550689667
Epoch: 0004 cost= 0.496738935
Epoch: 0005 cost= 0.463713668
Epoch: 0006 cost= 0.440845339
Epoch: 0007 cost= 0.423968329
Epoch: 0008 cost= 0.410662182
Epoch: 0009 cost= 0.399876185
Epoch: 0010 cost= 0.390923975
Epoch: 0011 cost= 0.383305770
Epoch: 0012 cost= 0.376747700
Epoch: 0013 cost= 0.371062683
Epoch: 0014 cost= 0.365925885
Epoch: 0015 cost= 0.361331244
Epoch: 0016 cost= 0.357197133
Epoch: 0017 cost= 0.353523670
Epoch: 0018 cost= 0.350157993
Epoch: 0019 cost= 0.347037680
Epoch: 0020 cost= 0.344143576
Epoch: 0021 cost= 0.341464736
Epoch: 0022 cost= 0.338996708
Epoch: 0023 cost= 0.336639690
Epoch: 0024 cost= 0.334515039
Epoch: 0025 cost= 0.332482831
Training phase finished

Model accuracy: 0.9143
```

从所得数据和图 12-7 可见，神经网络的学习阶段已完成并呈现出可预见的趋势。正确率 0.91（91%）表明所选择的模型的预测准确率比较令人满意（并不完全令人满意）。

12

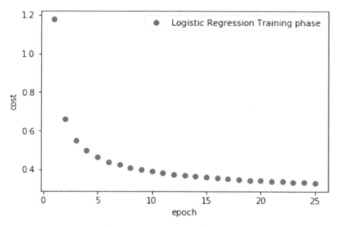

图 12-7　神经网络学习阶段代价的变化趋势

12.7　小结

本章内容虽简短,但可以看出数据分析方法的用途其实很广,不仅可以分析数值或文本数据,还可以分析图像,甚至是由相机或扫描仪生成的手写体图像。

此外,本章展示了用机器学习和深度学习技术创建的预测模型能给出准确的预测结果,而借助 scikit-learn 库也易于实现这些技术。

## 第 13 章

用 NLTK 分析文本数据

13

前面介绍了针对数值型数据或表格型数据的各种分析技术和示例,这两类数据易于用数学表达式和统计技术来处理。然而大多数数据是由文本组成的,遵循自然语言的特定语法(有时甚至不合语法)。文本中的单词及其释义(和传达的感情)是非常有用的信息源。

本章将使用 NLTK(Natural Language Toolkit,自然语言处理工具集)库分析文本。借助该库可以完成一些很复杂的操作。本章内容也有助于你理解文本分析这一数据分析的重要方向。

13.1 文本分析技术

近年来,随着大数据技术的发展和网上海量文本数据的产生,大量文本分析技术应运而生。实际上,文本数据非常难分析,但由于它们是重要而广泛的信息源,因此文本分析很有应用价值,例如人们发布的所有文献和网上的无数帖子。社交网络的评论和聊天数据也是很好的数据源,尤其有助于了解用户对特定话题的支持或反对程度。

因此人们对分析这些文本产生了很大兴趣,并将很多文本分析技术引入该领域,文本分析进而发展成一门真正的学科。比较重要的文本分析技术有:

- ❑ 单词频率分布分析
- ❑ 模式识别
- ❑ 标注
- ❑ 链接和关联性分析
- ❑ 情感分析

13.1.1 自然语言处理工具集

如果用 Python 语言分析文本格式的数据,那么最常用的工具是 Python NLTK。

NLTK 是一个 Python 库,集成了多种文本分析专用工具。NLTK 是 2001 年为教育目的开发的,后来逐渐发展成真正的分析工具。

NLTK 库还内置了大量示例文本,称作**语料库**。这些文本主要来自文学作品。如果用 NLTK 库开发文本分析技术,它们是重要的基础数据,尤其是可用于测试(其作用类似于第 9 章用 MNIST 数据集测试用 TensorFlow 实现的神经网络模型)。

NLTK 易于安装。作为一个广受欢迎的 Python 库，用 pip 或 conda 即可安装。

对于 Linux 系统，安装命令如下：

```
pip install nltk
```

对于 Windows 系统（用 Python 的 Anaconda 发行版），安装命令如下：

```
conda install nltk
```

13.1.2　导入 NLTK 库和 NLTK 下载器

为了更好地使用 NLTK 库，可直接用 Python 代码来操作，这样有助于你理解该库的操作。首先，用 IPython 或 Jupyter Notebook 打开一个会话。输入命令，导入 NLTK 库。

```
import nltk
```

接着，从语料库合集导入文本，可以使用 nltk.download_shell() 函数打开 NLTK 下载器。然后按照所列选项来选择要下载的文本，每个选项都附有说明。

在终端输入以下命令：

```
nltk.download_shell(
```

会出现文本形式的各种选项：

```
NLTK Downloader
---------------------------------------------------------------------
    d) Download   l) List    u) Update   c) Config   h) Help   q) Quit
---------------------------------------------------------------------
Downloader>
```

下载器可输入选项。要查看 NLTK 库的所有扩展包列表，请输入 L（用 List 的首字母表示列表）并按 Enter，出现的 NLTK 的所有可用包列表可供下载来扩展 NLTK 的功能。可用包列表包含了语料库合集的文本。

```
packages:
  [ ] abc................. Australian Broadcasting Commission 2006
  [ ] alpino.............. Alpino Dutch Treebank
  [ ] averaged_perceptron_tagger Averaged Perceptron Tagger
  [ ] averaged_perceptron_tagger_ru Averaged Perceptron Tagger (Russian)
  [ ] basque_grammars..... Grammars for Basque
  [ ] biocreative_ppi..... BioCreAtIvE (Critical Assessment of Information
                           Extraction Systems in Biology)
  [ ] bllip_wsj_no_aux.... BLLIP Parser: WSJ Model
  [ ] book_grammars....... Grammars from NLTK Book
  [ ] brown............... Brown Corpus
  [ ] brown_tei........... Brown Corpus (TEI XML Version)
  [ ] cess_cat............ CESS-CAT Treebank
  [ ] cess_esp............ CESS-ESP Treebank
  [ ] chat80.............. Chat-80 Data Files
  [ ] city_database....... City Database
  [ ] cmudict............. The Carnegie Mellon Pronouncing Dictionary (0.6)
  [ ] comparative_sentences Comparative Sentence Dataset
```

```
[ ] comtrans............ ComTrans Corpus Sample
[ ] conll2000.......... CONLL 2000 Chunking Corpus
[ ] conll2002.......... CONLL 2002 Named Entity Recognition Corpus
```

再次按 Enter，将继续按英文字母顺序显示其他包。连续按 Enter 直到列表结束，可查看所有可用包。列表末尾将再次显示 NLTK 下载器的几个初始选项。

为了创建一系列示例来学习该库，需要使用多个文本。古腾堡语料库是绝佳的文本源，它包含在语料库合集中。该语料库是从古腾堡项目电子档案库抽取的小型文本选集。该档案库有 25 000 多本电子书。

下载该包需要先输入 d 选项。下载器将询问要下载的包名，输入包名 gutenberg。

```
---------------------------------------------------------------
  d) Download    l) List   u) Update    c) Config    h) Help    q) Quit
---------------------------------------------------------------
Downloader> d

Download which package (l=list; x=cancel)?
  Identifier> gutenberg
```

然后开始下载该包。

之后若要下载其他包，并已知包名，可直接输入 nltk.download()命令，将包名作为参数传入。这样 NLTK 下载器不会打开，而会直接下载指定的包。因此，前面的操作等同于：

```
nltk.download ('gutenberg')
```

下载完成后，用 fileids()方法查看包的内容，它会返回包内文件名。

```
gb = nltk.corpus.gutenberg
print ("Gutenberg files:", gb.fileids ())
```

上述命令会输出一个列表到终端，列表元素为古腾堡文本文件名。

```
Gutenberg files : ['austen-emma.txt', 'austen-persuasion.txt', 'austen-
sense.txt', 'bible-kjv.txt', 'blake-poems.txt', 'bryant-stories.txt',
'burgess-busterbrown.txt', 'carroll-alice.txt', 'chesterton-ball.txt',
'chesterton-brown.txt', 'chesterton-thursday.txt', 'edgeworth-parents.txt',
'melville-moby_dick.txt', 'milton-paradise.txt', 'shakespeare-caesar.txt',
'shakespeare-hamlet.txt', 'shakespeare-macbeth.txt', 'whitman-leaves.txt']
```

若想获取其中某个文件的内容，要先选择一个文件，比如莎士比亚的《麦克白》（shakespeare-macbeth.txt）。方便起见，将该文件名赋给一个变量。有针对单词的抽取模式，即创建一个以单词为元素的列表。对于该任务，可用 words()函数。

```
macbeth = nltk.corpus.gutenberg.words ('shakespeare-macbeth.txt')
```

若想查看文本（以单词计）长度，可用 len()函数。

```
len (macbeth)
23140
```

可知本章示例所用文本包含 23 140 个单词。

前面创建的变量 macbeth 是一个长列表，包含文本的单词。若想查看文本的前 10 个单词，可使用如下命令：

```
macbeth [:10]
['[',
 'The',
 'Tragedie',
 'of',
 'Macbeth',
 'by',
 'William',
 'Shakespeare',
 '1603',
 ']']
```

如上所示，前 10 个单词不仅包含作品名称，还包含标示句子开始的方括号。若用 sents()函数的句子抽取模式，将得到一个更具结构性的列表，它是以句子为元素的，这些句子元素又是以单词为元素的。

```
macbeth_sents = nltk.corpus.gutenberg.sents ('shakespeare-macbeth.txt')
macbeth_sents [: 5]
[['[',
  'The',
  'Tragedie',
  'of',
  'Macbeth',
  'by',
  'William',
  'Shakespeare',
  '1603',
  ']'],
 ['Actus', 'Primus', '.'],
 ['Scoena', 'Prima', '.'],
 ['Thunder', 'and', 'Lightning', '.'],
 ['Enter', 'three', 'Witches', '.']]
```

13.1.3　在 NLTK 语料库检索单词

NLTK 语料库（即从一个文本文件抽取的单词列表）的最基本操作是检索单词。这里检索的概念跟惯用的略有区别。

concordance()函数以单词为参数，在语料库内检索该单词的所在。

首次运行该命令，系统几秒之后才能返回结果。之后检索，速度将变快。实际上，首次在语料库上运行该命令，它会创建内容索引以执行检索。一旦索引建成，后续再调用该函数将使用已有索引。这就是第一次调用该函数，系统反应较慢的原因。

首先，确保语料库是 nltk.Text 对象，然后在其内部检索单词 "Stage"。

```
text = nltk.Text(macbeth)
text.concordance('Stage')
Displaying 3 of 3 matches:
nts with Dishes and Seruice ouer the Stage . Then enter Macbeth Macb . If
it we
```

```
with mans Act , Threatens his bloody Stage : byth ' Clock ' tis Day , And
yet d
 struts and frets his houre vpon the Stage , And then is heard no more . It
is
```

可知《麦克白》这部戏剧的语料中该单词出现了 3 次。

在 NLTK 语料中检索单词的另一种方式是检索其语境，即检索某词前后的单词。检索语境可用 common_contexts() 函数。

```
text.common_contexts(['Stage'])
the_ bloody_: the_,
```

查看之前的检索结果，就会发现上面语境检索的结果正是检索词前后的单词。

一旦明白 NLTK 理解单词的概念及其语境的机制，同义词的概念就容易理解了，即语境相同的所有单词可能是同义词。要检索跟检索词语境相同的单词，可用 similar() 函数。

```
text.similar('Stage')
fogge ayre bleeding reuolt good shew heeles skie other sea feare
consequence heart braine seruice herbenger lady round deed doore
```

不熟悉文本处理和分析的读者，也许会觉得这些检索方法难懂，但很快就会发现它们非常适用于分析单词及释义与所在文本的关系。

13.1.4 分析词频

最简单且最基础的文本分析示例是计算单词在文本中的频次。nltk.FreqDist() 函数已经整合了该通用操作，其参数是以单词为元素的列表。

输入以下命令即可统计文本中所有单词的分布。

```
fd = nltk.FreqDist(macbeth)
```

用 most_common() 函数查看文本的前 10 个高频词。

```
fd.most_common(10)
[(',', 1962),
 ('.', 1235),
 ("'", 637),
 ('the', 531),
 (':', 477),
 ('and', 376),
 ('I', 333),
 ('of', 315),
 ('to', 311),
 ('?', 241)]
```

从上述结果可知，该文本最常见的元素是标点、介词和冠词，英语等很多语言都是这样。由于这些元素对文本分析的意义不大，所以通常要将其删除。这些元素称为**停止词**。

停止词指在文本分析中无甚意义、必须过滤掉的单词。一个单词是否为停止词（需被删除）并没有通用的判定规则。然而，可以使用 NLTK 库解决停止词判定问题，它提供了一份预先选定的停止词列表。可用 nltk.download() 命令下载停止词。

13

```
nltk.download('stopwords')
```

下载完成后，启用英语停止词，将其保存到 sw 变量。

```
sw = set(nltk.corpus.stopwords.words ('english'))
print(len(sw))
list(sw) [:10]
179

['through',
 'are',
 'than',
 'nor',
 'ain',
 "didn't",
 'didn',
 "shan't",
 'down',
 'our']
```

NLTK 收录了 179 个英语停止词。下面用这些停止词过滤 macbeth 变量。

```
macbeth_filtered = [w for w in macbeth if w.lower() not in sw]
fd = nltk.FreqDist (macbeth_filtered)
fd.most_common(10)
[(',', 1962),
 ('.', 1235),
 ("'", 637),
 (':', 477),
 ('?', 241),
 ('Macb', 137),
 ('haue', 117),
 ('-', 100),
 ('Enter', 80),
 ('thou', 63)]
```

再次返回前 10 个高频词，这次停止词已被删除，但结果仍不理想。实际上，单词中仍混有标点。可以修改前面的代码，在过滤器中插入标点符号列表来删除标点。导入 string 函数，调用其 punctuation 方法，获取英文标点列表。

```
import string
punctuation = set (string.punctuation)
macbeth_filtered2 = [w.lower () for w in macbeth if w.lower () not in sw
and w.lower () not in punctuation]
```

然后重新计算词频。

```
fd = nltk.FreqDist (macbeth_filtered2)
fd.most_common(10)
[('macb', 137),
 ('haue', 122),
 ('thou', 90),
 ('enter', 81),
 ('shall', 68),
 ('macbeth', 62),
```

```
('vpon', 62),
('thee', 61),
('macd', 58),
('vs', 57)]
```

结果令人满意。

13.1.5　从文本选择单词

文本处理和数据分析的另一种方式是根据单词的特征从文本中选择单词。例如基于词长抽取单词。

要抽取所有长单词，比如字符超过 12 的单词，命令如下：

```
long_words = [w for w in macbeth if len(w)> 12]
```

字符超过 12 的所有单词都存放在变量 long_words 中。用 sort()函数按英文字母顺序对单词排序。

```
sorted(long_words)
['Assassination',
 'Chamberlaines',
 'Distinguishes',
 'Gallowgrosses',
 'Metaphysicall',
 'Northumberland',
 'Voluptuousnesse',
 'commendations',
 'multitudinous',
 'supernaturall',
 'vnaccompanied']
```

如上所示，共有 11 个单词符合该标准。

另一个示例是查找包含特定字符序列（比如"ious"）的所有单词。只需调整上述代码 for in 循环中的条件，就能任意选择单词。

```
ious_words = [w for w in macbeth if 'ious' in w]
ious_words = set(ious_words)
sorted(ious_words)
['Auaricious',
 'Gracious',
 'Industrious',
 'Iudicious',
 'Luxurious',
 'Malicious',
 'Obliuious',
 'Pious',
 'Rebellious',
 'compunctious',
 'furious',
 'gracious',
 'pernicious',
```

13

```
 'pernitious',
 'pious',
 'precious',
 'rebellious',
 'sacrilegious',
 'serious',
 'spacious',
 'tedious']
```

该示例用 set() 函数将列表转换为集合，因此集合中的单词没有出现重复的。

这两个示例只是略微展示了 NLTK 库的能力，尤其在过滤单词方面。

13.1.6　二元组和搭配

文本分析的另一基本元素是单词对（二元组）而不是单个词。例如单词 "is" 和 "yellow" 就是一个二元组，因为它们的组合是有意义的，从文本数据中能找到 "is yellow"。某些二元组在文本中非常常见，几乎总是搭配使用。例如 "fast food"（快餐）、"pay attention"（注意）和 "good morning"（早安）都是常用的二元组。这样经常一起出现的二元组称作**搭配**（collocation）。

文本分析也涉及研究文本检索二元组这类任务。可用 bigrams() 函数检索二元组。为了将停止词和标点排除在二元组之外，必须用前面过滤得到的单词列表，比如 macbeth_filtered2。

```
bgrms = nltk.FreqDist(nltk.bigrams(macbeth_filtered2))
bgrms.most_common(15)
[(('enter', 'macbeth'), 16),
 (('exeunt', 'scena'), 15),
 (('thane', 'cawdor'), 13),
 (('knock', 'knock'), 10),
 (('st', 'thou'), 9),
 (('thou', 'art'), 9),
 (('lord', 'macb'), 9),
 (('haue', 'done'), 8),
 (('macb', 'haue'), 8),
 (('good', 'lord'), 8),
 (('let', 'vs'), 7),
 (('enter', 'lady'), 7),
 (('wee', 'l'), 7),
 (('would', 'st'), 6),
 (('macbeth', 'macb'), 6)]
```

根据文本中最常见的二元组，就可以定位文本了。

除了二元组，还可以根据三元组来定位。三元组是三个单词的组合，可用 trigrams() 来抽取。

```
tgrms = nltk.FreqDist(nltk.trigrams (macbeth_filtered2))
tgrms.most_common(10)
[(('knock', 'knock', 'knock'), 6),
 (('enter', 'macbeth', 'macb'), 5),
 (('enter', 'three', 'witches'), 4),
 (('exeunt', 'scena', 'secunda'), 4),
 (('good', 'lord', 'macb'), 4),
 (('three', 'witches', '1'), 3),
```

```
(('exeunt', 'scena', 'tertia'), 3),
(('thunder', 'enter', 'three'), 3),
(('exeunt', 'scena', 'quarta'), 3),
(('scena', 'prima', 'enter'), 3)]
```

13.2　网络文本数据的应用

至此，示例所用数据都是 NLTK 库内置的文本，例如古腾堡。但在实际工作中，经常需要从网上抽取文本，汇总成语料库，再用 NLTK 进行分析。

该操作其实很简单。首先导入一个库，联网获取网页内容。urllib 库非常适合此类任务，它支持从网上下载 HTML 文档等多种文本。

首先导入 request()函数，它是 urllib 库中专门执行上述操作的函数。

```
from urllib import request
```

然后指定目标文本所在页面的 URL 地址。还是以古腾堡项目为例，下面从陀思妥耶夫斯基所著的一本书中抽取内容。古腾堡项目网站提供了该书的不同格式的版本，这里选择纯文本格式（.txt）。

```
url = "http://www.gutenberg.org/files/2554/2554-0.txt"
response = request.urlopen(url)
raw = response.read().decode('utf8')
```

变量 raw 保存了从网上下载的图书文件的全部文本内容。务必检查已下载的内容。查看下载内容的部分字符即可，比如前 75 个。

```
raw[:75]
'\ufeffThe Project Gutenberg EBook of Crime and Punishment, by Fyodor
Dostoevsky\r'
```

如上所示，这些字符对应文本的标题，而文本的首个单词还有错误。实际上，"\ufeff"是 Unicode 字节序标记（BOM）。这是使用 utf8 解码系统造成的。大多数情况下，该系统是有效的，但这里不适用。对于该示例，最合适的解码系统是 utf-8-sig。下面将上述代码中错误的编码替换为正确的。

```
raw = response.read().decode('utf8-sig')
raw[:75]
'The Project Gutenberg EBook of Crime and Punishment, by Fyodor Dostoevsky\
r\n'
```

为了操作该文本，需要将其转换为 NLTK 兼容的语料库形式。输入以下命令完成转换。

```
tokens = nltk.word_tokenize (raw)
webtext = nltk.Text (tokens)
```

上述命令用 nltk.word_tokenize()函数将文本切分成了符号串（即单词），然后用 nltk.Text()函数将符号串转换成了 NLTK 支持的文本形式。

输入以下命令来查看标题。

13

```
webtext[:12]
['The',
 'Project',
 'Gutenberg',
 'EBook',
 'of',
 'Crime',
 'and',
 'Punishment',
 ',',
 'by',
 'Fyodor',
 'Dostoevsky']
```

这样得到的语料库就可以用于 NLTK 分析了。

13.2.1 从 HTML 文档抽取文本

上个示例用从网上下载的文本创建了一个 NLTK 语料库。由于网上多数文档是 HTML 格式的，因此下面介绍如何从 HTML 文档中抽取文本。

还是用 urllib 库的 request() 函数下载一个 HTML 文档。

```
url = "http://news.bbc.co.uk/2/hi/health/2284783.stm"
html = request.urlopen(url).read().decode('utf8')
html[:120]
'<!doctype html public "-//W3C//DTD HTML 4.0 Transitional//EN"
"http://www.w3.org/TR/REC-html40/loose.dtd">\r\n<html>\r\n<hea'
```

将文本转换为 NLTK 语料库还需要另一个库 bs4（BeautifulSoup），它提供的解析器能识别 HTML 标签并抽取其中包裹的文本。

```
from bs4 import BeautifulSoup
raw = BeautifulSoup(html, "lxml").get_text()
tokens = nltk.word_tokenize(raw)
text = nltk.Text(tokens)
```

这样就得到了一个语料库。在实际工作中，常常需要执行更复杂的清洗操作，以删除无关的单词。

13.2.2 情感分析

情感分析（sentimental analysis）是近几年兴起的一个新研究领域，研究方向是评估人们对特定话题的意见。该学科以多种技术为基础，用文本分析技术挖掘社交媒体和论坛上对于特定话题的意见（**意见挖掘**，opinion mining）。

基于用户发表的评论或观点，情感分析算法可以根据特定关键词评估用户对某商品的看法，也称**意见**，它有三种取值：积极、中性或消极。因此，评估用户的意见相当于分类任务。

很多情感分析技术其实是分类算法，类似于前面介绍机器学习和深度学习时讲过的分类算法（见第 8 章和第 9 章）。

为了更好地讲解该方法，下面引用 NLTK 官网的朴素贝叶斯（Naïve Bayes）算法分类教程。该官网还提供了其他很多有用的示例，有助于你更好地理解该库。

该示例以 NLTK 的另一个语料库为训练集，该语料库（movie_reviews）非常适合这些分类问题。它包含无数影评，其中每条影评长度不一，并且都对应一个字段，表示影评是正面的还是负面的，因此该语料库适用于模型学习。

该教程旨在寻找正面或负面影评的高频词，以找寻与意见相关的关键词。下面用 NLTK 集成的 Naïve Bayes Classification（朴素贝叶斯分类器）完成该任务。

首先下载 movie_reviews 语料库。

```
nltk.download('movie_reviews')
```

然后用得到的语料库数据构建训练集，创建以数组为元素的列表并将其保存到变量 documents 中。数组的第 1 个字段为单条影评的文本，第 2 个字段为影评的极性：正面或负面。最后，打乱列表所有元素的顺序。

```
import random
reviews = nltk.corpus.movie_reviews
documents = [(list(reviews.words(fileid)), category)
                for category in reviews.categories()
             for fileid in reviews.fileids(category)]
random.shuffle(documents)
```

查看文档的详细内容以加深理解。第 1 个数组包含两个字段，第 1 个字段为这条影评的全部单词。

```
first_review = ' '.join(documents[0][0])
print(first_review)
topless women talk about their lives falls into that category that i
mentioned in the devil ' s advocate : movies that have a brilliant beginning
but don ' t know how to end . it begins by introducing us to a selection of
characters who all know each other . there is liz , who oversleeps and so is
running late for her appointment , prue who is getting married ,...
```

第 2 个字段为影评的极性。

```
documents[0][1]
'neg'
```

然而训练集尚未准备好。实际上，需要为该语料库的所有单词生成频次分布。用 list() 函数强制将该分布转换为列表。

```
all_words = nltk.FreqDist(w.lower() for w in reviews.words())
word_features = list(all_words)
```

下面定义一个函数来计算特征，例如足以决定影评方向的单词。

```
def document_features(document, word_features):
    document_words = set(document)
    features = {}
    for word in word_features:
        features ['{}'.format(word)] = (word in document_words)
    return features
```

13

定义了 document_features() 函数后，就可以从文档抽取特征了。

```
featuresets = [(document_features (d, c)) for (d, c) in documents]
```

本节的目的是创建整个影评语料库所有单词的集合，分析其是否出现在每条影评中，并计算它们对影评极性的影响。如果单词在负面评论中经常出现，在正面评论中很少出现，那么该词是**消极**词的概率就很高。反之，该词为**积极**词的概率很高。

为了确定如何将特征集切分为训练集和测试集，必须先查看其元素数量。

```
len (featuresets)
2000
```

然后用前 1500 个元素作为训练集，用剩余 500 个作为测试集，以评估模型的正确率。

```
train_set, test_set = featuresets[1500:], featuresets[: 500]
```

接着用 NLTK 库提供的朴素贝叶斯分类器进行分类并在测试集上计算模型的正确率。

```
classifier = nltk.NaiveBayesClassifier.train(train_set)
print (nltk.classify.accuracy(classifier, test_set))
0.85
```

模型的正确率低于前几章的示例，由于处理的是文本中的单词，因此相较于数值问题，更难于创建精确的模型。

完成上述分析后，查看哪些单词在影响影评的极性方面权重最高。

```
classifier.show_most_informative_features(10)
Most Informative Features
                 badly = True           neg : pos     =     11.1 : 1.0
                 julie = True           neg : pos     =      9.5 : 1.0
                finest = True           pos : neg     =      9.0 : 1.0
                forgot = True           neg : pos     =      8.8 : 1.0
                 naked = True           neg : pos     =      8.8 : 1.0
            refreshing = True           pos : neg     =      7.9 : 1.0
                stolen = True           pos : neg     =      7.3 : 1.0
               luckily = True           pos : neg     =      7.3 : 1.0
               directs = True           pos : neg     =      7.3 : 1.0
                  rain = True           neg : pos     =      7.3 : 1.0
```

观察上述结果，就会发现单词“badly”（糟糕）为消极词，而“finest”（出色）为积极词，这在意料之中。

13.3　小结

本章初探了文本分析世界的奥妙。实际上，文本分析还有其他很多技术和例子值得探讨，但篇幅所限，没有一一涉及。本章介绍了数据分析的这一分支，展示了文本分析工具 NLTK 库的威力。

第 14 章

用 OpenCV 库实现图像分析和视觉计算

前面的数据分析基本以数值型数据和表格型数据为主，上一章研究了文本数据的处理和分析。本章将介绍数据分析的另一个方向——**图像分析**。

本章将介绍计算机视觉和面部识别等主题，以及深度学习技术是如何支持这类分析的。本章还将介绍 OpenCV 库，它是图像分析的基础工具。

14.1 图像分析和计算视觉

前面讲过，数据分析旨在抽取新信息，研究系统从中找出新概念和特征。前几章分析数值和文本数据意在如此，而分析图像亦然。

数据分析的这一分支称为**图像分析**，它基于图像的计算技术（图像滤波器），稍后会介绍这些技术。

近年来，尤其由于深度学习的发展，图像分析在解决很多难题方面取得了巨大进展，过去无法解决的问题现在变得可能，**计算机视觉**这个新学科随之崛起。

第 9 章介绍了人工智能的相关知识，它是计算科学一个分支，旨在解决纯粹"与人类智能相关"的问题。计算机视觉属于该分支，旨在重现人脑感知图像的方式。

实际上，这里所说的"看见"不只是捕获两维图像，而首先要能解释图像区域的内容。捕获的图像被分解和解释为不同层级的表示，这些表示愈发抽象（轮廓、图形、物体和单词），成为人脑能理解的形式。

计算机视觉尝试以相同的方式处理二维图像，从中抽取相同层级的表示。计算机视觉所采用的操作可分为以下几类。

- ❏ **检测**：检测图像中的形状、物体或其他研究对象（比如找出汽车）
- ❏ **识别**：识别对象并将其归到更一般的类别（比如按品牌和类型把汽车分类）
- ❏ **鉴别**：识别上述某类别的一个示例（比如找出某辆汽车）

14.2　OpenCV 和 Python

OpenCV 是用 C++ 编写的计算机视觉和图像分析库。该库很强大，它是由 Gary Bradsky 设计的一个 Intel 项目，第 1 版于 2000 年发布。后来，它以开源软件的形式发布，从此逐渐传播开来，版本也升到了 3.3（2017 年）。目前，OpenCV 支持多种计算机视觉和机器学习算法，并且在不断扩展。

OpenCV 非常实用，其应用广泛部分要归功于对手 MATLAB。从事图像分析实际上只有两种方法：购买 MATLAB 包或安装、编译开源的 OpenCV。显然很多人选择会第 2 种方法。

14.3　OpenCV 和深度学习

计算机视觉和深度学习关系密切。2017 年在深度学习发展史上具有重要意义。整体而言，OpenCV 3.3 版本提升显著，增加了深度学习和神经网络方面的很多新特性。实际上，该库的 dnn（深度神经网络）模块专注于深度学习方向，是为配合多种深度学习框架而开发的，这些框架包括 Caffe2、TensorFlow 和 PyTorch（更多信息请见第 9 章）。

14.4　安装 OpenCV

在不同的操作系统（Windows、iOS 和 Android)）安装 OpenCV 包，具体方法请参考官方网站介绍。

建议使用 Python 的 Anaconda 发行版，用 conda 安装 OpenCV 非常简便。

```
conda install opencv
```

对于 Linux 系统，情况稍复杂，OpenCV 无官方 PyPI 包（无法用 pip 安装）。因此必须手动安装，且安装方法因发行版和 OpenCV 版本而异，可参考网上的安装步骤。对于 Ubuntu 16 系统用户，推荐使用这种安装方法（见 https://github.com/BVLC/caffe/wiki/OpenCV-3.3-Installation-Guide-onUbuntu-16.04 ）。

14.5　图像处理和分析的第 1 类方法

下面介绍 OpenCV 库。首先介绍如何加载和查看图像，然后介绍简单的图像操作方法，合并（add）和移除（subtract），随后给出一个图像混合的示例。所有这些操作都非常有用，是其他图像分析操作的基础。

14.5.1　开始之前

安装 OpenCV 后，在 Jupyter QtConsole 或 Jupyter Notebook 中打开 IPython 会话。

开始编写代码之前，先导入 OpenCV 库。

```
import numpy as np
import cv2
```

14.5.2 加载和显示图像

由于 OpenCV 处理的是图像，因此先介绍如何在 Python 程序中加载和操作图像，以及查看图像的处理结果。

首先用 OpenCV 库的 imread()方法读取图像文件。该方法读取 JPG 等压缩文件，将其转换为由数值矩阵组成的数据结构，数值矩阵对应色阶和位置。

说明 该示例的图像和文件请见本书配套代码。

```
img = cv2.imread('italy2018.jpg')
```

如果对图像细节感兴趣，可直接查看图像内容。图像内容用数组表示，每个数组元素对应图像的特定位置，在 0 到 255 之间取值。

查看图像第 1 个元素的内容，如下所示：

```
img[0]
array([[38, 43, 11],
       [37, 42, 10],
       [36, 41,  9],
       ...,
       [24, 37, 15],
       [22, 36, 12],
       [23, 36, 12]], dtype=uint8)
```

继续编写代码，用 imshow()方法为加载到变量 img 的图像创建一个窗口。该方法接收两个参数——窗口名和图像变量。一旦创建了窗口，就可以用 waitKey()方法了。

```
cv2.imshow('Image', img)
cv2.waitKey(0)
```

执行以上命令，打开一个新窗口并显示图像，如图 14-1 所示。

图 14-1 意大利国足训练照

waitKey()方法用于显示窗口，可以控制继续执行下条命令前程序的等待时间。该示例用 0 作为参数，表示按下键盘任意键之前，程序一直处于等待状态。

如果想让窗口只打开一段时间，需要指定毫秒数作为参数。替换程序中的参数，比如 2000（两秒），然后运行程序。

说明 对于不同系统，该行为可能相差较大，IPython 内核有时会出错。遇到此类情况，请使用 waitKey(0)。

```
cv2.imshow('Image', img)
cv2.waitKey(2000)
```

图像及其窗口（见图 14-1）显示两秒后消失。

然而，对于更复杂的情况，最好能直接控制窗口的关闭，而不用设置等待时间。可用 destroyWindow()方法指定窗口名参数，直接关闭窗口。该示例的窗口名为 Image。

```
cv2.imshow('Image', img)
cv2.waitKey(2000)
cv2.destroyWindow('Image')
```

可用 destroyAllWindows()方法同时关闭多个窗口。

14.5.3 图像处理

前面介绍了如何查看文件系统的现有图像，下面对图像执行某种操作，并将处理结果保存为一张新图。

接上个示例，还是使用相同代码，但要执行简单的图像操作，例如分解三个 RGB 通道。然后交换各通道形成一张新图。新图的颜色会发生改变。

加载图像，将其分解为三个 RGB 通道，用 split()方法即可实现。

```
b,r,g = cv2.split(img)
```

然后用 merge()方法重置三通道，改变颜色，例如红色通道和绿色通道互换。

```
img2 = cv2.merge((b,g,r))
```

新图保存在 img2 变量中。在新窗口显示图像和原图。

```
cv2.imshow('Image2', img2)
cv2.waitKey(0)
```

运行上述代码，打开新窗口，图像颜色已改变（见图 14-2）。

图 14-2　图像处理过后，颜色发生变化

14.5.4　保存新图

最后，将新图保存到文件系统。

在程序末尾添加 imwrite() 方法，输入要保存的新图名，新图的格式可有别于原图，比如 PNG。

```
cv2.imwrite('italy2018altered.png', img2)
```

执行上述命令，工作区会增加新文件 italy2018altered.png。

14.5.5　图像的基本操作

最基本的图像操作是合并两张图像。用 OpenCV 库的 cv2.add() 函数易于实现，结果为两张图像的结合。

两张图像的维度相同才能合并。该示例的两张图都是 512 像素 × 331 像素。

首先加载第 2 张图像，其维度跟第 1 张相同。本例用的是 soccer.jpg（在源代码文件中）。

```
img2 = cv2.imread('soccer.jpg')
cv2.imshow('Image2', img2)
cv2.waitKey(0)
```

执行上述代码，加载图 14-3 所示的图像。

14

图 14-3   维度相同的一张新图（512 像素 × 331 像素）

然后用 add() 函数将两张图合为一张。

```
img = cv2.add(img,img2)
cv2.imshow('Sum',img)
```

执行上述代码，合并两张图（见图 14-4）。然而效果不佳。

图 14-4   两张图合成的新图

结果不甚理想。新图中白色泛溢实际上是两张图像每个像素的三个 RGB 分量直接相加的结果。

三个 RGB 分量都在 0 到 255 之间取值。如果两张图给定像素的各分量相加后大于 255（很有可能），则结果仍取 255。因此，图像的简单合并不是将图像融合，而会色彩泛白。

稍后将介绍如何从两张图像取一半色彩（不是算术相加）合成一张新图。

同理，还可以移除图像，可用 cv2.subtract() 函数实现，其效果是图像变黑。用以下代码替换掉上述代码中的 cv2.add()。

```
img3 = cv2.subtract(img, img2)
cv2.imshow('Sub1',img3)
cv2.waitKey(0)
```

运行上述代码，将得到一张更黑的图像（相较而言），如图 14-5 所示。

图 14-5　从一张图像移除图像后所得图像

请注意，如果更改两张图的顺序，效果可能更差。

```
img3 = cv2.subtract(img2, img)
cv2.imshow('Sub1',img3)
cv2.waitKey(0)
```

会得到一张黑乎乎的图像，如图 14-6 所示。

图 14-6　移除图像后所得图像

可见操作图像的顺序对结果有很大影响。

具体而言，用 OpenCV 库创建的图像对象是以列表为元素的数组，严格遵循 NumPy 的规范。

14

因此，可使用 NumPy 提供的矩阵运算，比如矩阵加法。但要注意，其结果与 OpenCV 的加减法函数不同。

```
img = img1 + img2
```

不管实际运算结果如何，cv2.add()函数和 cv2.subtract()函数保证结果在 0 到 255 之间。如果和超过 255，对结果的不同解释会产生奇怪的颜色效果（例如减 255 取余数）。减法运算产生负值，效果也很奇怪。当然结果也可能为 0。算术运算没有该特性。

不妨试试看。

```
img3 = img + img2
cv2.imshow('numpy',img3)
cv2.waitKey(0)
```

执行上述代码，将得到一幅颜色对比强烈（点大于 255）的图像，如图 14-7 所示。

图 14-7　将两张图作为 NumPy 矩阵相加所得图像

14.5.6　图像混合

上述示例通过合并或移除图像生成的图像，其颜色并非介于两者之间，而是趋于白色或黑色。

正确的操作方法称作**混合**（blending），即将一张图叠加到另一张图上，将上方的那张图透明化。逐渐调整透明度，得到两张图像的混合，其色彩介于两者之间。

混合操作并非简单相加，可表述为如下公式。

```
img = α · img1 + (1 - α) · img2        with 0 ≥ α ≥ 1
```

上述公式，两张图像各有一个系数在 0 到 1 之间取值。随着参数 α 的增大，可以得到从第 1 张图像到第 2 张图像的平滑过渡。

OpenCV 库的 cv2.addWeighted()函数封装了该混合操作。

因此用两张原图混合成一张介于两者之间的图像的代码如下。

```
img3 = cv2.addWeighted(img, 0.3, img2, 0.7, 0)
cv2.imshow('numpy',img3)
cv2.waitKey(0)
```

结果如图 14-8 所示。

图 14-8　混合图像后所得图像

14.6　图像分析

上节示例旨在说明图像其实是 NumPy 数组，可以将其当作数值型矩阵处理。因此可以实现很多函数，处理矩阵中的数字，生成新图。所得新图包含新信息。

这就是**图像分析**背后的概念。将初始图像（矩阵）变为结果图像（矩阵）的数学运算称为"图像滤波器"（见图 14-9）。使用图像编辑应用（比如 Photoshop）有助于理解该过程。滤波器可应用于照片。这些滤波器其实是修改初始图像矩阵中数值的算法（一系列数学运算）。

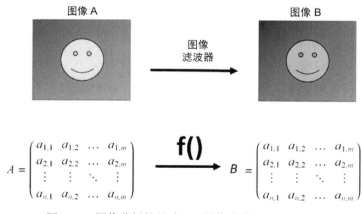

图 14-9　图像分析的基础——图像滤波器的一种表示

14

14.7 边缘检测和图像梯度分析

前面介绍了图像分析的一些基本操作。下面讲解一个图像分析实例——**边缘检测**。

14.7.1 边缘检测

分析图像，尤其是计算机视觉，一项基本操作是理解图像内容，比如图像中的物体和人。首先要理解图像中的大概形状。然而理解图像中的几何形状需要识别将物体与背景或其他物体区别开来的轮廓。该任务正是边缘检测。

边缘检测已有很多算法和技术，它们采用不同的规则来确定物体的轮廓。其中很多技术基于颜色梯度规则，采用图像梯度分析手段。

14.7.2 图像梯度理论

针对图像的各种操作中，有一种叫作图像**卷积**（convolution），即用特定滤波器编辑图像，以获取信息或其他有用特征。前面讲过，图像可表示为一个大数值矩阵，其中每个像素的颜色用矩阵中的数值量表示，在 0 到 255 之间取值。卷积操作通过数学运算（**图像滤波器**）处理所有数值，生成新数值，得到大小相同的新矩阵。

卷积操作所用的一种运算是**求导**。简言之，求导可得到表示一个值变化速度的数值（例如在空间或时间中）。

求导对图像分析有什么重要作用呢？可以用它处理颜色的变化——**梯度**（gradient）。

导数能用来计算颜色的梯度，因而可用于计算图像边缘。实际上，人眼通过一种颜色到另一颜色的跳跃来区分图像中物体的轮廓。此外，借助从浅到深的各种阴影，人眼可感知深度。

综上，度量图像中颜色的梯度对于检测图像边缘至关重要。对图像执行简单的运算（滤波器）就能完成梯度计算。

为了便于理解，下面从数学角度进行解释，见图 14-10。

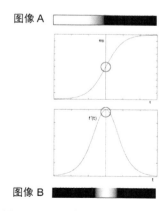

图 14-10 图像梯度理论的表示

从图 14-10 可见，边缘是一种颜色到另一种的快速过渡。简言之，0 为黑色，1 为白色。所有灰度便是 0 到 1 之间的浮点数。

将所有颜色值转化为梯度值会得到 f'() 的图像。从 0 到 1 的突然过渡表明该位置是边缘。

函数 f() 的导数为 f'()。如图所示，颜色的最大变化对应的值接近 1。因此，转换颜色后，所得图像中的白色表示边缘。

14.7.3　用梯度分析检测图像边缘示例

下面介绍该技术的实际应用，所用的两张图像是为测试轮廓分析而生成的，因此带有一些重要特征。

第 1 张图（见图 14-11）为黑白图像，含两个箭头，文件名为 blackandwhite.jpg。该图颜色对比强烈，箭头轮廓涵盖了各种可能的方向（水平、垂直和对角）。该测试图像用于评估针对黑白系统的边缘检测水平。

图 14-11　用黑白双色表示两张箭头的图像

第 2 幅图像 gradients.jpg 显示有不同的灰度，它们并排形成矩形，其边缘涵盖了所有可能的渐变和阴影组合（见图 14-12）。该测试图像用于评估系统的边缘检测能力。

图 14-12　一组并排的灰色梯度

下面编写边缘检测代码。用 matplotlib 在同一窗口展示不同图像。该测试使用 OpenCV 提供的两种图像滤波器：sobel 和 laplacian，这两个名字对应对矩阵（图像）执行的数学运算，分别

14

为 cv2.Sobel()函数和 cv2.Laplacian()函数。

首先，检测 blackandwhite.jpg 图像边缘并进行分析。

```
from matplotlib import pyplot as plt
%matplotlib inline
img = cv2.imread('blackandwhite.jpg',0)
laplacian = cv2.Laplacian(img, cv2.CV_64F)
sobelx = cv2.Sobel(img,cv2.CV_64F,1,0,ksize=5)
sobely = cv2.Sobel(img,cv2.CV_64F,0,1,ksize=5)

plt.subplot(2,2,1),plt.imshow(img,cmap = 'gray')
plt.title('Original'), plt.xticks([]), plt.yticks([])
plt.subplot(2,2,2),plt.imshow(laplacian,cmap = 'gray')
plt.title('Laplacian'), plt.xticks([]), plt.yticks([])
plt.subplot(2,2,3),plt.imshow(sobelx,cmap = 'gray')
plt.title('Sobel Y'), plt.xticks([]), plt.yticks([])
plt.subplot(2,2,4),plt.imshow(sobely,cmap = 'gray')
plt.title('Sobel Y'), plt.xticks([]), plt.yticks([])
plt.show()
```

运行上述代码，打开一个窗口，其中有 4 个框（见图 14-13）。第 1 个框为原黑白图像，其余 3 个为对原图应用滤波器后的效果。

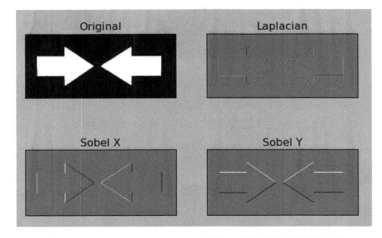

图 14-13　对 blackandwhite.jpg 图像应用边缘检测所得结果

Sobel 滤波器的边缘检测表现良好，即使将其限定于水平或垂直方向。这两种情况下，检测的对角线都清晰可见，因为它们都有水平组件和垂直组件，但 Sobel X 未检测到水平边缘，而 Sobel Y 未检测到垂直边缘。

将这两种滤波器组合成（计算两个导数）Laplacian 滤波器，对边缘进行全方位检测，然而检测结果有些失真。实际上，这些虚线对应的是较柔和的边缘。

灰色着色法对检测边缘和梯度非常有用。如果只检测边缘，应将图像文件的输出类型设置为 cv2.CV_8U。

因此可将上述代码滤波器函数中输出数据的类型由 cv2.CV_64F 改为 cv2.CV_8U。替换两个图像滤波器函数的参数，如下所示：

```
laplacian = cv2.Laplacian(img, cv2.CV_8U)
sobelx = cv2.Sobel(img,cv2.CV_8U,1,0,ksize=5)
sobely = cv2.Sobel(img,cv2.CV_8U,0,1,ksize=5)
```

运行上述代码，将得到类似的结果（见图 14-14），但这次得到的都是黑白图像，边缘表示为黑色背景上的白色。

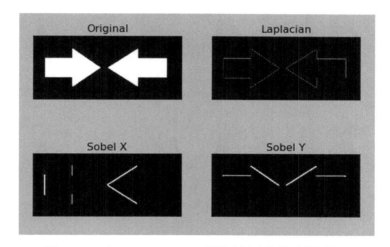

图 14-14　对 blackandwhite.jpg 图像应用边缘检测所得结果

仔细查看 Sobel X 和 Sobel Y 滤波器的结果，就会发现有些不对劲，一些边缘缺失了，请注意图 14-15 中的这个问题。

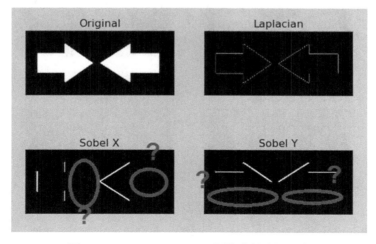

图 14-15　blackandwhite.jpg 图像中缺失的边缘

　　实际是数据转换过程存在问题。用 cv2.CV_64F 值表示的灰度，从黑色变为白色时，用正数（正斜率）表示。然而，从白色变为黑色时，用负数（负斜率）表示。当从 cv2.CV_64F 类型转换为 cv2.CV_8U 类型，所有负斜率都归为 0，这些边缘的相关信息就丢失了。当程序显示图像时，从白色变为黑色的边缘没有显示。

　　为了解决该问题，应先将滤波器的输出数据设置为 cv2.CV_64F 类型（而非 cv2.CV_8U 类型），然后计算绝对值，最后将其转换为 cv2.CV_8U 类型。

　　在代码中进行改动。

```
laplacian64 = cv2.Laplacian(img, cv2.CV_64F)
sobelx64 = cv2.Sobel(img,cv2.CV_64F,1,0,ksize=5)
sobely64 = cv2.Sobel(img,cv2.CV_64F,0,1,ksize=5)
laplacian = np.uint8(np.absolute(laplacian64))
sobelx = np.uint8(np.absolute(sobelx64))
sobely = np.uint8(np.absolute(sobely64))

plt.subplot(2,2,1),plt.imshow(img,cmap = 'gray')
plt.title('Original'), plt.xticks([]), plt.yticks([])
plt.subplot(2,2,2),plt.imshow(laplacian,cmap = 'gray')
plt.title('Laplacian'), plt.xticks([]), plt.yticks([])
plt.subplot(2,2,3),plt.imshow(sobelx,cmap = 'gray')
plt.title('Sobel Y'), plt.xticks([]), plt.yticks([])
plt.subplot(2,2,4),plt.imshow(sobely,cmap = 'gray')
plt.title('Sobel Y'), plt.xticks([]), plt.yticks([])
plt.show()
```

　　运行上述代码，将得到边缘的正确表示，在箭头的黑色边缘以白色显示（见图 14-16）。其中有些边缘没有出现在 Sobel X 和 Sobel Y 的结果中，因为它们平行于检测方向（水平和垂直）。

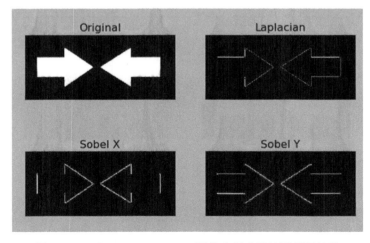

图 14-16　对 blackandwhite.jpg 图像应用边缘检测所得结果

　　除了检测边缘，Laplacian 和 Sobel 滤波器还能检测灰度。如前所示处理 gradient.jpg，调整上述代码，使其只显示一幅图（Laplacian 滤波器结果）。

```
from matplotlib import pyplot as plt
img = cv2.imread('gradients.jpg',0)
laplacian = cv2.Laplacian(img, cv2.CV_64F)
sobelx = cv2.Sobel(img,cv2.CV_64F,1,0,ksize=5)
sobely = cv2.Sobel(img,cv2.CV_64F,0,1,ksize=5)

laplacian64 = cv2.Laplacian(img, cv2.CV_64F)
sobelx64 = cv2.Sobel(img,cv2.CV_64F,1,0,ksize=5)
sobely64 = cv2.Sobel(img,cv2.CV_64F,0,1,ksize=5)
laplacian = np.uint8(np.absolute(laplacian64))
sobelx = np.uint8(np.absolute(sobelx64))
sobely = np.uint8(np.absolute(sobely64))

plt.imshow(laplacian,cmap = 'gray')
plt.title('Laplacian'), plt.xticks([]), plt.yticks([])
plt.show()
```

运行上述代码，将得到一张黑色背景、白色边框的图像（见图 14-17）。

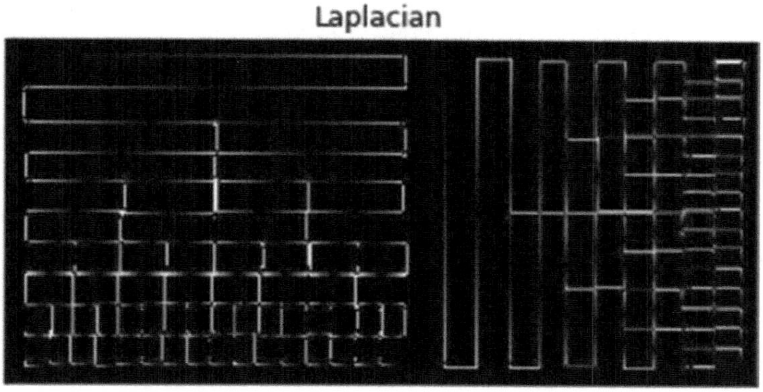

图 14-17 对 gradient.jpg 图像应用边缘检测所得结果

14.8 深度学习示例：面部识别

本章最后一节转向计算机视觉另一重要的研究和应用领域——面部识别。

面部识别的场景比边缘检测更复杂，其基本任务是识别图像中的人脸。鉴于该问题很复杂，因此面部识别多使用深度学习技术。实际上，该技术基于专门识别不同物体（包括照片中的人脸）的神经网络。物体识别技术的原理与之非常类似。因此，该示例有助于理解计算机视觉的核心——捕捉照片的主体。

该示例将用一个训练好的神经网络。实际上，训练神经网络来解决这种问题操作起来很复杂，需要大量时间和资源。

好在网上有一些训练好的、能执行这类操作的神经网络，本次试验所用模型是用 Caffe2 框架（详见第 9 章）开发的。

14

在 OpenCV 环境中使用基于 Caffe 模型的深度神经网络需要以下两种文件。

❏ 第 1 种是 prototxt 文件，它定义模型的架构（即模型的层）。稍后将使用从网上下载的 deploy.prototxt.txt 文件（https://github.com/opencv/opencv/blob/master/samples/dnn/face_detector/deploy.prototxt）。

❏ 第 2 种是 caffemodel 文件，包含了深度神经网络各层的权重。该文件非常重要，因为它包含神经网络执行给定任务所需的全部"已有知识"。该示例所用的 caffemodel 文件可从 https://github.com/opencv/opencv_3rdparty/tree/dnn_samples_face_detector_20170830 下载。

说明　本书配套代码也提供了这些文件。

准备好所需文件，开始加载神经网络模型和跟模型学习相关的所有信息。

OpenCV 库支持很多深度学习框架，它内置的很多功能有助于完成该任务。dnn 模块（本章开头讲过）尤擅于此。

可用 dnn.readNetFromCaffe()函数加载训练好的神经网络。

```
net = cv2.dnn.readNetFromCaffe('deploy.prototxt.txt', 'res10_300x300_ssd_
iter_140000.caffemodel')
```

可以用意大利国家队球员的照片 italy2018.jpg 作为测试图像。该图像很适合测试，因为包含了很多人脸。

```
image = cv2.imread('italy2018.jpg')
(h, w) = image.shape[:2]
```

另一个函数 dnn.blobFromImage()负责将图像预处理成神经网络兼容的形式。例如将图像大小调整为 300 像素 × 300 像素，使其可被 caffemodel 文件使用，caffemodel 是用该尺寸的图像训练的。

```
blob = cv2.dnn.blobFromImage(cv2.resize(image, (300, 300)), 1.0, (300, 300),
(104.0, 177.0, 123.0))
```

然后定义一个置信阈值，最佳值为 0.5。

```
confidence_threshold = 0.5
```

最后执行面部识别测试。

```
net.setInput(blob)
detections = net.forward()

for i in range(0, detections.shape[2]):
    confidence = detections[0, 0, i, 2]
    if confidence > confidence_threshold:
        box = detections[0, 0, i, 3:7] * np.array([w, h, w, h])
        (startX, startY, endX, endY) = box.astype("int")
        text = "{:.2f}%".format(confidence * 100)
        y = startY - 10 if startY - 10 > 10 else startY + 10
        cv2.rectangle(image, (startX, startY), (endX, endY),(0, 0, 255), 2)
        cv2.putText(image, text, (startX, y), cv2.FONT_HERSHEY_SIMPLEX,
```

```
0.45, (0, 0, 255), 2)
cv2.imshow("Output", image)
cv2.waitKey(0)
```

　　执行上述代码，打开一个窗口，展示面部识别的处理结果（见图 14-18）。结果令人难以置信，所有队员的面部都识别出来了。图像中的每张脸都被一个红框圈了起来，并标出百分比形式的置信度。置信度都大于试验开始用 confidence_threshold 变量设定的 50%。

图 14-18　意大利国家队球员的脸都被准确识别出来了

14.9　小结

　　本章给出了几个图像分析（尤其是计算机视觉）技术的简单示例，介绍了如何用滤波器处理图像，如何用边缘检测实现一些更复杂的技术，以及如何用深度学习技术训练的神经网络识别图像中的人脸（面部识别）。

　　希望本章内容有助于你继续探索深度学习。如有兴趣，可从我的网站 https://meccanismocomplesso.org 找到关于该主题的更多信息。

14

用 LaTeX 编写数学表达式

Python 世界大量使用 LaTeX。本附录给出了很多实用的例子，介绍在 Python 应用中如何使用 LaTeX 表达式。同样的内容也可以从 matplotlib 官网的相关页面http://matplotlib.org/users/mathtext.html找到。

A.1　matplotlib

若函数能接收 LaTeX 表达式，就可以直接以参数的形式将表达式传入。例如，绘制图表标题的 title()函数。

```
import matplotlib.pyplot as plt
%matplotlib inline
plt.title(r'$\alpha > \beta$')
```

A.2　IPython Notebook 文件 Markdown 格子

将 LaTeX 表达式置于两个$$符号之间。

```
$$c = \sqrt{a^2 + b^2}$$
```

$$c = \sqrt{a^2 + b^2}$$

A.3　IPython Notebook 文件 Python 2 格子

在 Math()函数中输入 LaTeX 表达式。

```
from IPython.display import display, Math, Latex
display(Math(r'F(k) = \int_{-\infty}^{\infty} f(x) e^{2\pi i k} dx'))
```

A.4　下标和上标

用_和^符号定义下标和上标格式。

```
r'$\alpha_i > \beta_i$'
```

$\alpha_i > \beta_i$

编写求和表达式时，上下标定义方法的威力立马显现出来。

`r'$\sum_{i=0}^\infty x_i$'`

$$\sum_{i=0}^\infty x_i$$

A.5 分数、二项式和数字堆叠

分数、二项式和数字堆叠可分别用\frac{}{}、\binom{}{}和\stackrel{}{}命令实现：

`r'$\frac{3}{4} \binom{3}{4} \stackrel{3}{4}$'`

$$\frac{3}{4} \binom{3}{4} \stackrel{3}{4}$$

分数可任意嵌套[①]：

$$\frac{5-\frac{1}{x}}{4}$$

分数外要加小括号和方括号时，需特别注意。括号前要分别加上\left 和\right，以告知解析器括号是将整个对象包裹在里面[②]：

$$\left(\frac{5-\frac{1}{x}}{4}\right)$$

A.6 根数

用\sqrt[]{}命令生成根数。

`r'$\sqrt{2}$'`

$$\sqrt{2}$$

A.7 字体

数学符号默认使用斜体。如要改变字体，比如三角函数 sin 的字体：

$$s(t) = A\sin(2wt)$$

---

① 下面的分数对应的 LaTeX 表达式为 `r'$\frac{5-\frac{1}{x}}{4} $'`。
② 下面的表达式对应的 LaTeX 表达式为 `r'$\left[\frac{5-\frac{1}{x}}{4} \right]$'`。

可用的字体有[1]:

```
from IPython.display import display, Math, Latex
display(Math(r'\mathrm{Roman}'))
display(Math(r'\mathit{Italic}'))
display(Math(r'\mathtt{Typewriter}'))
display(Math(r'\mathcal{CALLIGRAPHY}'))
```

Roman

Italic

`Typewriter`

$\mathcal{CALLIGRAPHY}$

A.8　强调符号

强调命令置于任何符号前, 可实现在符号上添加表示强调标识的效果, 其中有些标识有长短之分。

\acute a 或 \'a[2]	á
\bar a	ā
\breve a	ă
\ddot a 或 \"a	ä
\dot a 或 \.a	á
\grave a 或 \ ' a	à
\hat a 或 \^a	â
\tilde a 或 \~a	ã
\vec a	$\vec{a}$
\overline{abc}	$\overline{abc}$

符号
还可以使用大量 TeX 符号。

---

[1] 把三角函数表达式放入字体函数的公式中即可, 如 r'\mathtt{s(t)=Asin(2wt)}'。
[2] 在 Python 语句中使用 "\'a" 时, 要注意对斜线进行转义。

小写希腊字母

α \alpha	β \beta	χ \chi	δ \delta	F \digamma
ϵ \epsilon	η \eta	γ \gamma	ι \iota	κ \kappa
λ \lambda	μ \mu	ν \nu	ω \omega	ϕ \phi
π \pi	ψ \psi	ρ \rho	σ \sigma	τ \tau
θ \theta	υ \upsilon	ε \varepsilon	$\varkappa$ \varkappa	φ \varphi
ϖ \varpi	ϱ \varrho	ς \varsigma	ϑ \vartheta	ξ \xi
ζ \zeta				

大写希腊字母

Δ \Delta	Γ \Gamma	Λ \Lambda	Ω \Omega	Φ \Phi	Π \Pi
Ψ \Psi	Σ \Sigma	Θ \Theta	Υ \Upsilon	Ξ \Xi	$\mho$ \mho
∇ \nabla				

希伯来语字母

$\aleph$ \aleph	$\beth$ \beth	$\daleth$ \daleth	$\gimel$ \gimel

定界符

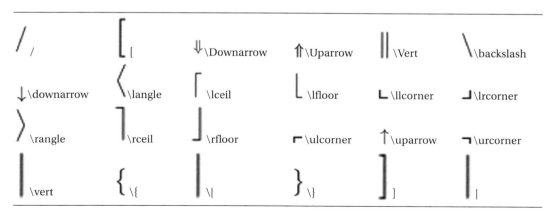

/ /	[[	$\Downarrow$ \Downarrow	$\Uparrow$ \Uparrow	$\Vert$ \Vert	\ \backslash
$\downarrow$ \downarrow	$\langle$ \langle	$\lceil$ \lceil	$\lfloor$ \lfloor	$\llcorner$ \llcorner	$\lrcorner$ \lrcorner
$\rangle$ \rangle	$\rceil$ \rceil	$\rfloor$ \rfloor	$\ulcorner$ \ulcorner	$\uparrow$ \uparrow	$\urcorner$ \urcorner
$\vert$ \vert	{ \{	| |	} \}	]]	| |

大符号

$\bigcap$ \bigcap	$\bigcup$ \bigcup	$\bigodot$ \bigodot	$\bigoplus$ \bigoplus	$\bigotimes$ \bigotimes
$\biguplus$ \biguplus	$\bigvee$ \bigvee	$\bigwedge$ \bigwedge	$\coprod$ \coprod	$\int$ \int
$\oint$ \oint	$\prod$ \prod	$\sum$ \sum		

标准函数名

$\Pr$ \Pr	$\arccos$ \arccos	$\arcsin$ \arcsin	$\arctan$ \arctan
$\arg$ \arg	$\cos$ \cos	$\cosh$ \cosh	$\cot$ \cot
$\coth$ \coth	$\csc$ \csc	$\deg$ \deg	$\det$ \det
$\dim$ \dim	$\exp$ \exp	$\gcd$ \gcd	$\hom$ \hom
$\inf$ \inf	$\ker$ \ker	$\lg$ \lg	$\lim$ \lim
$\liminf$ \liminf	$\limsup$ \limsup	$\ln$ \ln	$\log$ \log
$\max$ \max	$\min$ \min	$\sec$ \sec	$\sin$ \sin
$\sinh$ \sinh	$\sup$ \sup	$\tan$ \tan	$\tanh$ \tanh

二元运算和关系符号

$\Bumpeq$ \Bumpeq	$\Cap$ \Cap	$\Cup$ \Cup
$\Doteq$ \Doteq	$\Join$ \Join	$\Subset$ \Subset
$\Supset$ \Supset	$\Vdash$ \Vdash	$\Vvdash$ \Vvdash
$\approx$ \approx	$\approxeq$ \approxeq	$\ast$ \ast
$\asymp$ \asymp	$\backepsilon$ \backepsilon	$\backsim$ \backsim
$\backsimeq$ \backsimeq	$\barwedge$ \barwedge	$\because$ \because
$\between$ \between	$\bigcirc$ \bigcirc	$\bigtriangledown$ \bigtriangledown

（续）

△ \bigtriangleup	◀ \blacktriangleleft	▶ \blacktriangleright
⊥ \bot	⋈ \bowtie	⊡ \boxdot
⊟ \boxminus	⊞ \boxplus	⊠ \boxtimes
● \bullet	≏ \bumpeq	∩ \cap
⋅ \cdot	○ \circ	≗ \circeq
≔ \coloneq	≅ \cong	∪ \cup
⋞ \curlyeqprec	⋟ \curlyeqsucc	⋎ \curlyvee
⋏ \curlywedge	† \dag	⊣ \dashv
‡ \ddag	◇ \diamond	÷ \div
⋇ \divideontimes	$\dot{eq}$ \doteq	$\dot{eqdot}$ \doteqdot
$\dot{plus}$ \dotplus	$\overline{\wedge}$ \doublebarwedge	⊟ \eqcirc
=: \eqcolon	≂ \eqsim	⪖ \eqslantgtr
⪕ \eqslantless	≡ \equiv	≒ \fallingdotseq
⌢ \frown	≥ \geq	≧ \geqq
⩾ \geqslant	≫ \gg	⋙ \ggg
⪊ \gnapprox	⪈ \gneqq	⋧ \gnsim
⪆ \gtrapprox	⋗ \gtrdot	⋛ \gtreqless
⪌ \gtreqqless	≷ \gtrless	≳ \gtrsim
∈ \in	⊺ \intercal	⋋ \leftthreetimes
≤ \leq	≦ \leqq	⩽ \leqslant
⪅ \lessapprox	⋖ \lessdot	⪋ \lesseqgtr
⪙ \lesseqqgtr	≶ \lessgtr	≲ \lesssim
≪ \ll	⋘ \lll	⪉ \lnapprox
⪇ \lneqq	⋦ \lnsim	⋉ \ltimes

（续）

$\mid$ \mid	$\models$ \models	$\mp$ \mp
$\nVDash$ \nVDash	$\nVdash$ \nVdash	$\napprox$ \napprox
$\ncong$ \ncong	$\ne$ \ne	$\neq$ \neq
$\neq$ \neq	$\nequiv$ \nequiv	$\ngeq$ \ngeq
$\ngtr$ \ngtr	$\ni$ \ni	$\nleq$ \nleq
$\nless$ \nless	$\nmid$ \nmid	$\notin$ \notin
$\nparallel$ \nparallel	$\nprec$ \nprec	$\nsim$ \nsim
$\nsubset$ \nsubset	$\nsubseteq$ \nsubseteq	$\nsucc$ \nsucc
$\nsupset$ \nsupset	$\nsupseteq$ \nsupseteq	$\ntriangleleft$ \ntriangleleft
$\ntrianglelefteq$ \ntrianglelefteq	$\ntriangleright$ \ntriangleright	$\ntrianglerighteq$ \ntrianglerighteq
$\nvDash$ \nvDash	$\nvdash$ \nvdash	$\odot$ \odot
$\ominus$ \ominus	$\oplus$ \oplus	$\oslash$ \oslash
$\otimes$ \otimes	$\parallel$ \parallel	$\perp$ \perp
$\pitchfork$ \pitchfork	$\pm$ \pm	$\prec$ \prec
$\precapprox$ \precapprox	$\preccurlyeq$ \preccurlyeq	$\preceq$ \preceq
$\precnapprox$ \precnapprox	$\precnsim$ \precnsim	$\precsim$ \precsim
$\propto$ \propto	$\rightthreetimes$ \rightthreetimes	$\risingdotseq$ \risingdotseq
$\rtimes$ \rtimes	$\sim$ \sim	$\simeq$ \simeq
$\slash$ \slash	$\smile$ \smile	$\sqcap$ \sqcap
$\sqcup$ \sqcup	$\sqsubset$ \sqsubset	$\sqsubset$ \sqsubset
$\sqsubseteq$ \sqsubseteq	$\sqsupset$ \sqsupset	$\sqsupset$ \sqsupset
$\sqsupseteq$ \sqsupseteq	$\star$ \star	$\subset$ \subset
$\subseteq$ \subseteq	$\subseteqq$ \subseteqq	$\subsetneq$ \subsetneq
$\subsetneqq$ \subsetneqq	$\succ$ \succ	$\succapprox$ \succapprox
$\succcurlyeq$ \succcurlyeq	$\succeq$ \succeq	$\succnapprox$ \succnapprox
$\succnsim$ \succnsim	$\succsim$ \succsim	$\supset$ \supset

（续）

⊇ \supseteq	⊇̲ \supseteqq	⊋ \supsetneq
⊋̲ \supsetneqq	∴ \therefore	× \times
⊤ \top	◁ \triangleleft	⊴ \trianglelefteq
≜ \triangleq	▷ \triangleright	⊵ \trianglerighteq
⊎ \uplus	⊨ \vDash	∝ \varpropto
◁ \vartriangleleft	▷ \vartriangleright	⊢ \vdash
∨ \vee	⊻ \veebar	∧ \wedge
≀ \wr		

箭头符号

⇓ \Downarrow	⇐ \Leftarrow
⇔ \Leftrightarrow	⇚ \Lleftarrow
⟸ \Longleftarrow	⟺ \Longleftrightarrow
⟹ \Longrightarrow	↰ \Lsh
⇗ \Nearrow	⇖ \Nwarrow
⇒ \Rightarrow	⇛ \Rrightarrow
↱ \Rsh	⇘ \Searrow
⇙ \Swarrow	⇑ \Uparrow
⇕ \Updownarrow	↺ \circlearrowleft
↻ \circlearrowright	↶ \curvearrowleft
↷ \curvearrowright	⤎ \dashleftarrow
⤏ \dashrightarrow	↓ \downarrow
⇊ \downdownarrows	⇂ \downharpoonleft
⇃ \downharpoonright	↩ \hookleftarrow
↪ \hookrightarrow	⤳ \leadsto
← \leftarrow	↢ \leftarrowtail
↽ \leftharpoondown	↼ \leftharpoonup

（续）

⇇ \leftleftarrows	↔ \leftrightarrow
⇆ \leftrightarrows	⇋ \leftrightharpoons
↭ \leftrightsquigarrow	↜ \leftsquigarrow
⟵ \longleftarrow	⟷ \longleftrightarrow
⟼ \longmapsto	⟶ \longrightarrow
↩ \looparrowleft	↪ \looparrowright
↦ \mapsto	⊸ \multimap
⇍ \nLeftarrow	⇎ \nLeftrightarrow
⇏ \nRightarrow	↗ \nearrow
↚ \nleftarrow	↮ \nleftrightarrow
↛ \nrightarrow	↖ \nwarrow
→ \rightarrow	↣ \rightarrowtail
⇁ \rightharpoondown	⇀ \rightharpoonup
⇄ \rightleftarrows	⇄ \rightleftarrows
⇌ \rightleftharpoons	⇌ \rightleftharpoons
⇉ \rightrightarrows	⇉ \rightrightarrows
⇝ \rightsquigarrow	↘ \searrow
↙ \swarrow	→ \to
↞ \twoheadleftarrow	↠ \twoheadrightarrow
↑ \uparrow	↕ \updownarrow
↕ \updownarrow	↿ \upharpoonleft
↾ \upharpoonright	⇈ \upuparrows

其他符号

$\$$ \\\$	Å \\AA	⊐ \\Finv
Ɔ \\Game	ℑ \\Im	¶ \\P
ℜ \\Re	§ \\S	∠ \\angle
‵ \\backprime	★ \\bigstar	■ \\blacksquare
▲ \\blacktriangle	▼ \\blacktriangledown	⋯ \\cdots
✓ \\checkmark	® \\circledR	Ⓢ \\circledS
♣ \\clubsuit	Ⅽ \\complement	© \\copyright
⋰ \\ddots	◇ \\diamondsuit	ℓ \\ell
∅ \\emptyset	ð \\eth	∃ \\exists
♭ \\flat	∀ \\forall	ℏ \\hbar
♡ \\heartsuit	ℏ \\hslash	∰ \\iiint
∬ \\iint	∯ \\iint	ℹ \\imath
∞ \\infty	ⅉ \\jmath	… \\ldots
∡ \\measuredangle	♮ \\natural	¬ \\neg
∄ \\nexists	∰ \\oiiint	∂ \\partial
′ \\prime	♯ \\sharp	♠ \\spadesuit
∢ \\sphericalangle	β \\ss	▽ \\triangledown
∅ \\varnothing	△ \\vartriangle	⋮ \\vdots
℘ \\wp	¥ \\yen	

开放数据源

B.1 政治和政府数据

data.gov 网站

该网站数据多与政府相关。

Socrata 网站

Socrata 网站是探索政府相关数据的好去处。它提供了几种可视化工具，可帮助用户探索数据。

美国人口调查局

该网站提供人口信息、地区分布和教育情况等美国公民相关的数据。

UN3ta

UNdata 是基于互联网的数据服务，提供 UN 统计数据库。

欧盟开放数据平台

欧盟开放数据平台（European Union Open Data Portal）提供欧盟各机构的大量数据。

data.gov.uk

英国政府网站，收录英国国家书目（British National Bibliography）：自 1950 年以来，英国出版的所有图书和其他出版物的元数据。

中情局世界概况

中情局世界概况（the CIA World Factbook）网站隶属美国中央情报局，提供了 267 个国家的历史、人口、经济、政府、基础设施和军事信息。

B.2 健康数据

healthdata.gov 网站

该网站提供流行病学、人口统计数据等医学相关的数据。

英国国民医疗服务体系和社会福利信息中心

该网站收录英国国民医疗服务体系（National Health Service）所提供的健康数据。

B.3　社会数据

Facebook Graph

Facebook 官方提供的 API，用于查询该网站用户公开的海量信息。

Topsy 网站

Topsy 网站维护了一个数据库，收录了 Twitter 用户发表的消息（推文），并开放检索功能，其中所存储的最早的消息可追溯至 2006 年。它还提供了几种对话分析工具。

谷歌趋势

谷歌趋势提供自 2004 年以来任意词语的搜索量（与全部搜索的占比）。

Likebutton 网站

挖掘 Facebook 公开的数据——来自全球用户或你自己的朋友圈——了解当前人们喜欢（"Like"）什么。

B.4　其他开放数据集

亚马逊网络服务开放数据集

亚马逊网络服务提供了一个开放数据集中心仓库，它包含多个数据集。其中一个非常有趣的数据集是 1000 Genome Project（全球千人基因组计划），该计划尝试建立最全面的人类基因信息数据库。该仓库还存储了 NASA 的地球卫星图像。

DBPedia 项目

维基百科提供了上千万条数据，主题多种多样，既有结构化数据，也有非结构化数据。DBPedia 项目雄心勃勃，意在为维基数据编制目录，并创建开放和可自由发布的数据库，便于每个人分析维基数据。

Freebase 网站

该社区数据库提供四千五百多万条涵盖多个主题的信息。

B.5　金融数据

谷歌金融

收录 40 年以来的股票数据，实时更新。

B.6   气候数据

美国国家气候数据中心

美国国家气候数据中心提供了大量环境、气象和气候数据集，是世界最大的气象数据档案。

WeatherBase 网站

该网站提供全球四万多个城市的气候平均值、天气预报和当前天气状况数据。

Wunderground 网站

该网站提供由卫星和气象观测站收集的温度、风力和其他气候测量数据。

B.7   体育数据

Pro-Football-Reference 网站

该网站提供足球及其他几种体育活动的数据。

B.8   报纸、图书及其他出版物

《纽约时报》

该网站提供《纽约时报》自 1851 年以来的新闻文章，并为其编制了索引，开放查询服务。

Google Books Ngrams 项目

该项目为谷歌图书项目的一部分，可对几千万本电子书的全文进行查询和分析。

B.9   音乐数据

Million Song Data Set 为亚马逊网络服务的一部分，收录了超过一百万首歌曲和乐曲的元数据。